普通高等教育电气工程自动化系列教材

自动控制原理实验教程
（硬件模拟与MATLAB仿真）

主　编　熊晓君
副主编　杨　晖
参　编　肖　涵

机械工业出版社

本书是根据“自动控制原理实验教程”课程教学大纲并配合大多数高等理工科院校“自动控制原理”课程教材的基本内容和教学要求编写的，同时兼顾了非自动化专业本科生、硕士研究生的教学要求。

本书较全面地涵盖了经典控制理论知识的重点和难点，精心设计了近30个实验项目，包含分立元件电路模拟和MATLAB软件仿真等多种实验方法。MATLAB软件版本选择了当前使用较广泛、性能较稳定的MATLAB R2018a版，书中所有的程序已经过运行和正确性验证，读者可以直接拿来使用。

本书共分8章，第1章主要从应用角度介绍了MATLAB的语言基础和控制系统工具箱函数，以及使用Simulink建模仿真的方法；第2~7章按照自动控制原理知识体系，依次安排了近30个实验项目，每章均有自动控制系统硬件实验和MATLAB/Simulink仿真实验，内容覆盖控制系统数学模型的建立，线性系统的时域分析法、根轨迹法、频域分析法和校正设计以及非线性控制系统分析；第8章主要介绍了实际工程中较常用的控制系统，如电动机调速、温度控制、步进电动机控制等综合设计实验。

本书实验内容不仅具有教学上的典型性和代表性，而且实验技术上具有很强的实用性，尤其是一些综合设计类型的实验方法，可以直接运用在工程设计中。因此，本书不但可以作为工科院校自动控制原理系列课程的实验教程，而且可以为相关工程技术人员开发设计自动控制系统提供很有价值的实用参考。

图书在版编目（CIP）数据

自动控制原理实验教程：硬件模拟与MATLAB仿真/熊晓君主编．—北京：机械工业出版社，2020.8（2025.1重印）
普通高等教育电气工程自动化系列教材
ISBN 978-7-111-65968-6

Ⅰ.①自…　Ⅱ.①熊…　Ⅲ.①自动控制理论-实验-高等学校-教材
Ⅳ.①TP13-33

中国版本图书馆CIP数据核字（2020）第115312号

机械工业出版社（北京市百万庄大街22号　邮政编码100037）
策划编辑：吉　玲　责任编辑：吉　玲　王　荣
责任校对：刘雅娜　封面设计：张　静
责任印制：郜　敏
北京富资园科技发展有限公司印刷
2025年1月第1版第7次印刷
184mm×260mm · 13印张 · 321千字
标准书号：ISBN 978-7-111-65968-6
定价：35.00元

电话服务　　网络服务
客服电话：010-88361066　机　工　官　网：www.cmpbook.com
010-88379833　机　工　官　博：weibo.com/cmp1952
010-68326294　金　书　网：www.golden-book.com

机工教育服务网：www.cmpedu.com

前言

自动控制原理课程是工业自动化、智能控制、电气、仪器与仪表、测控技术、电子信息、机电一体化等专业最重要的专业基础理论课之一，其理论性和工程应用性很强，在学习自动控制理论的同时，加强工程实践应用能力的培养是非常必要的。本书是自动控制原理课程实践教学的最好补充，其内容的深度和广度符合教育部颁布的《高等学校自动控制原理课程教学基本要求》，与控制理论学科的发展相适应，从方法论的角度系统地介绍了控制理论的仿真研究方法以及实际工程控制系统的分析和设计，贯彻了理论联系实际的原则，难度适中，重点突出，符合在实践中验证理论、在实践中发展理论的认知规律。

针对自动控制原理具有理论性强、内容抽象、难理解、计算复杂的特点，本书以实验项目为主线，以方法论为编写宗旨，精心编写了近 30 个实验项目，较全面地涵盖了经典控制理论的知识点，每个实验项目的内容与理论知识的重点、难点紧密结合，运用实验、仿真的手段有效地将枯燥难记的知识转变成实际实验具体现象加以分析、研究，从而培养学生理论与实践相结合、开拓创新思维的能力，以满足控制理论教学改革的需要和 21 世纪对人才培养的要求。

本书在内容体系改革上有新的突破，实验内容不仅具有教学上的典型性和代表性，而且实验技术上又突出实践性和应用性。每个实验项目针对理论课程学习的要求非常准确地提出了实验的目的，设计了相应的实验内容，先做范例，再独立完成自我实践部分，对实验能力提出了具体的要求，并且要求实验后完成拓展与思考环节。内容安排上循序渐进、由浅入深，富有启发性，使学生能系统全面地掌握本学科的基本理论知识和基本技能，有利于激发学生的学习兴趣及各种能力的培养。

在本书中，精心挑选了一些很有代表性的示例，从设计实验方法入手，到程序设计及实验结果分析，详尽地说明了论证的方法。通过示例的实际训练，能够养成为了求证而设计实验的思维习惯。示例中的程序全部测试通过，所有的波形曲线均由示例中的程序运行而得，读者可以直接使用。另外，还有许多“Tips”（即温馨提示）提供了很多实验小技巧。自我实践的内容不仅能再次熟悉例子的实验方法，而且很有挑战性地提出新的问题，尤其是与前面章节相联系的综合性问题，在温故的基础上又不断融入新的知识，循序渐进，有层次地巩固和拓展所学知识。在实验能力要求环节中，每个实验都提出了具体的要求，包括数据记录的缜密性、数据处理分析得出结论及实验方法的实现（含设计实验过程）。拓展与思考环节主要是在完成实验的基础上，开展新的实验手段的创新设计，进一步提升综合运用能力。

本书最大的特点是设计了大量的 MATLAB/Simulink 仿真实验，将自动控制原理理论课程中的重点、难点用 MATLAB/Simulink 进行形象直观的计算机模拟与仿真实现，从而加深对自动控制系统基本原理、分析方法及设计应用的理解。本书中所有的 MATLAB/Simulink 仿真实例非常全面，详细地阐述了 MATLAB/Simulink 作为控制系统分析和设计工具的应用方法，程序易懂，可读性好，具有较高的参考价值，可供有关专业师生及相关工程技术人员学习参考。

为方便教学，书中所有示例的源程序和程序运行结果都会发布在网站 www. cmpedu. com 上，供授课教师免费下载。

本书由上海理工大学熊晓君任主编，杨晖任副主编，肖涵参编。本书在出版过程中得到了机械工业出版社王保家、吉玲老师及其他工作人员的大力帮助，在此表示深深的感谢。

由于编者水平有限，难免会有错误和不足之处，殷切期望广大读者批评指正。采用此教材的老师若有问题，可通过 Email 联系编者，进行交流，编者 Email 为 kailinie@ yeah. net。

编　者

目 录

第1章　MATLAB R2018a 基础

本章导读

本章简述自动控制原理与系统仿真的实验方法，介绍自动控制原理模拟实验系统和控制系统仿真软件 MATLAB R2018a 的基础知识（MATLAB R2018a 内含 MATLAB 9.4 与 Simulink 9.1），重点就自动控制原理仿真分析与设计中常用的 MATLAB 命令、函数、工具箱及 Simulink 模块组的应用做了详细介绍，包括 MATLAB 命令许多的使用小技巧及注意事项，Simulink 中控制系统涉及的常用模块库及其每个子模块的功能说明和应用过程中相应的参数设置。最后，以典型的 PID 控制器举例，说明建立控制系统 Simulink 仿真模型的方法、封装技巧及将封装后的模块应用在控制系统中进行仿真分析的方法。希望读者在学习本章后，能够掌握 MATLAB 语言的基本规范，灵活地运用 Simulink 建立系统仿真模型。

1.1　自动控制原理与系统仿真简述

1.1.1　自动控制原理模拟实验系统

自动控制原理是一门理论性和工程应用性很强的课程，自动控制原理实践课程越来越受到重视，许多专业都将自动控制原理系列实验课程独立开设，旨在加强实践教学，提高学生独立分析、应用和创新设计的能力，不断提高教学效果。鉴于此，众多高校教学实验仪器设备生产厂商都研制开发了多种自动控制原理模拟实验装置及相应的集测试、分析和设计于一体的软件实验平台，这使得自动控制原理课程的学习不再是纯粹的理论学习，不必再把大量的时间花费在理论计算和复杂公式的推导方面，而是更加注重理论联系实际，将理论中的控制系统转化到实际中的工程系统上，并能够合理运用实际可行的方法去测试系统、校正系统，真正意义上掌握控制技术，设计改进方案，去解决实际工程中的控制难题。

自动控制原理模拟实验系统通常由输入信号源模块、实验系统模拟电路模块（含直流稳压电源）和输出响应信号测量仪器组成，如图 1-1 所示。

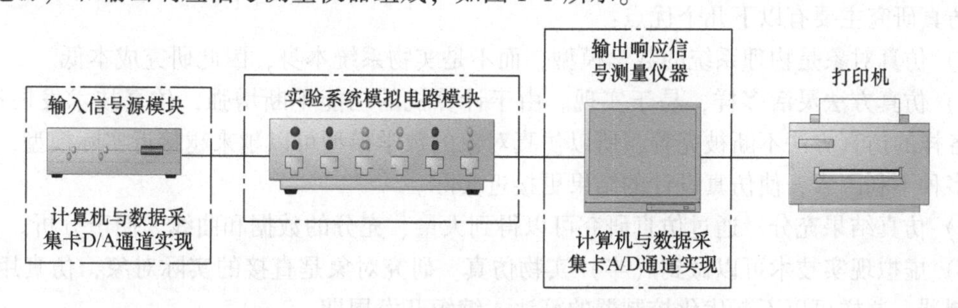

图 1-1　自动控制原理模拟实验系统的组成

（1）输入信号源模块

输入信号源包括常用的几种典型信号源，如阶跃信号、斜坡信号、加速度信号、正弦波信号及脉冲信号等。输入信号源模块可以利用硬件电路实现，也可以利用计算机进行软件编程后经数据采集卡的 D/A 通道输出模拟的信号源实现。

（2）实验系统模拟电路模块

实验系统模拟电路模块包括直流稳压电源、基于分立元件的模拟电路模块和实际被控对象。直流稳压电源的作用是给模拟实验系统装置提供工作电源。模拟电路模块利用运算放大器、电容器、电阻器、二极管等组件表现出不同的电气特性（如幅值增益、相位滞后、相位超前等），通过串联、并联等不同的组合连接，模拟控制系统中的比例、积分、微分或其他组合的环节，构造控制系统中各种复杂的被控对象。实际被控对象是可选的，主要是工程控制系统中几个典型的被控对象，如温控炉、调速电动机、步进电动机等，每个被控对象中还包含信号检测电路。

（3）输出响应信号测量仪器

时域信号测量仪器常用的是超低频慢扫描示波器、X-Y 记录仪等，频域信号测量仪器常用的是超低频频率特性仪[1]，而现在使用更多的信号测量方式是利用计算机设计虚拟示波器，通过数据采集卡的 A/D 通道将实验系统输出响应信号采样后转换成数字信号，进行数据处理后在虚拟示波器上显示。这样可以利用计算机程序设计的强大功能更好地进行数据获取、分析、处理及打印输出。输出波形可以保存为电子文档，有利于后续的编辑、分析或作为与其他软件链接的数据源，比如作为 MATLAB 系统辨识的数据源，可以建立系统的数学模型。

1.1.2 控制系统仿真

随着计算机仿真技术的发展，系统仿真技术已经在科学与工程领域发挥着越来越重要的作用。计算机语言 MATLAB/Simulink 是国际上公认的自动控制领域用于解决控制系统仿真与设计的主要语言[2]，控制系统仿真就是基于 MATLAB/Simulink 软件研究控制系统的性能，它依赖于“自动控制原理”课程，侧重于控制理论问题的计算机求解，可以解决以往控制原理不能解决的问题。例如，在高阶控制系统稳定性分析中，以往由于没有办法直接求解高阶方程的特征值，故出现了多种间接方法，如劳斯判据、近似降阶处理等，而现在利用 MATLAB 软件，只需输入一些指令就可以轻松解出全部的特征很，从而判断系统的稳定性。另外，在非线性系统的分析中，以往常常采用描述函数近似的方法来研究，现在利用 Simulink 软件就能轻而易举地对复杂非线性系统进行精确建模与仿真，既能保证精度，又能提高效率。

仿真研究主要有以下几个优点：

1）仿真对象是物理系统的数学模型，而不是实物系统本身，因此研究成本低。

2）仿真方法灵活多样，易于实现。由于计算机的功能不断增强，仿真技术发展迅速，各种各样的仿真方法不断被完善，所以仿真对象的数学模型可以越来越接近实际模型，可以考虑多种不利因素，使仿真设计的结果更接近实际。

3）仿真结果充分。通过仿真研究可以得到大量、充分的数据和曲线，便于分析。

4）虚拟现实技术可以做到（半）实物仿真。研究对象是直接的实际对象，仿真用来开发控制器，这样可以不断优化控制器的算法，缩短开发周期。

因此，控制系统仿真研究成为控制理论与控制工程领域发展研究的一个重要分支。本书中的控制系统仿真实验主要内容包括控制系统的建模与模型间的相互转换、控制系统稳定性分析、线性系统时域分析、根轨迹分析、频域分析及非线性系统分析等，从各个角度对控制系统进行全面分析，并对系统进行校正及设计控制器，改善闭环系统的性能。这些内容不是“自动控制原理”课程的简单重复，而是利用 MATLAB/Simulink 软件更好地掌握控制理论与仿真设计技术，进一步拓展思路，为控制理论的研究与实践搭建一座开放、创新、有益的桥梁。

本章就自动控制原理仿真分析与设计中常用的 MATLAB 命令、函数、工具箱及 Simulink 模块集的应用做详细介绍，本章作为 MATLAB 语言最基础的入门知识，让一些没学过 MATLAB 语言与程序设计的读者能够快速入门。希望在学习本章后能够掌握 MATLAB 语言的基本规范，灵活地运用 Simulink 建立系统仿真模型。若需要更深入研究 MATLAB 语言，请参考其他相关的书籍或网站。

1.2 MATLAB 软件简述

MATLAB（Matrix Laboratory）中文名为矩阵实验室，是一种以矩阵为基本数据单位、特别适合于科学和工程计算的数学软件系统，是美国 MathWorks 软件公司（http://www.mathworks.com）推出的一套高性能的可视化软件，具有强大的矩阵计算功能和良好的图形可视化功能，用于算法开发、数据可视化、数据分析以及数值计算的高级技术计算语言和交互式环境，主要包括 MATLAB 和 Simulink 两大部分。

MATLAB 被誉为“巨人肩上的工具”及“第四代计算机语言”，是适合迭代分析和设计过程的桌面环境与直接表达矩阵和数组运算的编程语言的结合。MATLAB 代码可直接用于生产，可以直接部署到云和企业系统，并与数据源和业务系统集成，自动将 MATLAB 算法转换为 C/C++ 和 HDL 代码，从而在嵌入式设备上运行。MATLAB 与 Simulink 配合以支持基于模型的设计，用于多域仿真、自动生成代码以及嵌入式系统的测试和验证，在信号处理、图像处理、控制系统辨识、AI 控制以及金融建模设计与分析等学科领域都得到了广泛的应用。MATLAB R2018 包含了 5G 工具箱、控制系统模拟分析和测试工具箱、新的传感器融合和跟踪工具箱，设计和模拟多传感器跟踪和导航系统工具箱等。常用的有控制系统工具箱（Control System Toolbox）、模糊逻辑工具箱（Fuzzy Logic Toolbox）、系统辨识工具箱（System Identification Toolbox）、鲁棒控制工具箱（Robust Control Toolbox）等。其中，控制系统工具箱主要是运用经典控制理论处理线性时不变（Linear Time-Invariant，LTI）系统的函数集合，为线性时不变系统的建模、分析和设计提供了一个完整的解决方案。

MATLAB 还有一个重要的软件包就是动态仿真集成环境 Simulink。Simulink 与用户交互的接口基于 Windows 模型化图形输入，使得用户可以把更多的精力投入到系统模型的构建，而非语言的编程上。所谓模型化图形输入是指 Simulink 提供了一些按功能分类的基本的系统模块，可按照设计要求调用其中的模块，构建系统模型，然后进行仿真分析与调试。

1.2.1 MATLAB R2018a 中文版的安装与启动

MATLAB R2018a 中文版内含 MATLAB 9.4 和 Simulink 9.1 两部分，MATLAB R2018a 软

件的安装压缩包大约为12.8GB，必须先解压后再安装。

1. MATLAB R2018a 中文版的安装要求

1）Microsoft Windows 7/8/10 的64位操作系统。

2）16倍速以上的光盘驱动器。

3） 至少能显示256色的彩色显示器。

4） 推荐使用2GB以上内存。

5）16GB以上硬盘空间。

2. MATLAB R2018a 中文版的安装过程

1）打开MATLAB R2018a中文版安装源程序文件夹，双击安装文件的“setup”图标，显示安装界面，如图1-2所示。选择“使用文件安装密钥”选项，单击“下一步”按钮继续安装。

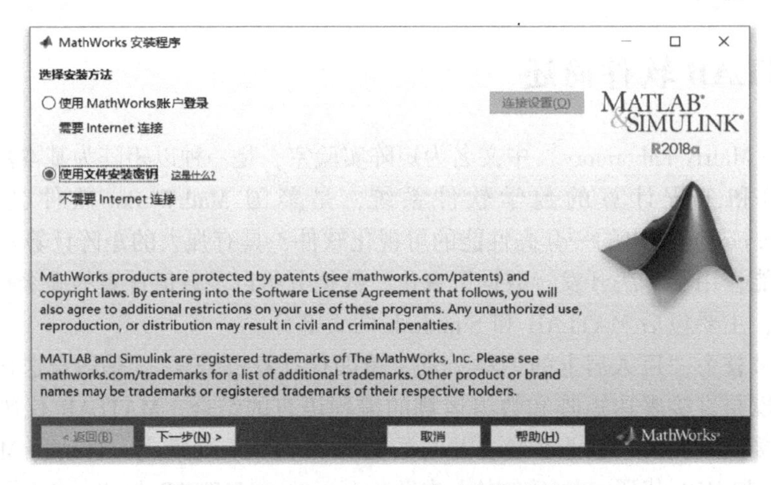

图1-2 MATLAB R2018a中文版的安装界面

2）显示软件许可协议条款，如图1-3所示。选择“是”选项接受软件许可协议的条款，单击“下一步”按钮继续安装。

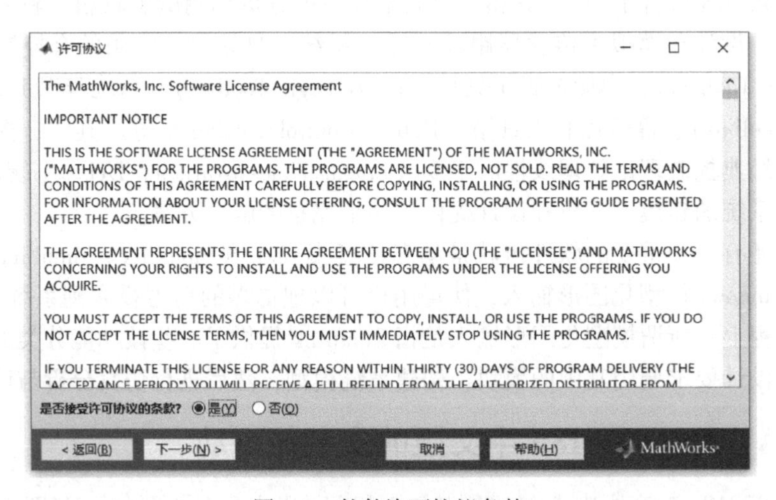

图1-3 软件许可协议条款

3）弹出“文件安装密钥”对话框，如图1-4所示。选择“我已有我的许可证的文件安装密钥”选项，并输入产品的安装密钥，单击“下一步”按钮继续。

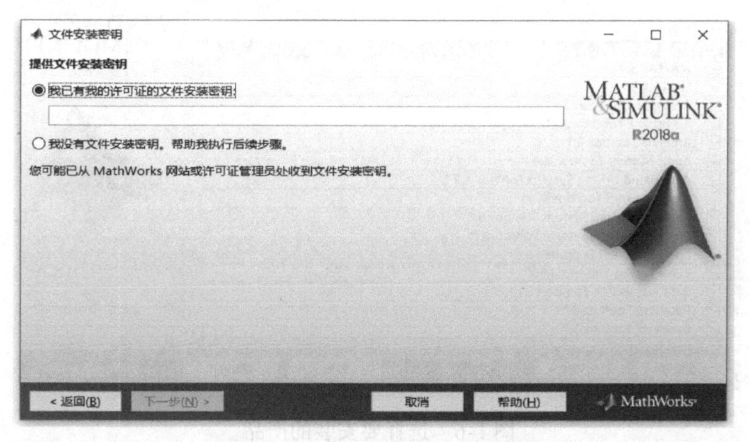

图1-4　“文件安装密钥”对话框

4）弹出“文件夹选择”对话框，如图1-5所示。选择时应注意当前磁盘空间等信息。可以使用默认安装路径，也可以单击“浏览”按钮更改安装路径，然后单击“下一步”按钮继续。

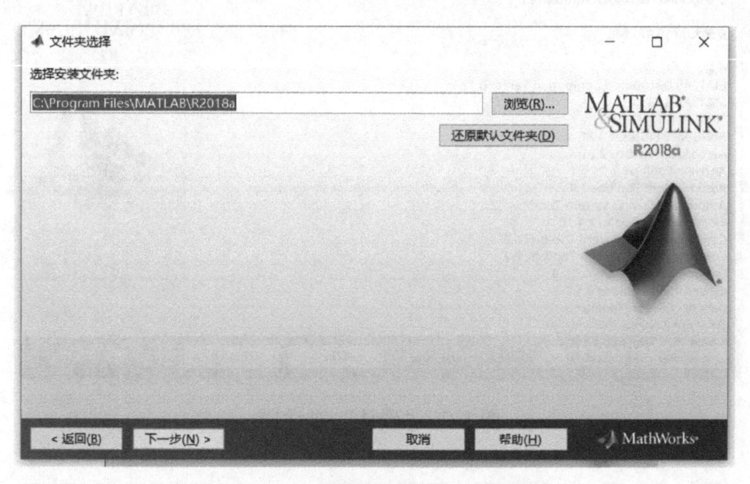

图1-5　“文件夹选择”对话框

5）在“产品选择”对话框选择MATLAB R2018a待安装的组件，如图1-6所示。可默认当前选择，也可以根据个人的工程需求选择，然后单击“下一步”按钮继续。

6）进入“确认”对话框，如图1-7所示，单击“下一步”按钮继续。

7）等待安装进程完成，如图1-8所示，大约需要30min（计算机CPU配置不同所需时间不等，若CPU配置较低，大约需要1h，请耐心等待）。

8）进入“产品配置说明”对话框，如图1-9所示，单击“下一步”按钮继续。

9）完成安装后，显示安装完毕的提示界面，如图1-10所示。单击“完成”按钮，完成安装，同时在Windows桌面上生成MATLAB快捷图标。

3. *MATLAB R2018a中文版的启动*

在桌面上双击MATLAB的快捷图标即可启动软件。

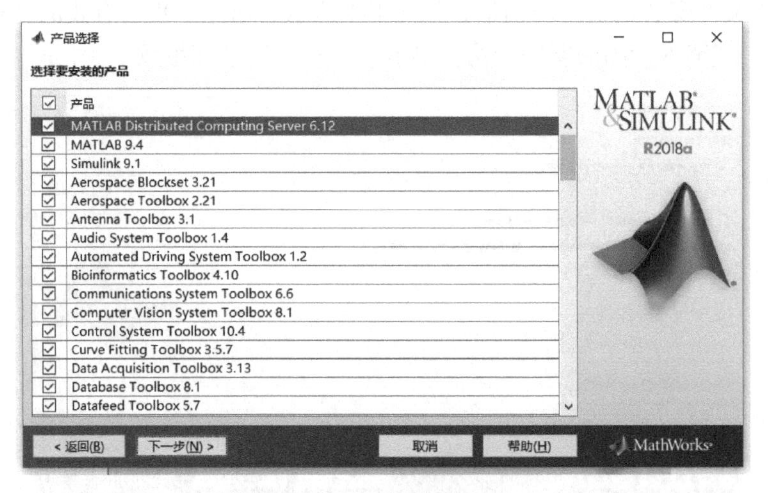

图 1-6　选择要安装的产品

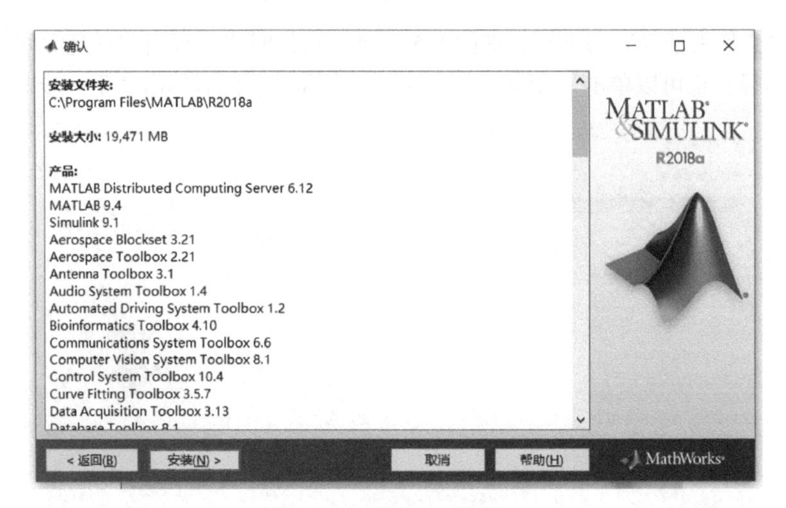

图 1-7　“确认”对话框

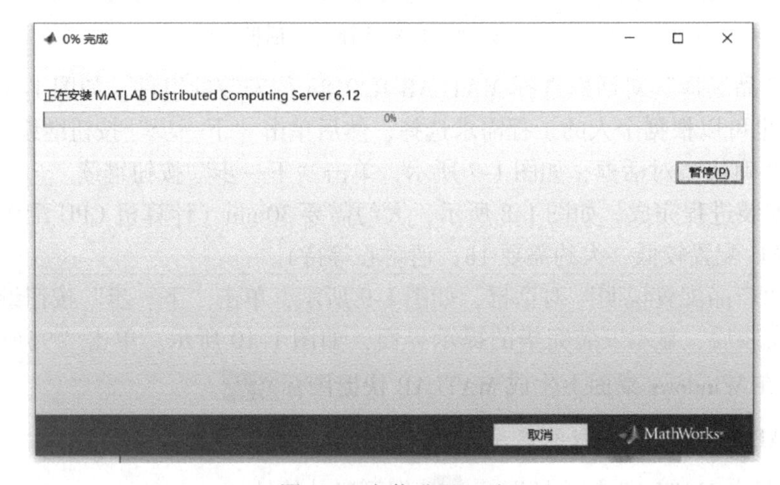

图 1-8　安装进程显示

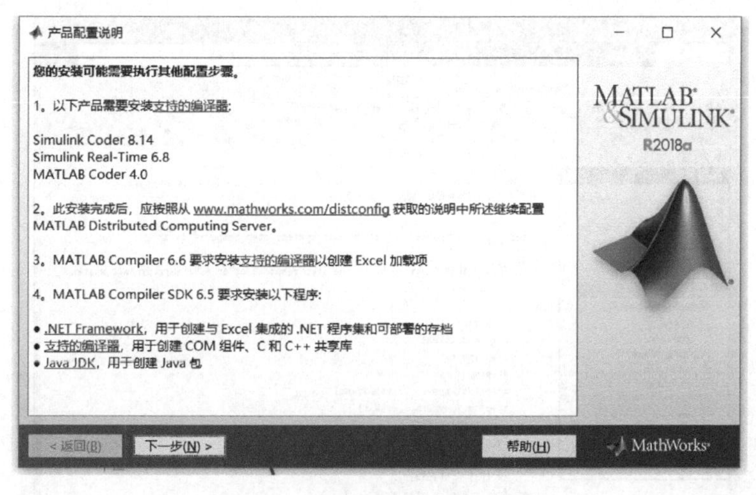

图 1-9　“产品配置说明”对话框

图 1-10　安装完毕的提示界面

1.2.2　MATLAB R2018a 中文版的使用环境

1. 认识 MATLAB R2018a 中文版的系统界面

启动 MATLAB R2018a 中文版软件后出现图 1-11 所示的系统界面。

系统界面主要有工具栏、当前文件夹窗口、工作区窗口和命令行窗口 4 个部分，其中 3 个窗口可根据用户需求调节大小。工具栏位于主窗口顶部，其中包含“主页”“绘图”“APP” 3 个面板的工具栏，单击其中一个面板标题即可选择其下的工具按钮。如果用户需要查看命令历史记录，可以单击工具栏“环境”按钮区域中的“布局”按钮，出现多个下拉命令，选择“命令历史记录”，将其状态选择为“停靠”，命令历史窗口就会与命令行窗口并排显示。如果在操作过程中不小心关闭了某个窗口，只需在“布局”的下拉命令中重新选择即可。

1）当前文件夹窗口：显示当前运行程序所在的路径。

2）工作区窗口：临时保存命令运行后产生的参数的相关信息，包含参数的值、变量类型及占用空间大小等，这些参数可以在命令行窗口中复用。

图 1-11　MATLAB R2018a 中文版的系统界面

3）命令行窗口：用于输入命令或程序，运行函数或 M 文件。可以进行直接交互的命令操作，输入命令后，按 <Enter> 键，MATLAB 就立即执行命令，并显示出运行结果。

4）命令历史窗口：用于记录命令行窗口中已经运行的命令，可以使用选定、复制、粘贴等操作重新执行这些命令。

2. 使用 MATLAB R2018a 命令行窗口

命令行窗口是 MATLAB 的重要组成部分，在该窗口用户可在半角状态输入命令、编辑命令并运行命令，计算生成的结果也显示在命令行窗口。常用快捷键可帮助编辑命令，提高工作效率。表 1-1 为 MATLAB 命令行窗口的快捷键及其功能。

表 1-1　MATLAB 命令行窗口的快捷键及其功能

快捷键	按键	功　　能	快捷键	按键	功　　能
<Ctrl + P>	<↑>	光标上移 1 行	<Ctrl + H>	<Backspace>	删除光标前 1 个字符
<Ctrl + N>	<↓>	光标下移 1 行	<Ctrl + D>	<Del>	删除光标后 1 个字符
<Ctrl + B>	<←>	光标左移 1 个字符	clc		清空命令行窗口中的内容
<Ctrl + F>	<→>	光标右移 1 个字符	clear		清空工作区变量，释放内存空间
<Ctrl + R>	<Ctrl + →>	光标右移 1 个单词	close		关闭程序运行过程中生成的所有图形窗口
<Ctrl + L>	<Ctrl + ←>	光标左移 1 个单词	clf		清除当前图形窗口中的内容

Tips：

1）MATLAB 的命令都为小写，并且区分大小写。运算符“=”“+”“-”前后的空格不影响计算结果。

2）输入命令后以分号结束，则不会显示命令执行结果，但可提高程序运行速度。

3）多条命令可以放在一行中，它们之间需用分号或逗号隔开。如果在一行中无法写下一条完整的命令，可以在语句行尾加上3个连续的点（即…，为3个英文句号）表示续行。

4）<Ctrl + C>组合按键可终止正在运行的程序。

5）为程序加注释使用百分号（%），注释为单行型。

6）对于选中的语句或程序块可用复制、剪切或粘贴等命令操作。

3. 使用帮助功能

MATLAB具有完善的帮助系统，获取帮助的方式很多，有命令帮助、联机帮助和演示帮助等。充分利用帮助系统，可以更快、更准确地掌握MATLAB的使用方法。

（1）使用联机帮助窗口

单击工具栏“资源”按钮区域的“帮助”按钮，出现下拉的多个按钮，选择“文档”按钮，出现新的帮助导航窗口，可以选择需要的帮助。

（2）使用帮助命令help

如果已知命令，需要查找它的使用方法，可使用“help + 命令”格式。如查找关于step函数的使用方法，可进行如下操作：

```
>> help step
```

按<Enter>键后显示：

```
step-Step response plot of dynamic system; step response data
    This MATLAB function plots the step response of an arbitrary dynamic system
    model,sys.
    step(sys)
    step(sys,Tfinal)
    step(sys,t)
    step(sys1,sys2,...,sysN)
    step(sys1,sys2,...,sysN,Tfinal)
    step(sys1,sys2,...,sysN,t)
    y = step(sys,t)
    [y,t] = step(sys)
    [y,t] = step(sys,Tfinal)
    [y,t,x] = step(sys)
    [y,t,x,ysd] = step(sys)
    [y,...] = step(sys,...,options)
    ……
```

帮助中显示了step函数的功能、调用格式及其相关参数的设置要求等。

Tips：help命令后没有其他命令时，将获得所有MATLAB命令、函数及工具箱的名称和功能。

（3）使用 lookfor 命令

lookfor 命令提供了通过一般关键词找到命令和帮助标题的方式，其格式为“lookfor + 关键词”。比如希望得到 eigenvalue（特征值）有关的信息，可以进行如下操作：

```
>> lookfor eigenvalue
```

按 <Enter> 键后显示：

```
rosser           - Classic symmetric eigenvalue test problem.
wilkinson        - Wilkinson's eigenvalue test matrix.
hanowa           - Matrix whose eigenvalues lie on a vertical line.
lesp             - Tridiagonal matrix with real,sensitive eigenvalues.
randcorr         - Random correlation matrix with specified eigenvalues.
sampling         - Nonsymmetric matrix with integer,ill conditioned eigenvalues.
balance          - Diagonal scaling to improve eigenvalue accuracy.
condeig          - Condition number with respect to eigenvalues.
eig              - Eigenvalues and eigenvectors.
……
```

结果显示包含了 eigenvalue 信息的相关命令。

（4）演示帮助

单击工具栏“资源”按钮区域的“帮助”按钮，选择其下拉按钮中的“示例”命令，或者在命令行窗口执行 demos 命令，可以打开演示窗口，选择需要演示的内容进行演示。

1.2.3 MATLAB 的基本运算

MATLAB 的科学运算包含数值运算与符号运算两大类，数值运算的对象是数值，符号运算的对象则是非数值的符号字符串。MATLAB 的基本运算中有些常用符号有特殊的含义，其说明见表 1-2。

表 1-2 MATLAB 的基本运算中常用符号特殊含义的说明

符号	名称	含义	符号	名称	含义
:	冒号	表示间隔	( )	圆括号	在算术表达式中指示优先运算
;	分号	用于分隔行	[ ]	方括号	用于构成向量和矩阵
,	逗号	用于分隔列	{ }	大括号	用于构成单元数组

1. MATLAB 的数学表达式及矩阵建立

MATLAB 中数学表达式的输入格式与其他计算机高级语言几乎相同，但要注意以下几方面：

1）表达式必须在同一行内书写。

2）数值与变量或变量与变量相乘都不能连写，中间必须用乘号“*”。

3）分式的书写要求分子、分母最好分别用圆括号限定。

4）当 MATLAB 函数嵌套调用时，使用多重圆括号限定。

5）求幂运算的指数两侧最好用圆括号限定，自然常数 e 的指数运算书写为 exp( )。

6）MATLAB 的符号运算中，求 e 为底的自然对数，其函数书写形式为 log( )。

7）MATLAB 中特殊变量的含义：pi 表示圆周率 π；i 或 j 表示虚数单位；inf 或 Inf 表示无穷大；NaN 或 nan 表示 0/0 型不定式。

【例 1-1】 1）$y=\dfrac{1}{a\ln(1-x-a)+2a}$

解：在 MATLAB 中应书写为

```
>> syms a x; y=1/(a*log(1-x-a)+2*a)
```

按 <Enter> 键运行后显示：

```
y =
 1/(2*a+a*log(1-x-a))
```

2）$f=2\ln(t)\mathrm{e}^{t}\sqrt{\pi}$

解：在 MATLAB 中应书写为

```
>> syms t pi; f=2*log(t)*exp(t)*sqrt(pi)
```

按 <Enter> 键运行后显示：

```
f =
2*pi^(1/2)*exp(t)*log(t)
```

注：此处 pi 定义为字符变量。如果在 MATLAB 中 pi 未加定义，则 pi 的值是圆周率。

【例 1-2】 1）建立矩阵 $\boldsymbol{A}=[7\quad 8\quad 9]$，$\boldsymbol{B}=\begin{bmatrix}7\\8\\9\end{bmatrix}$。

解：在命令行窗口中输入以下命令：

```
>> A=[7,8,9]
```

按 <Enter> 键后得到运行结果：

```
A =
7    8    9
```

要实现矩阵的转置运算，可以在命令行窗口中输入以下命令：

```
B=A'
```

按 <Enter> 键后得到运行结果：

```
B=7
  8
  9
```

2）建立矩阵 $\boldsymbol{B}=\begin{bmatrix}1 & 1 & 2\\3 & 5 & 8\\10 & 12 & 15\end{bmatrix}$。

解：在命令行窗口中输入以下命令：

```
>> B = [1 1 2; 3 5 8; 10 12 15]
```

按 <Enter> 键后得到运行结果：

```
B =
     1     1     2
     3     5     8
    10    12    15
```

Tips：建立矩阵时，同一行中的元素用空格或逗号分隔，行与行之间用分号分隔。

3）使用冒号生成行向量。

解：在命令行窗口中输入以下命令：

```
>> a = 1:1:10
```

按 <Enter> 键后，显示结果：

```
a =
   1   2   3   4   5   6   7   8   9   10
```

此命令与命令 a = 1:10 生成的结果相同。

在命令行窗口中输入以下命令：

```
>> t = 10: -1:1
```

按 <Enter> 键后，显示结果：

```
t =
   10   9   8   7   6   5   4   3   2   1
```

Tips：使用 x：Δx：y 生成向量，其中 x 表示初始值，Δx 表示步长增量（当 $\Delta x = 1$ 时，可省略不写），y 表示终值，向量个数自动生成。

2. MATLAB 的多项式运算

在 MATLAB 中，n 阶多项式用一个长度为 $n+1$ 的向量来表示，缺少的幂次项系数为 0。

$$D(s) = a_n s^n + a_{n-1} s^{n-1} + \cdots + a_1 s + a_0$$

在 MATLAB 中，用其系数的行向量表示该多项式：

$$\boldsymbol{P} = [a_n, a_{n-1}, \cdots, a_1, a_0]$$

常用的多项式运算函数及其功能见表 1-3。

表 1-3　常用的多项式运算函数及其功能

函　数	功　能	函　数	功　能
conv	多项式乘法（卷积）	poly	由根求多项式
deconv	多项式除法（解卷）	roots	多项式求根
polyval	多项式求值	polyfit	多项式曲线拟合

（1）多项式乘法（卷积）函数 conv( )

调用格式：conv(a，b)。

功能：计算两个多项式相乘的结果，a 和 b 分别是两个多项式的系数行向量。注意，系数向量必须是依高阶逐次降幂排列，最后一项是 0 次幂常数项，如果缺项，则系数用 0 补齐。

【例 1-3】 求多项式 $D(s)=(5s^2+3)(s+1)(s-2)$ 的展开式。

解：在命令行窗口中输入以下命令：

```
>> D = conv([ 5 0 3 ],conv([ 1 1 ],[ 1 -2 ]))
```

运行命令后可得多项式的系数：

```
D =
    5    -5    -7    -3    -6
```

则 $D(s)=(5s^2+3)(s+1)(s-2)=5s^4-5s^3-7s^2-3s-6$。

Tips：conv( ) 函数只能用于两个多项式相乘，多于两个多项式相乘则必须嵌套使用。

（2）多项式求根函数 roots( ) 与由根求多项式函数 poly( )

调用格式：roots(P)。

功能：计算多项式的根，P 是多项式的系数行向量。注意，系数向量必须是依高阶逐次降幂排列，最后一项是 0 次幂常数项，如果缺项，则系数用 0 补齐。

调用格式：poly(a)。

功能：1）如果 a 是一个 n 阶矩阵，则 poly(a) 是一个有 $n+1$ 个元素的行向量，这 $n+1$ 个元素是特征多项式的系数（降幂排列）。

2）如果 a 是一个 n 维向量，则 poly(a) 是多项式(x-a(1))*(x-a(2))*…*(x-a(n))，即该多项式以向量 a 的元素为根。

【例 1-4】 1）求多项式 $P(x)=2x^4-5x^3+6x^2-x+9$ 的根。

解：在命令行窗口中输入以下命令：

```
>> P = [2 -5 6 -1 9];
   x = roots(P)
```

运行命令后可得多项式的根：

```
x =
   1.6024 + 1.2709i
   1.6024 - 1.2709i
  -0.3524 + 0.9755i
  -0.3524 - 0.9755i
```

2）已知多项式的根分别为 2、3、4，求此根对应的多项式。

解：在命令行窗口中输入以下命令：

```
>> P = poly([2,3,4])
```

运行命令后可得多项式的系数：

```
P =
     1    -9    26   -24
```

即所求多项式为 $P(x)=x^3-9x^2+26x-24$。

$P(x)=(x-2)(x-3)(x-4)$的结果与上式相同。

此结果可用 roots( ) 函数来验证。

(3) 多项式求值函数 polyval(P, s) 与多项式曲线拟合函数 polyfit( )

调用格式：polyval(P, s)。

功能：P 是多项式的系数向量，polyval(P, s) 是多项式 P(s) 在 s 处的值。如果 s 是一个矩阵或是一个向量，则计算结果是多项式在 s 中所有元素上求值。

调用格式：p = polyfit(x, y, n)。

功能：polyfit( ) 是 MATLAB 求多项式曲线拟合的函数，采用最小二乘法对给定点集进行曲线拟合。

其中，x、y 是将拟合函数中变量 x 与 y 的数据，n 为要返回的多项式阶数，p 为拟合 n 阶多项式系数向量。

【例 1-5】 1) 求多项式 $Y(x)=x^3+2x^2+3x+4$ 在 $x=2$ 处的值。

解：在命令行窗口中输入以下命令：

```
>> p = [1 2 3 4];
   x = 2; Y = polyval(p,x)
```

程序运行后，得到多项式在 $x=2$ 时的值：

```
Y =
    26
```

2) 采用最小二乘法进行曲线拟合，拟合成 3 阶多项式函数。

解：在命令行窗口中输入以下命令：

```
>> x = [1 2 3 4 5];
  y = [5.5 43.1 128 290.7 498.4];
  p = polyfit(x,y,3)
  poly2str(p,'x')
```

程序运行后，得到 3 阶拟合的多项式函数：

```
p =
  -0.1917    31.5821    -60.3262    35.3400
ans =

    '-0.19167 x^3 + 31.5821 x^2 - 60.3262 x + 35.34'
```

若保留两位小数，得到 3 阶多项式：

$$P(x)=-0.19x^3+31.58x^2-60.32x+35.34$$

此结果可用 polyval( ) 函数来验算。

```
>> p = [ -0.1917 31.5821 -60.3262 35.3400];
   y = polyval(p,[1 2 3 4 5])
```

指令运行后，显示结果：

```
y =
    5.5000    43.1000    128.0000    290.7000    498.4000
```

可见，拟合得到的多项式函数与给定数据相吻合。

3）“人口问题”是社会最关注的热点之一，预估人口数量和发展趋势是制定一系列相关政策的基础。由人口统计年鉴可查到我国从1949年至1994年人口数据的资料见表1-4。

表1-4　1949年至1994年人口数据

年　份	1949	1954	1959	1964	1969	1974	1979	1984	1989	1994
人口数（百万）	541.67	602.66	672.09	704.99	806.71	908.59	975.42	1034.75	1106.76	1176.74

采用最小二乘法分析人口的发展变化规律，并估算2000年和2020年的人口数。

解：本题可以用数据的曲线拟合来解决。MATLAB程序如下：

```
clear;
% 录入数据
x = 1949:5:1994;
y = [541.67 602.66 672.09 704.99 806.71 908.59 975.42 1034.75 1106.76 1176.74];
% 画出散点图,观察人口变化走势规律
plot(x,y,'*')
% 根据散点图的特征预估待拟合的多项式阶数
p = polyfit(x,y,1);
% 写出拟合后的多项式表达式
poly2str(p,'x')
% 估算2000年的人口数
Y1 = polyval(p,2000)
% 估算2020年的人口数
Y2 = polyval(p,2020)
```

程序运行后,结果显示:

```
ans =
    '14.5101 x - 27753.5465'
Y1 =
   1.2666e+03
Y2 =
   1.5568e+03
```

结果分析：

从人口数据走势散点图（见图 1-12）的分布可以初步判断人口数量的线性变化规律，因此拟合的多项式阶数确定为 1 阶，得到拟合后的多项式为 $Y(x)=14.5101x-27753.5465$，由此预估 2000 年人口数为 12.666 亿，2020 年人口数为 15.568 亿。

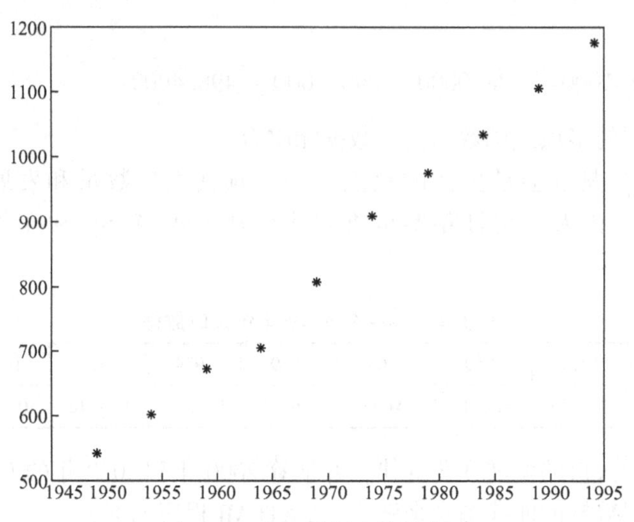

图 1-12　人口数据走势散点图

3. MATLAB 的符号运算

（1）创建符号对象与函数命令 syms( )

在一个 MATLAB 程序中，作为符号对象的符号常量、符号变量、符号函数以及符号表达式，使用函数命令 syms( ) 加以创建。

调用格式：syms s1 s2 s3。

功能：建立单个或多个符号对象。

【例 1-6】　建立多项式 $d_1=s-1$，$d_2=s^2-1$，计算 d_1/d_2 的结果。

解：在命令行窗口中输入以下命令：

```
>> syms s;
>> d1 = s - 1; d2 = (s^2 - 1);
>> simple(d1/d2)
```

命令执行后，显示结果：

```
ans =
    1/(s+1)
```

（2）符号表达式因式分解函数命令 factor( )

调用格式：factor(E)。

功能：对符号表达式进行因式分解。

【例 1-7】　试对 $f=a^2-b^2$ 进行因式分解。

解：在命令行窗口中输入以下命令：

```
>> syms a b;
```

```
>>f = a^2 - b^2;
>>f1 = factor(f)
```

命令执行后，显示结果：

```
f1 = (a+b) * (a-b)
```

1.2.4 MATLAB 常用的图形编辑命令与函数

MATLAB 提供了一系列用于绘制图形、标注图形以及输出图形的基本命令，使用命令 help graph2d 可以得到所有画二维图形的命令。基本的二维曲线绘图命令是 plot()。

调用格式：plot(x1,y1,'option1',x2,y2,'option2',…)。

功能：在二维坐标系 X-Y 中绘制以（x1，y1）、（x2，y2）为变量组的多条曲线。如果 X 和 Y 都是向量，则它们的长度必须相同；如果 X 和 Y 均为矩阵，则它们的大小必须相同。option 为可选的选项控制字符，可以定义曲线的颜色、线型及标示符号，由一对单引号（''）括起来。常用选项控制字符的说明见表 1-5。

命令 plot(x, y, 'r ＊：') 将绘制以 x 为横坐标、y 为纵坐标的红色虚点线，以＊号画线。

表 1-5 常用选项控制字符的说明

色彩字符	指定色彩	绘图字符	指定绘图形式
y	黄	.	小黑点（标数据用）
m	洋红	°	小圈号（标数据用）
c	青	×	叉号（标数据用）
r	红	+	十字号（标数据用）
g	绿	*	星号（标数据用）
b	蓝	-	实线
w	白	:	虚点线
k	黑	--	虚线

1. 多次重叠绘制图形

hold on 命令的功能是使当前轴与图形保持不变，再在已经存在的图上重叠绘制一条或多条新的曲线。

hold off 命令的功能是使当前轴与图形不再具备被刷新功能。

hold 命令的功能是作为当前图形是否具备被刷新功能的双向切换开关。

2. 使用多窗口绘制图形

figure(N) 命令的功能是创建编号为 N 的新窗口，等待绘制图形。

3. 图形窗口的分割

MATLAB 提供了在一个图形窗口显示多幅（即把整个图形窗口分割成多行多列子窗口）图形的函数命令 subplot()，其功能是把图形窗口分割成 m 行与 n 列的子窗口，并选定第 i

个窗口作为当前窗口。

调用格式：subplot(m，n，i)。

4. 图形控制函数

axis([xmin，xmax，ymin，ymax]) 的功能是设定坐标轴的范围。

title ('字符串') 的功能是在所画图形的最上端标注图形标题。

xlabel ('字符串')、ylabel ('字符串') 的功能是设置 x、y 坐标轴的名称。

grid 的功能是增加网格。

text (x，y，'字符串') 的功能是在图形的指定坐标位置 (x，y) 处标示字符串。

gtext ('字符串') 的功能是在交互方式下用鼠标添加文本。调用这个函数后，图形窗口中的鼠标会变成十字光标，通过移动鼠标来进行定位，即按下鼠标左键就可以在光标位置标示字符串。由于要用鼠标操作，故该函数只能在 MATLAB 命令行窗口中执行。

【例 1-8】 正弦曲线和余弦曲线。

解：以下 M 文件运行后，将显示红色的正弦曲线（实线）和蓝色的余弦曲线（虚线），横轴是时间轴，用“time”标注，范围是（0，2π）；纵轴是幅值轴，用“amp”标注，范围是（-1，1）；图形标题用“正弦曲线和余弦曲线”说明，并显示网格，如图 1-13 所示。

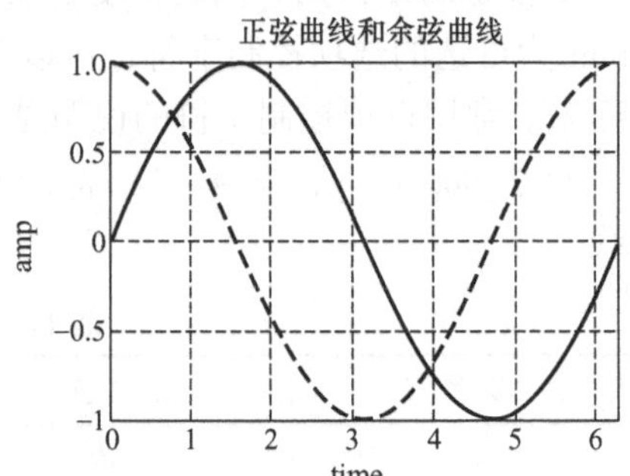

图 1-13 正弦曲线和余弦曲线

```
% This is a graph program. graph1. m
t = 0:pi/12:2 * pi;
y1 = sin(t);y2 = cos(t);
plot(t,y1,'r-',t,y2,'b--');
axis([0,2 * pi, -1, +1]); xlabel('time'); ylabel('amp');
title('正弦曲线和余弦曲线')
grid
% This is the end.
```

1.2.5 MATLAB 程序设计

1. M 文件

M 文件是使用 MATLAB 语言编写的程序代码文件，以 m 作为文件的扩展名。

M 文件可分为两种类型，一种是函数文件，另一种是命令文件。

MATLAB 中的函数文件是 M 文件最主要的形式，通常是指 MATLAB 系统内已设计好的、完成某一种特定运算或实现某一特定功能的子程序。函数文件是能够接收输入参数并返回输出参数的 M 文件。

MATLAB 中的命令文件是实现某项功能的一串 MATLAB 语句命令与函数组合成的 M 文件，命令文件执行后的结果既可以显示输出，也能够使用 MATLAB 的绘图函数来产生图形输出结果。命令文件既不带输入参数也不带输出参数。

2. MATLAB 程序设计的基本规则

MATLAB 是一种高效的编程语言，属于解释性程序语言，程序中的语句边解释边执行，解释语句与指令之间以“%”分隔。MATLAB 程序的结构与其他的计算机高级语言一样，具有顺序结构、循环结构（包含 for、while 语句）、条件分支结构（包含 if/else、if/elseif 语句）、选择结构（包含 switch/case 语句）等。

MATLAB 程序具体的设计方法请参见相关的文献。MATLAB 常用的命令函数、MATLAB 常用函数意义速查表、MATLAB 工具箱函数功能描述可参见附录。

1.3 控制系统动态仿真集成环境 Simulink 9.1 简述

1.3.1 Simulink 仿真工具

在实际工程设计中，控制系统的结构往往很复杂，如果不借助专用的系统建模软件，则很难准确地把一个控制系统的复杂模型输入计算机，对其进行进一步的分析与仿真。1990 年，Math Works 软件公司为 MATLAB 开发了新的控制系统模型图输入与仿真的工具 Simulink，使得仿真软件进入了模型化图形组态阶段。其主要功能是基于 Windows 利用鼠标在模型窗口通过多个独立小模块的组态绘制所需要的控制系统模型，实现动态系统建模、仿真与分析。按照仿真最佳效果来调试及整定控制系统的参数，可缩短控制系统设计的开发周期，降低开发成本，提高设计质量和效率。

Simulink 的优越性具体表现在以下几点：

1）Simulink 建模直接绘制控制系统的动态模型结构，与控制系统的框图表现形式一样，便于快速分析控制系统的各项指标。与传统的系统微分方程或差分方程数学模型相比，既方便又直观。

2）Simulink 仿真工具模块化使构成控制系统更简捷方便，只需将仿真工具模块按照一定的规则重新组合，就能构成各种不同的控制系统模型。Simulink 工具箱中的模块多，功能全，而且可以根据用户需要重新构造子模块封装后嵌入在 Simulink 工具箱中，便于以后重复使用。

3）鼠标拖动连线功能代替了传统微分方程（或差分方程）中的基本数学运算，并且参数修改更加方便，只需双击模块进行参数设置即可，而后整个系统模型随之更新。

4）Simulink 丰富的菜单功能使用户能够更加高效地对系统进行仿真，以及分析其动态特性。多种分析工具、各种仿真算法、系统线性化、寻找平衡点等，都是非常先进而实用的。

5）Simulink 中示波器模块 Scope 类似于电子示波器，可显示仿真实时曲线，使仿真结果更直观，特别适用于自动控制系统的仿真与分析研究。

1.3.2 Simulink 的启动

方法一：在 MATLAB 的命令行窗口里输入“simulink”命令后按 <Enter> 键，便可启动 Simulink。

方法二：在 MATLAB 主窗口的工具栏上单击“ ”按钮后，可进入“New”界面，选择第一个“Blank Model”，进入 Simulink 新建模型设计窗口，可进行建模仿真设计。

单击工具栏的“□”按钮或选择主菜单“File”中的“New”命令，也可以进入Simulink新建模型设计窗口，如图1-14所示。

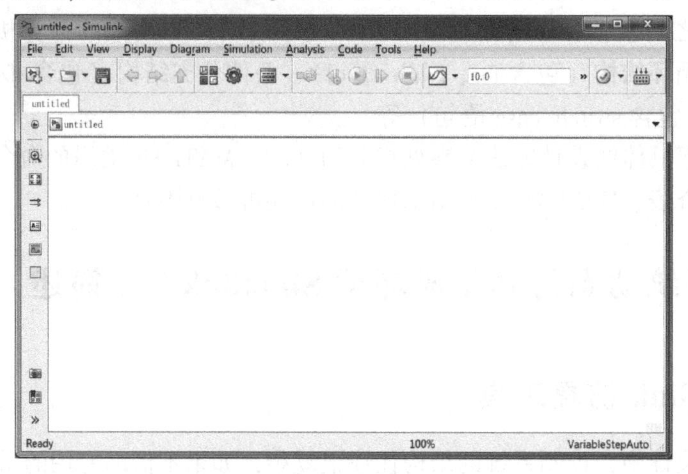

图1-14 Simulink新建模型设计窗口

1.3.3 Simulink模块库介绍

单击Simulink新建模型设计窗口的主菜单“Tools”中的“Library Browser”选项，可以打开Simulink模块库窗口，根据设计要求在模块库中找到需要的模块，拖动到设计窗口，然后连接起来构造模型结构图，设置模块的参数可进行仿真观测。

Simulink模块库浏览器窗口如图1-15所示，窗口左边是模块库的树状结构区域，右边是对应模块组中子模块的显示区域。模块库Simulink下有17个模块组，每个模块组内又包含有许多基本模块。只需用鼠标双击某模块组即可查看其对应的内含子模块。

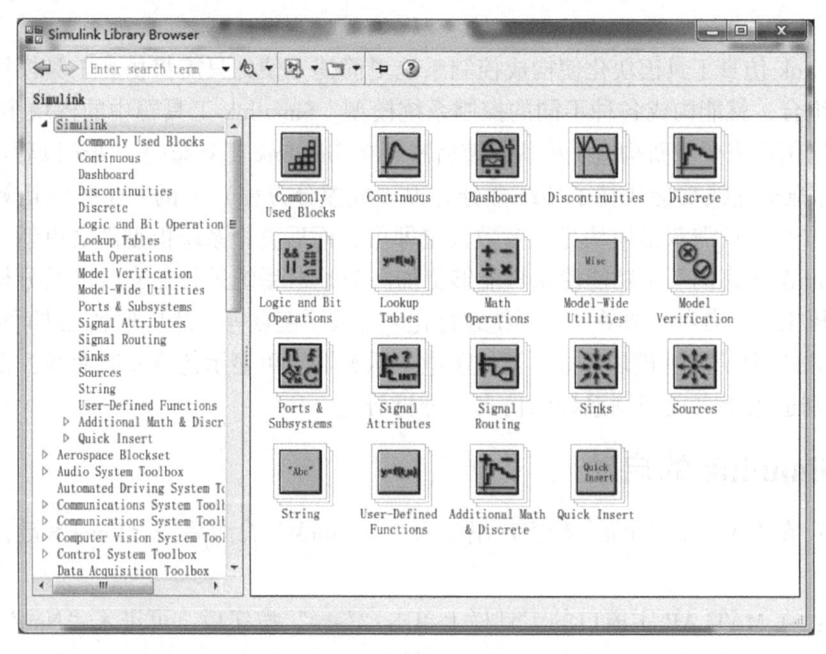

图1-15 Simulink模块库浏览器窗口

1.3.4　控制系统常用 Simulink 模块的功能介绍

Simulink 9.1 有 17 类基本模块库：Commonly Used Blocks（通用模块组）、Continuous（连续模块组）、Dashboard（仪表板模块组）、Discontinuities（非线性模块组）、Discrete（离散模块组）、Logic and Bit Operations（逻辑与位操作模块组）、Lookup Tables（查询表模块组）、Math Operations（数学运算模块组）、Model Verification（模型检验模块）、Model-Wide Utilities（模型扩展模块组）、Ports & Subsystems（端口与子系统模块组）、Signal Attributes（信号描述模块组）、Signal Routing（信号路由模块组）、Sinks（输出显示模块组）、Sources（信号源模块组）、String（字符串模块组）和 User-Defined Functions（用户自定义函数模块组）。下面分别介绍常用基本模块库中的标准模块及其功能。

1. 通用模块组

通用模块组中集合了常用的一些模块，包括输入及输出模块、代数求和模块、逻辑运算符模块、信号生成模块及选择模块、积分模块、饱和限幅模块、延时模块等，如图 1-16 所示。各模块的功能见表 1-6。

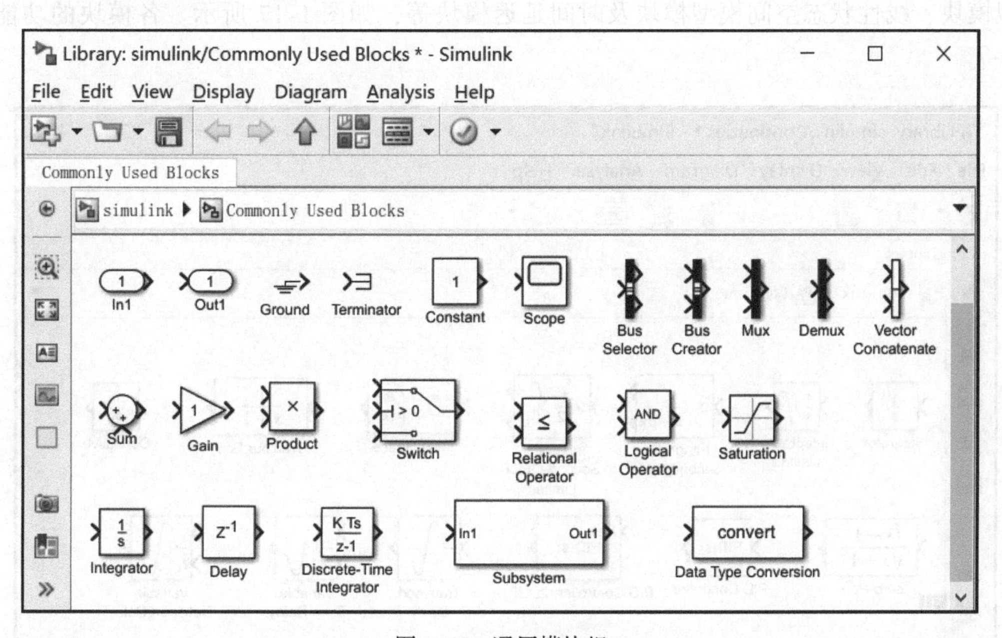

图 1-16　通用模块组

表 1-6　通用模块组中各模块的功能

模块名称	模块功能	模块名称	模块功能
In1	输入端口模块	Out1	输出端口模块
Ground	接地模块	Terminator	信号终端模块
Constant	常量输入模块	Scope	示波器模块
Bus Selector	信号总线选择器	Bus Creator	信号总线生成器
Mux	混路器（将多路信号混合成一路信号）	Demux	分路器（将一路信号分解成多路信号）

（续）

模块名称	模块功能	模块名称	模块功能
Vector Concatenate	向量连接模块	Sum	计算代数和模块
Gain	增益模块	Product	乘积运算模块
Switch	多路选择器（根据输入2控制输出）	Relational Operator	关系运算符模块（可选择 <、<=、>、>=、==、! =）
Logical Operator	逻辑运算符模块（可选择与、或、非）	Saturation	限幅饱和特性模块
Integrator	积分模块	Delay	迟滞器（对采样信号保持，延迟一个采样周期）
Discrete-Time Integrator	离散时间积分模块	Date Type Conversion	数据类型转换模块
Subsystem	子系统模块		

2. 连续模块组

连续模块组中包括积分模块、微分模块、线性传递函数模型模块、零极点形式传递函数模型模块、线性状态空间模型模块及时间延迟模块等，如图 1-17 所示。各模块的功能见表 1-7。

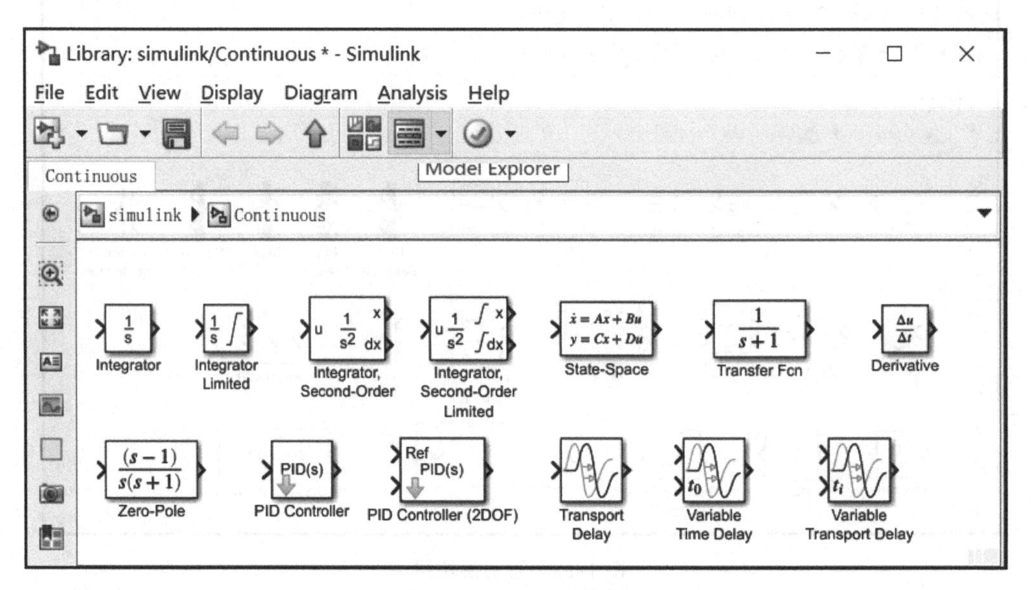

图 1-17 连续模块组

表 1-7 连续模块组中各模块的功能

模块名称	模块功能	模块名称	模块功能
Integrator	积分模块	Integrator Limited	限制积分模块（输出值被上限和下限值限制饱和）
Integrator，Second-Order	二阶积分模块	Integrator，Second-Order Limited	二阶限制积分模块（输出值被上限和下限值限制饱和）
State-Space	线性状态空间模型模块	Transfer Fcn	线性传递函数模型模块

（续）

模块名称	模块功能	模块名称	模块功能
Derivative	微分模块	Zero-Pole	零极点形式传递函数模型模块
PID Controller	PID控制器模块（P、I、D）	PID Controller(2DOF)	两自由度PID控制器模块（PID、PI、PD）
Transport Delay	时间延迟模块（输入信号延时一个固定时间后输出）	Variable Time Delay	时间可变延迟模块（延迟时间用变量来定义）
Variable Transport Delay	可变延迟模块（输入信号延时一个可变时间后输出）		

3. 非线性模块组

非线性模块组中主要是非线性模块，包括死区特性模块、饱和特性模块、继电器特性模块、间隙特性模块和摩擦特性模块等，如图1-18所示。各模块的功能见表1-8。

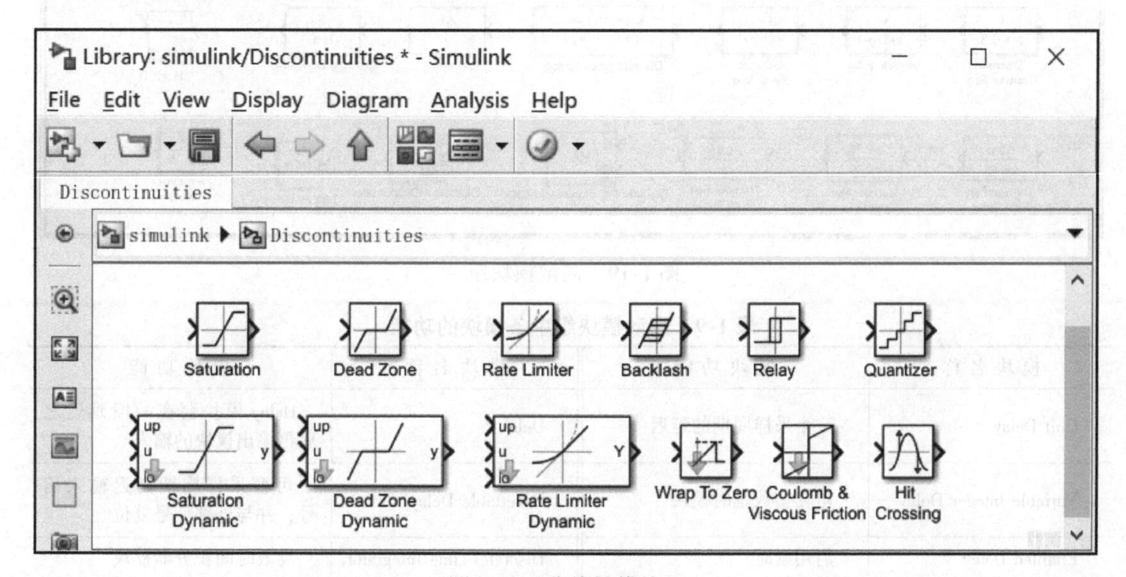

图1-18 非线性模块组

表1-8 非线性模块组的名称与功能

模块名称	模块功能	模块名称	模块功能
Saturation	限幅饱和特性模块	Dead Zone	死区特性模块
Rate Limiter	信号上升、下降速率控制器模块	Backlash	死区间隙特性模块
Relay	带有滞环的继电器特性模块	Quantizer	阶梯状量化处理模块
Saturation Dynamic	动态限幅的饱和特性模块	Dead Zone Dynamic	动态死区特性模块
Rate Limiter Dynamic	信号上升、下降速率动态控制器模块	Hit Crossing	检测输入信号的零交叉点模块
Wrap To Zero	当输入大于阈值，将输出设置为零；反之，输出等于输入	Coulomb & Viscous Friction	库仑与黏滞摩擦特性模块

4. 离散模块组

离散模块组中包括差分模块、离散时间积分器模块、离散微分器模块、离散传递函数模型模块、离散零极点形式传递函数模型模块、离散状态空间模型模块、采样保持器模块、离散滤波器模块和分段延迟器模块等，如图 1-19 所示。各模块的功能见表 1-9。

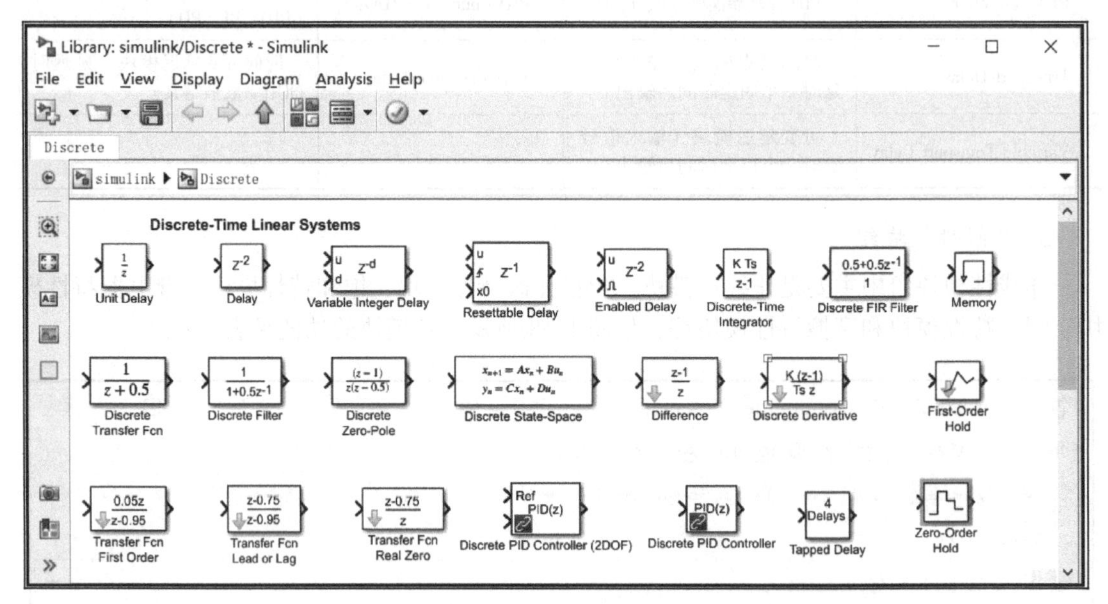

图 1-19 离散模块组

表 1-9 离散模块组中各模块的功能

模块名称	模块功能	模块名称	模块功能
Unit Delay	一个采样周期的延迟	Delay	Delay 模块会在一段延迟之后再输出模块的输入
Variable Integer Delay	可变整数延时模块	Resettable Delay	可变采样周期延迟输入信号，并与外部信号复位
Enabled Delay	启用延时	Discrete-Time Integrator	离散时间积分器模块
Discrete FIR Filter	对指定 FIR 滤波器的输入信号离散化	Memory	存储（上一时刻的状态值）模块
Discrete Transfer Fcn	离散传递函数模型模块	Discrete Filter	离散滤波器模块
Discrete Zero-Pole	离散零极点形式传递函数模型模块	Discrete State-Space	离散状态空间模型模块
Difference	差分模块	Discrete Derivative	离散微分器模块
First-Order Hold	一阶采样保持器模块	Transfer Fcn First Order	一阶传递函数模块
Transfer Fcn Lead or Lag	超前或滞后传递函数模块	Transfer Fcn Real Zero	带实数零点传递函数
Discrete PID Controller (2DOF)	两自由度离散 PID 控制器模块（PID、PI、PD）	Discrete PID Controller	离散 PID 控制器模块（P、I、D）
Tapped Delay	分段延迟器模块	Zero-Order Hold	零阶采样保持器
Weighted Moving Average	加权移动平均值模块	Integer Delay	积分延迟器

5. 数学运算模块组

数学运算模块组中包括绝对值或求模模块、信号求和模块、乘积运算模块、多项式运算模块、计算极大值与极小值模块、比较运算模块、逻辑运算模块、符号函数模块、增益模块和复数模块等，如图 1-20 所示。各模块的功能见表 1-10。

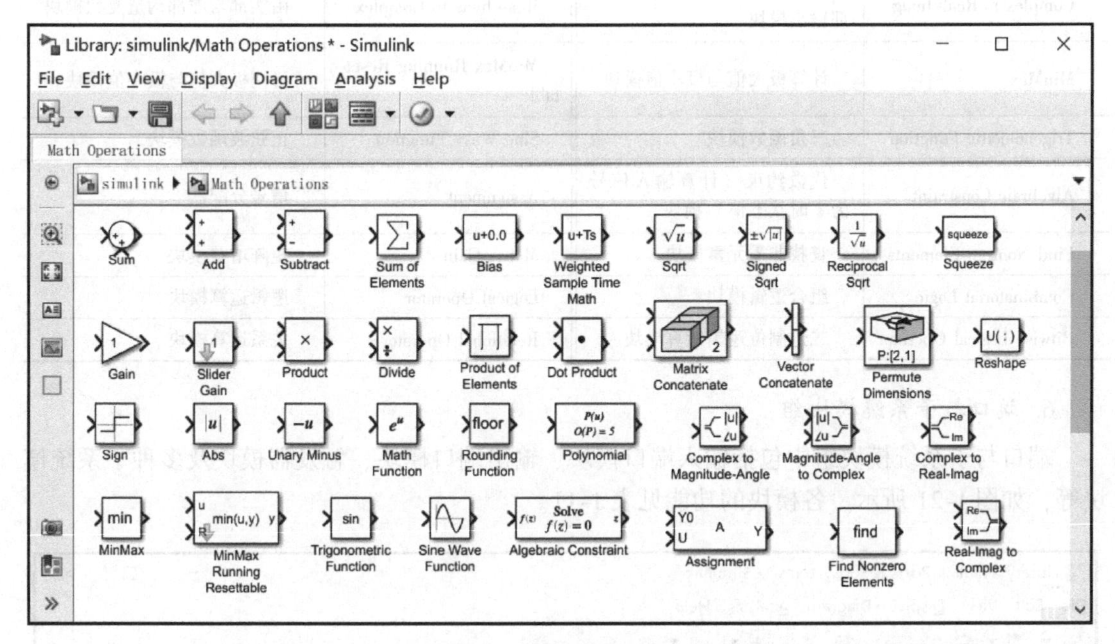

图 1-20　数学运算模块组

表 1-10　数学运算模块组中各模块的功能

模块名称	模块功能	模块名称	模块功能
Sum	计算代数和模块	Add	信号求和模块
Subtract	信号求差模块	Sum of Elements	多元求和模块
Bias	偏压模块	Sqrt	计算二次方根模块
Weighted Sample Time Math	加权数学采样时间封装模块	Signed Sqrt	输入的绝对值的二次方根乘以输入的符号
Reciprocal Sqrt	输入的二次方根的倒数	Squeeze	删除单一维度 size(A, dim) = 1 的任意维度
Gain	增益模块	Slider Gain	渐变增益模块
Product	乘法模块	Divide	除法模块
Product of Elements	多元求积模块	Dot Product	计算点积（内积）模块
Matrix Concatenate	矩阵级联输入模块	Vector Concatenate	向量连接输入模块
Permute Dimensions	重新排列多维数组的维度	Reshape	矩阵的重新定维模块
Sign	符号函数模块	Abs	绝对值或求模模块
Unary Minus	求负输入模块	Math Function	数学运算函数模块
Rounding Function	取整模块	Polynomial	多项式运算模块

（续）

模块名称	模块功能	模块名称	模块功能
Complex to Magnitude-Angle	由复数输入转为幅值与相角输出模块	Magnitude-Angle to Complex	由幅值与相角输入合成复数输出模块
Complex to Real-Imag	由复数输入转为实部与虚部输出模块	Real-Imag to Complex	由实部与虚部构造复数模块
MinMax	计算极大值与极小值模块	MinMax Running Resettable	可调极大值与极小值模块
Trigonometric Function	三角函数模块	Sine Wave Function	正弦波函数模块
Algebraic Constraint	代数约束（计算输入信号为零时状态值）模块	Assignment	信号分配器
Find Nonzero Elements	查找非零元素模块	Matrix Gain	矩阵增益模块
Combinatorial Logic	组合逻辑模块	Logical Operator	逻辑运算模块
Bitwise Logical Operator	二进制位逻辑运算模块	Relational Operator	关系运算模块

6. 端口与子系统模块组

端口与子系统模块组中包括输入端口模块、输出端口模块、触发器模块及多种子系统模块等，如图1-21所示。各模块的功能见表1-11。

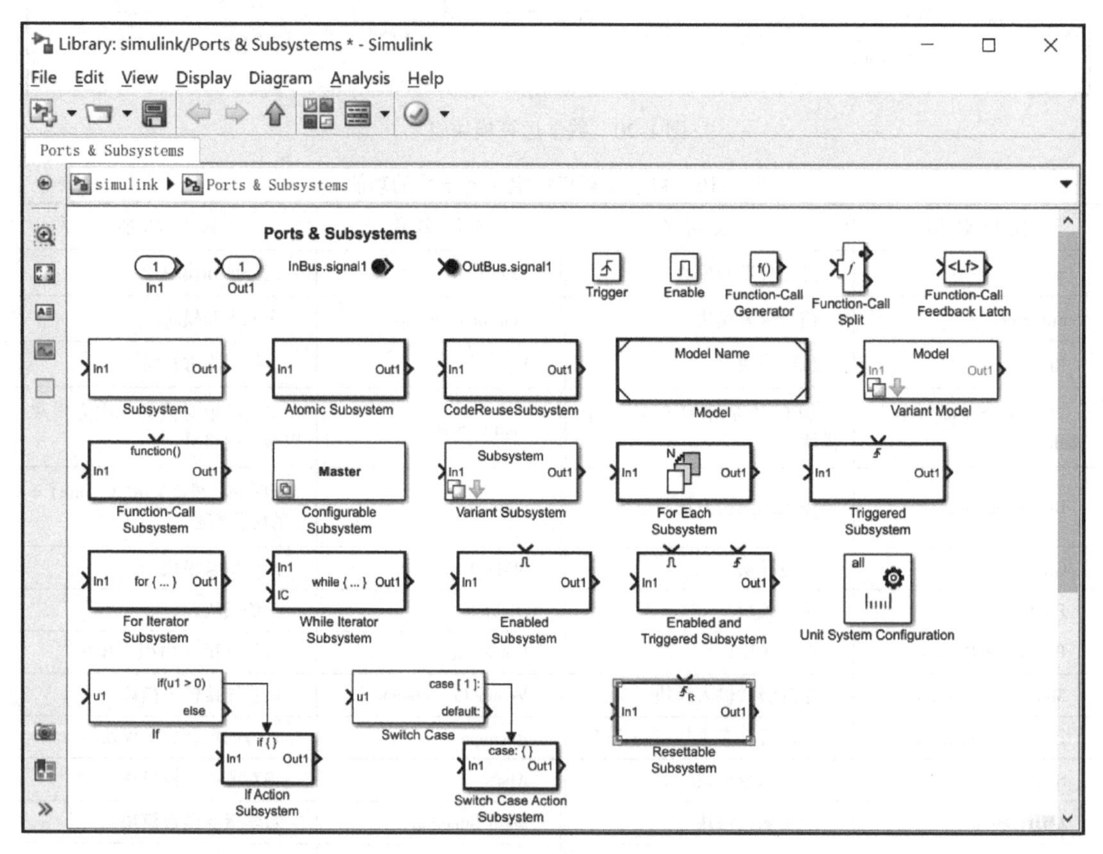

图1-21 端口与子系统模块组

表 1-11　端口与子系统模块组中各模块的功能

模块名称	模块功能	模块名称	模块功能
In1	输入端口模块	Out1	输出端口模块
InBus signal1	总线输入端口模块	OutBus signal1	总线输出端口模块
Trigger	触发器模块	Enable	使能模块
Function-Call Generator	函数调用发生器	Function-Call Split	拆分函数调用信号模块
Function-Call Feedback Latch	函数调用反馈锁存器，用来中断一个或多个函数调用块之间数据信号的反馈循环	Subsystem	子系统模块
Atomic Subsystem	分组子系统模块	Code Reuse Subsystem	代码重用子系统模块
Model	模型参照模块	Variant Model	变体模型参照模块
Function-Call Subsystem	函数调用子系统模块	Configurable Subsystem	可配置子系统模块
For Each Subsystem	对输入信号的每个元素或子数组都执行一遍运算	Triggered Subsystem	外部触发执行子系统
For Iterator Subsystem	For 循环子系统	While Iterator Subsystem	While 循环子系统
Enabled Subsystem	由外部输入使能执行的子系统	Enabled and Triggered Subsystem	由外部输入使能和触发执行的子系统
Unit System Configuration	配置单位系统模块	If Action Subsystem	由 If 模块使能的子系统
Switch Case Action Subsystem	由 Switch Case 模块启用执行的子系统	Resettable Subsystem	可重置子系统

7. 信号路由模块组

信号路由模块组中包括信号总线分配器模块、信号总线生成器模块、信号总线选择器模块、数据存储模块、矩阵模块、多路开关选择模块等，如图 1-22 所示。各模块的功能见表 1-12。

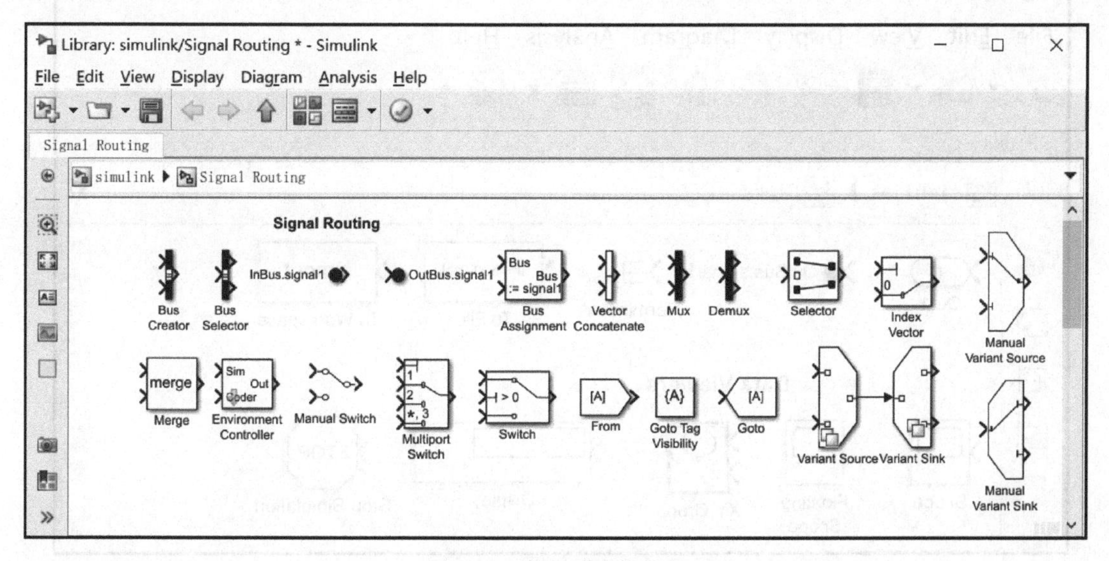

图 1-22　信号路由模块组

表 1-12　信号路由模块组中各模块的功能

模块名称	模块功能	模块名称	模块功能
Bus Creator	信号总线生成器模块	Bus Selector	信号总线选择器模块
InBus signal1	总线输入信号模块	OutBus signal1	总线输出信号模块
Bus Assignment	信号总线分配器模块	Vector Concatenate	向量连接输入模块
Mux	混路器（将多路信号混合成一路信号）	Demux	分路器（将一路信号分解成多路信号）
Selector	选路器	Index Vector	向量从 0 开始和从 1 开始索引
Manual Variant Source	手动切换多个输入信号源，每次激活一个	Manual Variant Sink	手动切换多个输出选项，每次激活一个
Merge	合并输入信号为一个输出	Environment Controller	外围控制器
Manual Switch	双输出选择器（手动）	Multiport Switch	多端口输出选择器
Switch	多路选择器（根据输入 2 控制输出）	From	从指定模块读矩阵
Goto Tag Visibility	Goto 模块标记控制器	Goto	向指定模块写矩阵
Variant Source Variant Sink	多个输入信号选择多个输出	Data Store Read	从指定的数据存储器中读数据模块
Data Store Memory	为数据存储定义存储区域	Data Store Write	写数据到指定的数据存储模块

8. 输出显示模块组

输出显示模块（也称为信宿模块）组中包括示波器模块、实时数字显示模块、输出端口模块、X-Y 示波器模块、写入工作空间模块和写文件模块等，如图 1-23 所示。各模块的功能见表 1-13。

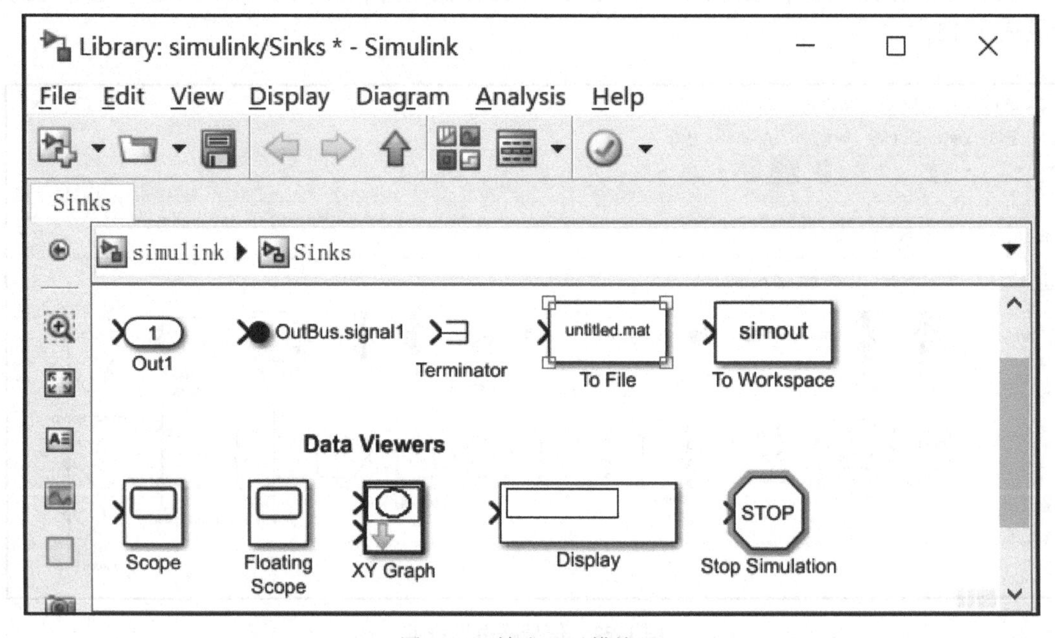

图 1-23　输出显示模块组

表 1-13 输出显示模块组中各模块的功能

模块名称	模块功能	模块名称	模块功能
Out1	输出端口模块	OutBus signal1	总线信号输出端口模块
Terminator	信号终结模块（防止输出信号无连接）	To File	将仿真输出写入（.mat）数据文件模块
To Workspace	将仿真输出写入 MATLAB 工作空间模块	Floating Scope	悬浮信号示波器模块（不需要任何连线，可显示任何指定信号）
Scope	示波器模块	XY Graph	X-Y 示波器模块，显示二维图形输入信号
Display	数字显示模块	Stop Simulation	当输入非零时终止仿真模块

9. 信号源模块组

信号源模块组中包括输入端口模块、阶跃信号源模块、斜坡信号源输入模块、正弦波信号模块、脉冲信号发生器模块、时钟信号模块、普通信号发生器、常量输入模块、读文件模块、读工作空间模块和接地模块等，如图 1-24 所示。各模块的功能见表 1-14。

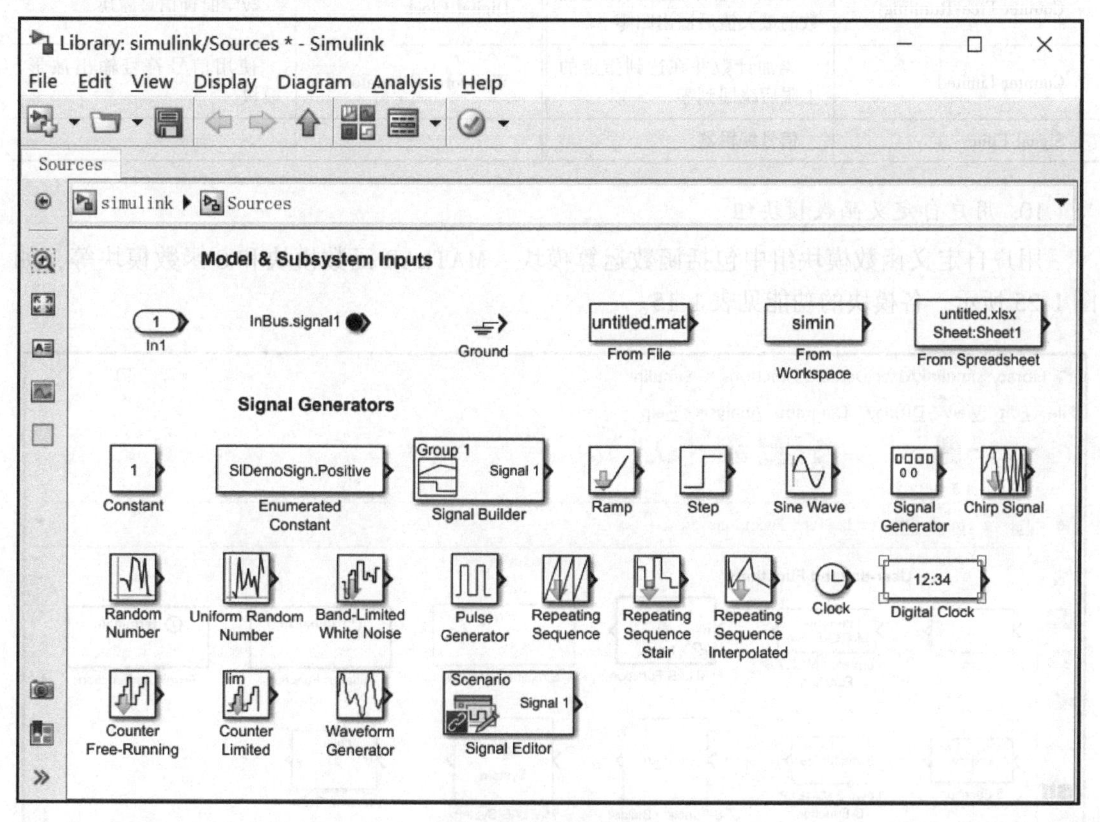

图 1-24 信号源模块组

表 1-14 信号源模块组中各模块的功能

模块名称	模块功能	模块名称	模块功能
In1	输入端口模块	InBus signal1	总线输入端口模块
Ground	接地模块	From File	从（. mat）数据文件读取数据模块
From Workspace	从工作空间读取数据模块	From Spreadsheet	从电子表格读取数据模块
Constant	常量输入模块	Enumerated Constant	枚举常量输入模块
Step	阶跃信号源模块	Ramp	斜坡信号源输入模块
Signal Builder	产生可交替的分段线性信号	Sine Wave	正弦波信号模块
Signal Generator	任意波形信号发生器	Chirp Signal	线性调频信号（频率按时间线性变化的正弦波）模块
Random Number	产生正态分布随机数模块	Uniform Random Number	产生均匀分布随机数模块
Band-Limited White Noise	有限带宽白噪声模块	Pulse Generator	脉冲信号发生器模块
Repeating Sequence	任意周期信号发生器模块	Repeating Sequence Stair	重复离散时序模块
Repeating Sequence Interpolated	可内插值的重复离散时序模块	Clock	时钟信号模块
Counter Free-Running	累加计数并在达到指定位数的最大值后溢出归零	Digital Clock	数字时钟信号模块
Counter Limited	累加计数并在达到指定的上限后绕回到零	Waveform Generator	使用信号符号输出波形模块
Signal Editor	信号编辑器		

10. 用户自定义函数模块组

用户自定义函数模块组中包括函数运算模块、MATLAB 函数模块和 S 函数模块等，如图 1-25 所示。各模块的功能见表 1-15。

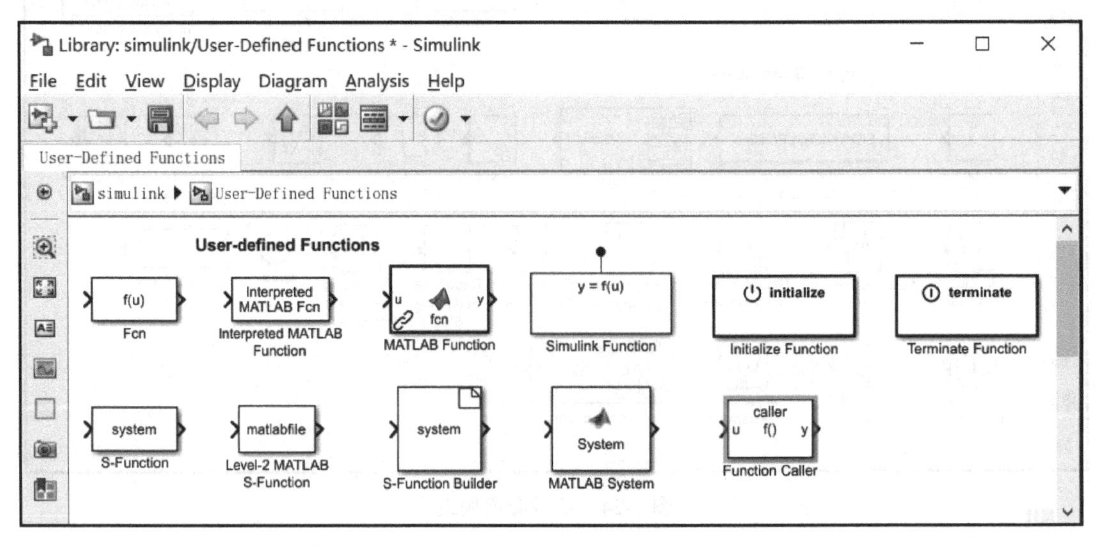

图 1-25 用户自定义函数模块组

表 1-15　用户自定义函数模块组中各模块的功能

模块名称	模块功能	模块名称	模块功能
Fcn	自定义函数模块	Interpreted MATLAB Function	将MATLAB 函数或表达式应用于输入
MATLAB Function	直接调用 MATLAB 函数模块	Simulink Function	调用 Simulink 模块定义的函数
Initialize Function	预配置初始化函数	Terminate Function	预配置终止函数
S-Function	调用自编的 S 函数模块	Level-2 MATLAB S-Function	调用自编的 S 函数模块
S-Function Builder	S 函数生成器	MATLAB System	在模型中包含 System object
Function Caller	调用 Simulink 或导出的 Stateflow 函数		

1.3.5　使用 Simulink 建立系统模型

Simulink 完全采用标准模块框图的复制方法来构造动态系统的结构图模型。结构图模型的创建过程就是在 Simulink 模块库中选择所需要的基本模块，不断复制到模型窗口内，再用 Simulink 的特殊连线法把多个基本模块连接成描述的模型或代表控制系统实际结构的框图模型的过程。

1. 模型窗口

模型窗口是 Simulink 仿真工具用来绘制系统结构图模型的空白设计区，如图 1-26 所示。控制系统创建的结构图模型（或框图模型）就是在模型窗口完成的，因此该窗口也可以称为框图窗口。模型文件的扩展名为 mdl。

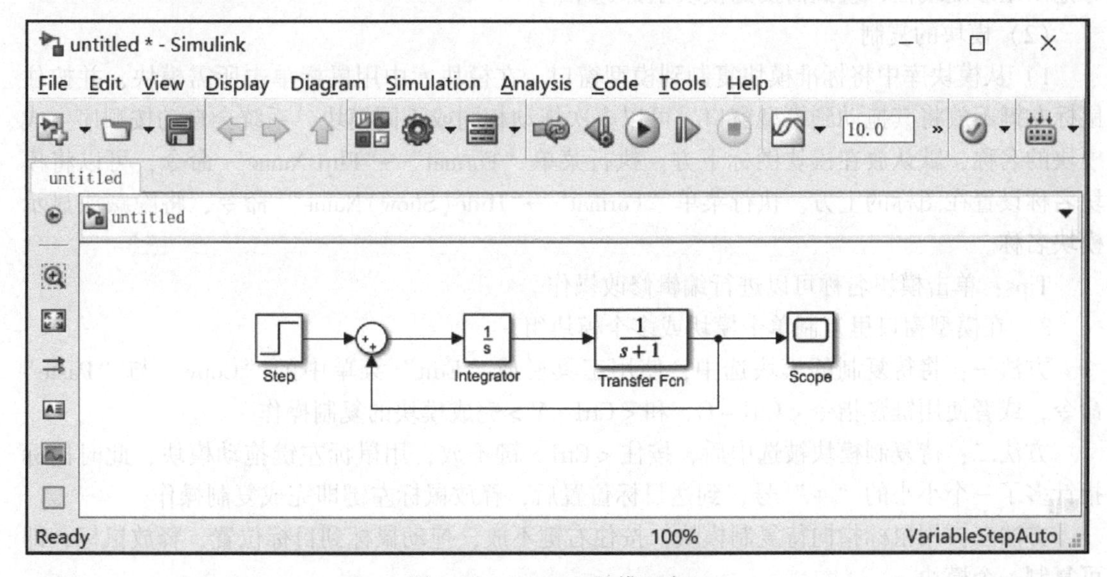

图 1-26　Simulink 的模型窗口

（1）新建或打开模型文件

方法一：选择 MATLAB 工具栏菜单“File”→“New”→“Model”命令。

方法二：在 MATLAB 命令行窗口内输入“simulink”命令后，在打开的 Simulink 浏览器窗口的工具栏上单击□按钮。

方法三：在 MATLAB 命令行窗口的工具栏上单击【New Simulink Model】按钮，打开 Simulink 浏览器，选择菜单“File”→“New Model”命令。

方法四：如果打开一个已存在的框图模型文件，双击它即可，或者在 MATLAB 的命令行窗口中直接键入模型文件名字。

方法五：打开已存在的模型文件，可以使用模型窗口里菜单“File”→“Open”命令。

Tips：由 Simulink 创建的“. mdl”文件也可以在 MATLAB 命令行窗口里用 type 命令查看其内容，其内容为模型对应的 MATLAB 程序。

（2）结构图模型标题名称的标注与修改

在欲标注模型标题的空白处，鼠标左键双击即可拉出一矩形框，其中有文字输入光标在闪动，可以输入新的标题名称；若要修改模型标题，用鼠标左键单击原来的标题名称，出现一矩形框，内有光标在闪动，即可修改名称或做注解。

Tips：标题名称既可以是西文，也可以是中文，文本编辑方法与普通文本编辑方法一样。

2. 模块的基本操作

（1）选定模块

用鼠标单击选定单个模块，当模块四个角处出现缩放手柄，表明模块处于选中状态；如果要选定一组模块，可以按住鼠标左键拉出一矩形虚线框，将所有待选模块框在其中，这样所有的模块都处于选中状态。另一种方法是按住 <Shift> 键，逐个单击被选模块或多次用鼠标拖出矩形虚线框，直到需要的模块全部选中。

（2）模块的复制

1）从模块库中将标准模块复制到模型窗口。在模块库中用鼠标单击所需模块，并按住鼠标左键不放将其拖动到模型窗口，可以多次拖动相同或不同模块，系统会自动按顺序生成模块的名称，默认放在模块图标下方。执行菜单“Format”→“Flip Name”命令，可以将模块名称设置在图标的上方。执行菜单“Format”→“Hide(Show)Name”命令，将隐藏或显示模块名称。

Tips：单击模块名称可以进行编辑修改操作。

2）在模型窗口里复制单个模块或多个模块组。

方法一：将待复制的模块选中，使用工具栏或“Edit”菜单中的“Copy”与“Paste”命令，或者使用键盘指令 <Ctrl + C> 和 <Ctrl + V> 完成模块的复制操作。

方法二：待复制模块被选中后，按住 <Ctrl> 键不放，用鼠标左键拖动模块，此时鼠标指针多了一个小小的“+”号，到达目标位置后，释放鼠标左键即完成复制操作。

方法三：用鼠标指向待复制模块，按住右键不放，拖动鼠标到目标位置，释放鼠标，即可复制一个模块。

(3) 模块的移动

选中待移动模块，按住鼠标左键不放，拖动模块到目标位置后释放鼠标。

Tips：模块移动时，与它相连的连线也随之移动。

(4) 模块的删除与恢复

选中模块，按 <Del> 键或用菜单“Edit”→“Cut”命令删除模块。工具栏中或菜单“Edit”→“Undo”命令可以恢复误删的模块。

(5) 改变模块对象的大小

模块被选定后，其四周会出现黑色的缩放手柄，鼠标指针指向这些手柄时，指针会变成双向箭头形状，表明按住鼠标左键拖动，模块的大小会沿着这些方向改变，从而改变模块的大小。

(6) 改变模块的转向

一个标准功能模块就是一个控制环节，在默认状态下，模块的输入端口总是在其左侧，输出端口在右侧，信号流向不能改变。然而控制系统在建模的过程中，比如在反馈通道中，往往需要输入信号在右侧、输出信号在左侧，还有时需要输入、输出信号的流向是上下流向的，这样就需要更改模块对象的方向来实现不同的需要。具体操作如下：

首先选定模块，使用主菜单“Format”或右键快捷菜单中的“Flip Block”（将功能模块旋转 180°）或“Rotate Block”（将功能模块顺时针旋转 90°）命令实现模块的方向改变。

(7) 模块的外观编辑

模块内的字体、字号和字的颜色均可以编辑，模块外框线条的粗细、颜色及填充也可以修改，这些外观上的更改可以使用对应的鼠标右键快捷菜单实现。

(8) 模块的参数设定

用鼠标双击模块，就可以进入模块的参数设定窗口，从而对模块进行参数设定。参数设定窗口包含了该模块的基本功能帮助，为获得更详尽的帮助，可以单击其上的“help”按钮。

(9) 模块的属性设定

选中模块，打开“Edit”→“Block Properties”命令可以对模块进行属性设定，包括 Description 属性、Priority 优先级属性、Tag 属性、Open function 属性、Attributes format string 属性。其中 Open function 属性是一个很有用的属性，通过它指定一个函数名，则当该模块被双击之后，Simulink 就会调用该函数执行，这种函数在 MATLAB 中称为回调函数。

(10) 模块的输入、输出信号

模块处理的信号包括标量信号和向量信号。标量信号是一种单一信号，而向量信号为一种复合信号，是多个信号的集合，它对应着系统中几条连线的合成。默认情况下，大多数模块的输出都为标量信号，对于输入信号，模块都有一种“智能”的识别功能，能自动进行匹配。某些模块通过对参数的设定，可以使其输出向量信号。

3. 模块的连接

模块之间的连接是靠信号线来实现的。信号线是带箭头的，表示信号的流向，它只能从一个模块的输出端口连接到另一个模块的输入端口，两个输入端口或两个输出端口之间不会产生信号线，在操作中会有红色的“×”提示信号流方向错误。建立模块间连接的操作步骤如下：

用鼠标左键单击模块的输入或输出端口，光标将变为十字形状，拖动十字光标到下一模块的输出或输入端口，待连线与其汇合，光标变成双十字形状后可松开鼠标，这样连线就成了带箭头的信号线，两模块就连接起来了。

选中信号线，可以对它进行适当的编辑，如改变其粗细、移动、设置信号流名称（即标签），也可以把信号线折弯、分支、删除等。

（1）信号线与线型设定

信号线的粗细是用来区别信号是标量还是向量。当选中菜单“Format”→“Wide Nonscalar Lines”命令时，线的粗细会根据所引出的信号是标量还是向量而改变，若信号为标量则为细线，若信号为向量则为粗线。

对于向量信号线，使用主菜单“Format”→“Wide Vector Lines”命令，可将信号线变粗，并且表示该信号为向量形式，但必须在执行完Simulink下的“Start”命令或“Edit”→“Update Diagram”命令之后才能显示出效果。

（2）设置信号线标签

在信号线上双击鼠标，即可在其下部拉出一个矩形框，框内出现文字输入光标，等待输入说明标签。信号线的标签一般用来说明信号流的名称。设置这个名称反映在模型上的直接效果就是与该信号有关的端口连接的所有直线附近都会出现写有信号流名称的标签。

（3）信号线折弯

方法一：选中信号线，按住<Shift>键，用鼠标左键在要折弯的地方单击一下，此处就会出现一个小圆圈，表示折点，利用折点就可以改变信号直线的方向。

方法二：选中信号线，将鼠标指向信号线端部的小黑块，等待光标由箭头变为“o”型，按住鼠标左键拖动信号线，即可将其以转直角的方式折弯。

方法三：在方法二的操作中，如果鼠标指到信号线的任意位置，则可将其以任意角度折弯。

（4）信号线分支

方法一：选中信号线，按住<Ctrl>键，在要建立分支的地方按住鼠标左键拉出即可。

方法二：将鼠标指到要引出分支的信号线段上，按住鼠标右键拖动鼠标即可拉出分支线段。

（5）显示向量信号线上的信号数目

对于向量信号线，执行主菜单“Format”→“Vector Line Widths”命令，模型框图中所有向量连接上都出现一个阿拉伯数字，该数字表示该向量信号线内信号的数目，从而可获知某个模块有多少个输入、输出信号。

第二次重复使用上述命令，能取消信号数目显示。

（6）信号线与模块分离

按住<Shift>键不放，用鼠标拖动模块至其他位置，可以把模块与连线分离。

（7）信号线平移及删除

选中信号线，按住鼠标左键不放，待光标变为十字箭头形状指针时，沿水平方向或竖直方向拖动信号线至目标位置后，释放鼠标，完成信号线的移动。

选中信号线，按 <Del> 键即可删除信号线。

4. 模型框图的打印

模型框图可以直接打印输出。选择主菜单“File”→“Print”命令或单击工具栏上的按钮，可以打印当前活动窗口的框图，但不打印任何打开的示波器Scope模块。

5. Simulink建模注意事项

(1) 建模准备工作

建模前要做到心中有数，最好先在纸上画出草图，然后输入计算机。建模时，可以先将需要的模块都复制到模型窗口中，并排列好位置，然后再连线，这样有助于减少打开文件的时间，提高工作效率。

(2) 规范建模

模型结构图要符合一般制图的规范。模块大小尺寸要比例适中，信号连线应清楚整齐，尽量减少不必要的交叉线。节点处应用节点标记。模块名称应有序明了，信号线上也可以添加标签以说明信号量的名称，便于理解分析。模型的标题应清楚标记在整个模型的中央上方。另外，还可以适当添加注释信息，如说明模型的初始状态或运行条件等。

(3) 合理设置仿真参数

根据计算机的硬件配置，合理设置仿真参数，使仿真达到较高的效率。内存越大，仿真速度越快。仿真步长或者采样周期设定过小，虽可以捕捉到仿真过程中的重要细节，但是输出值太多，降低了仿真速度，因此步长和仿真时间要选择得合适。

1.3.6 常用模块内部参数的设置

1. 线性传递函数模型模块Transfer Fcn

线性传递函数模型模块采用多项式模型来描述线性控制系统传递函数：

$$G(s)=\frac{C(s)}{R(s)}=\frac{b_0s^m+b_1s^{m-1}+\cdots+b_m}{a_0s^n+a_1s^{n-1}+\cdots+a_n}=\frac{num(s)}{den(s)}$$

其中，用分子、分母多项式系统构成两个向量，即 $\boldsymbol{num}=[b_0, b_1, \cdots, b_m]$，$\boldsymbol{den}=[a_0, a_1, \cdots, a_n]$。

【例1-9】 构造传递函数 $G(s)=\dfrac{s^4+2s^3+5s}{s^5+s^4+2s^3+6s+8}$ 的模型模块。

解：由以上传递函数，可以写出该控制系统的分子、分母向量为

$\boldsymbol{num}=[1\quad 2\quad 0\quad 5\quad 0]$，$\boldsymbol{den}=[1\quad 1\quad 2\quad 0\quad 6\quad 8]$

打开“Transfer Fcn”模块的参数设置对话框，在“Numerator coefficient”文本框中输入行向量num的值“[1 2 0 5 0]”，在“Denominator coefficient”文本框中输入行向量den的值“[1 1 2 0 6 8]”，确认后就可以得到相应的模块，如图1-27所示。

Tips：在多项式中缺少的项的系数为0，写系数向量时不能缺少，需要补足0，否则阶次与系统就不匹配，尤其是无常数项时，向量最后一个必须是0。如果示例中的分子向量

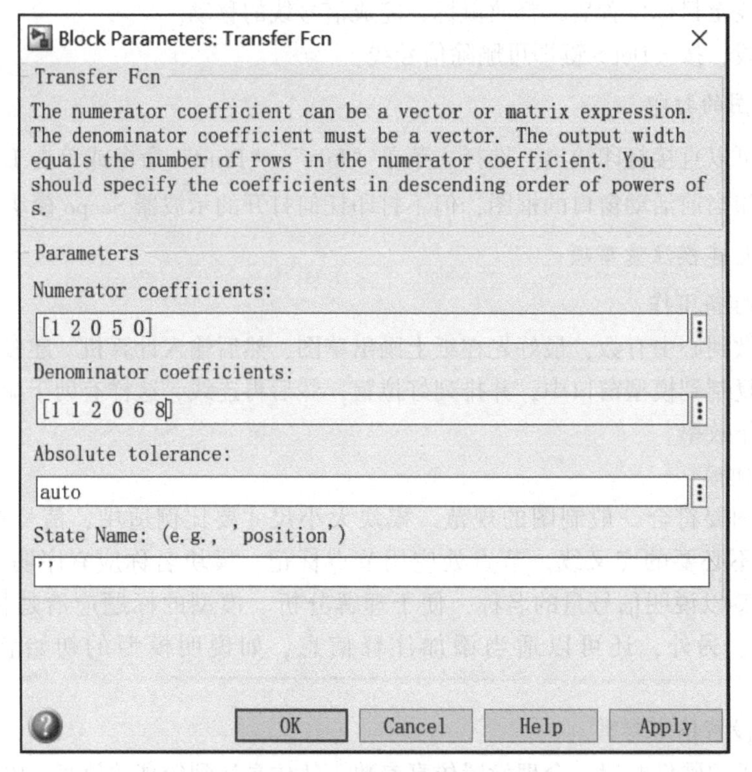

图 1-27 线性传递函数模型模块参数的设置

num 写成“[1 2 5]”，得到的模型模块就变成$\dfrac{s^3+2s^2+5s}{s^5+s^4+2s^3+6s+8}$，这与要求的不一致，因此是错误的。

2. 零极点形式传递函数模型模块 Zero-Pole

零极点形式传递函数模型模块采用零极点形式描述线性系统传递函数：

$$G(s)=\frac{K(s-z_1)(s-z_2)\cdots(s-z_m)}{(s-p_1)(s-p_2)\cdots(s-p_n)}$$

式中，z_1，z_2，…，z_m为系统的零点；p_1，p_2，…，p_n为系统的极点；K 为系统的总增益。那么，对应的增量向量为 $\boldsymbol{K}$，零点向量 $\boldsymbol{z}=[z_1, z_2, \cdots, z_m]$，极点向量 $\boldsymbol{p}=[p_1, p_2, \cdots, p_n]$。

【例 1-10】 构造传递函数 $G(s)=\dfrac{5(s+1)}{(s+2)(s+3)}$的零极点形式模型。

解： 由以上传递函数可得 $\boldsymbol{K}=[5]$，$\boldsymbol{z}=[-1]$，$\boldsymbol{p}=[-2, -3]$，用零极点形式传递函数模型模块构造更方便。打开其模块参数设置窗口，在“Gain”文本框中输入系统增益“[5]”，“Zeros”文本框中输入“[-1]”，“Poles”文本框中输入“[-2，-3]”，即可完成该线性系统的模块建立，如图 1-28 所示。

3. 时间延迟模块 Transport Delay

在时间延迟模块的参数设置对话框中，在“Time delay”文本框中输入延迟的时间即可（注意时间的单位为 s），如图 1-29 所示。

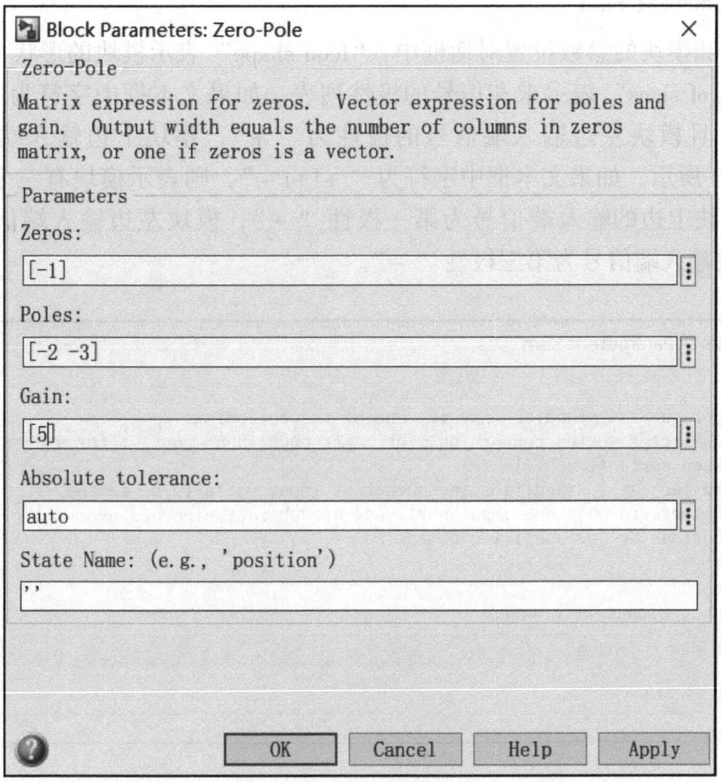

Block Parameters: Zero-Pole

Zero-Pole

Matrix expression for zeros. Vector expression for poles and gain. Output width equals the number of columns in zeros matrix, or one if zeros is a vector.

Parameters

Zeros:

[-1]

Poles:

[-2 -3]

Gain:

[5]

Absolute tolerance:

auto

State Name: (e.g., 'position')

''

OK　Cancel　Help　Apply

图 1-28　零极点形式传递函数模型模块参数的设置

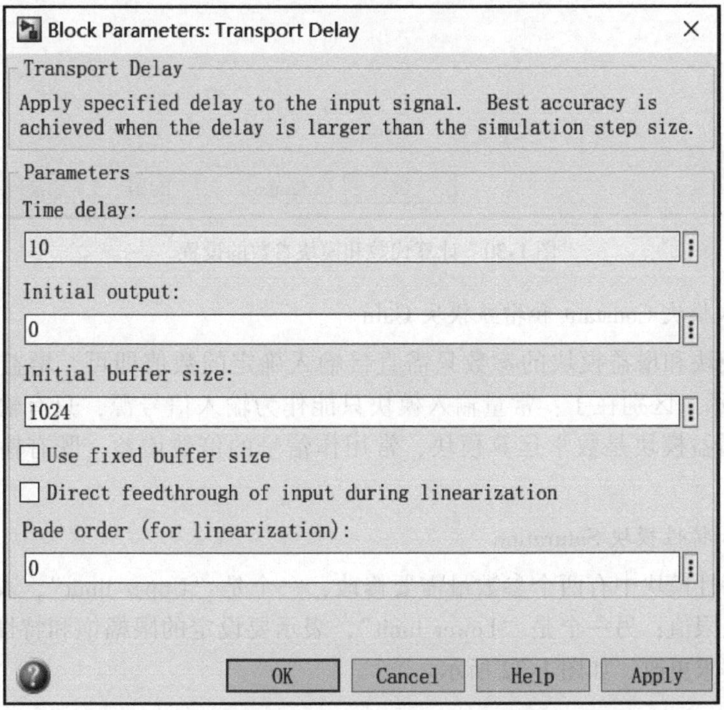

Block Parameters: Transport Delay

Transport Delay

Apply specified delay to the input signal. Best accuracy is achieved when the delay is larger than the simulation step size.

Parameters

Time delay:

10

Initial output:

0

Initial buffer size:

1024

☐ Use fixed buffer size

☐ Direct feedthrough of input during linearization

Pade order (for linearization):

0

OK　Cancel　Help　Apply

图 1-29　指定时间延迟模块参数的设置

4. 计算代数和模块 Sum

在计算代数和模块的参数设置对话框中，“Icon shape”表示模块的形状，“round”表示是圆形的。“List of signs”表示求和信号的极性列表。如果文本框中字符为“|+-”，表示两个信号求差，且模块左边输入端信号的极性为“+”，模块下边输入端信号的极性为“-”，如图1-30所示。如果文本框中字符为“+|+|-”，则表示模块有三个输入端，且位置平均分布，模块上边的输入端信号为第一极性“+”，模块左边输入端信号为第二极性“+”，模块下边输入端信号为第三极性“-”。

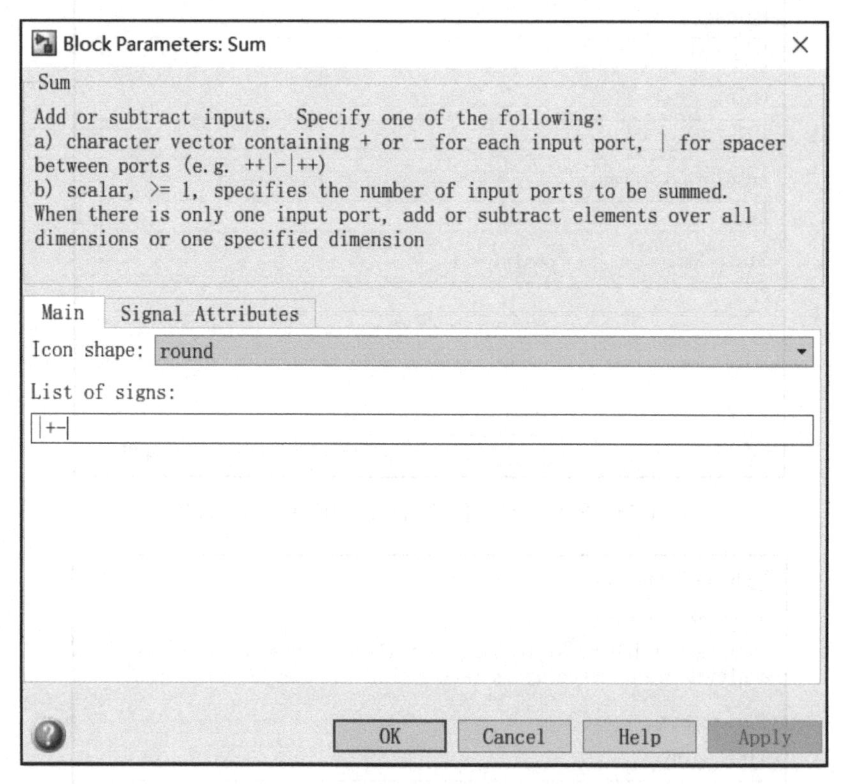

图1-30 计算代数和模块参数的设置

5. 常量输入模块 Constant 和增益模块 Gain

常量输入模块和增益模块的参数只需直接输入确定的数值即可，增益模块参数的设置如图1-31所示。区别在于：常量输入模块只能作为输入信号源，只有输出端口，没有输入端口；而增益模块是数学运算模块，常用作信号的倍数增益，既有输出端口，又有输入端口。

6. 限幅饱和特性模块 Saturation

限幅饱和特性模块中有两个参数最需要修改，一个是“Upper limit”，表示要设定的限幅饱和特性的上限值；另一个是“Lower limit”，表示要设定的限幅饱和特性的下限值。其参数根据实际需求更改，如图1-32所示。

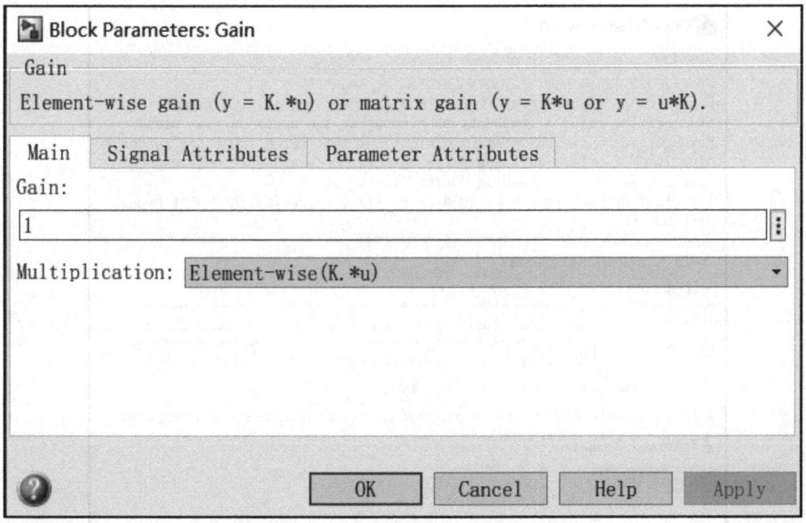

Block Parameters: Gain

Gain

Element-wise gain (y = K.*u) or matrix gain (y = K*u or y = u*K).

Main　Signal Attributes　Parameter Attributes

Gain:

1

Multiplication: Element-wise(K.*u)

OK　Cancel　Help　Apply

图 1-31　增益模块参数的设置

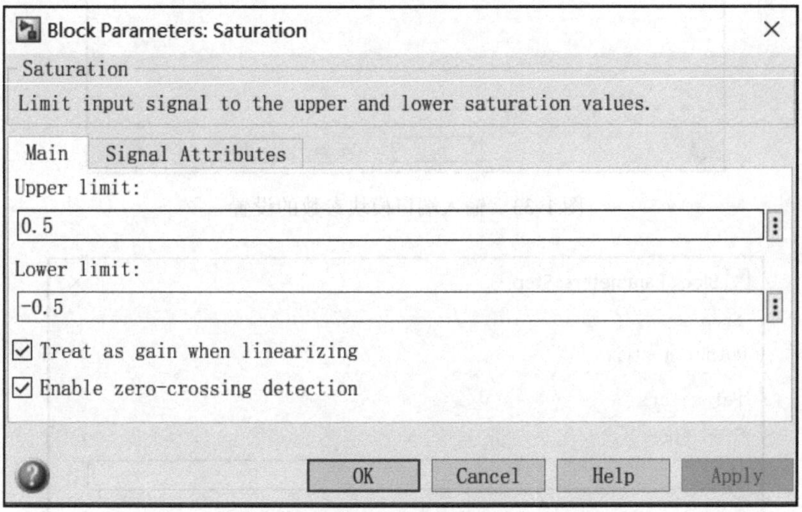

Block Parameters: Saturation

Saturation

Limit input signal to the upper and lower saturation values.

Main　Signal Attributes

Upper limit:

0.5

Lower limit:

-0.5

☑ Treat as gain when linearizing

☑ Enable zero-crossing detection

OK　Cancel　Help　Apply

图 1-32　限幅饱和特性模块参数的设置

7. 输入端口模块 In1 和输出端口模块 Out1

输入端口模块 In1 和输出端口模块 Out1 均只有一个端口，连线时只能单方向连接。端口模块只能设置端口的序号和端口图标的显示形状，“Port number” 文本框中可更改端口的顺序数字，“Icon display” 文本框中可选择端口的显示方式。图 1-33 所示为输入端口模块的参数设置。

8. 阶跃信号源模块 Step

阶跃信号源模块中有 3 个参数必须设置，如图 1-34 所示。“Step time” 文本框中设置阶跃信号的起始点时间，“Initial value” 文本框中设置阶跃信号的起始点初始值，“Final value” 文本框中设置阶跃信号变化后的终值。

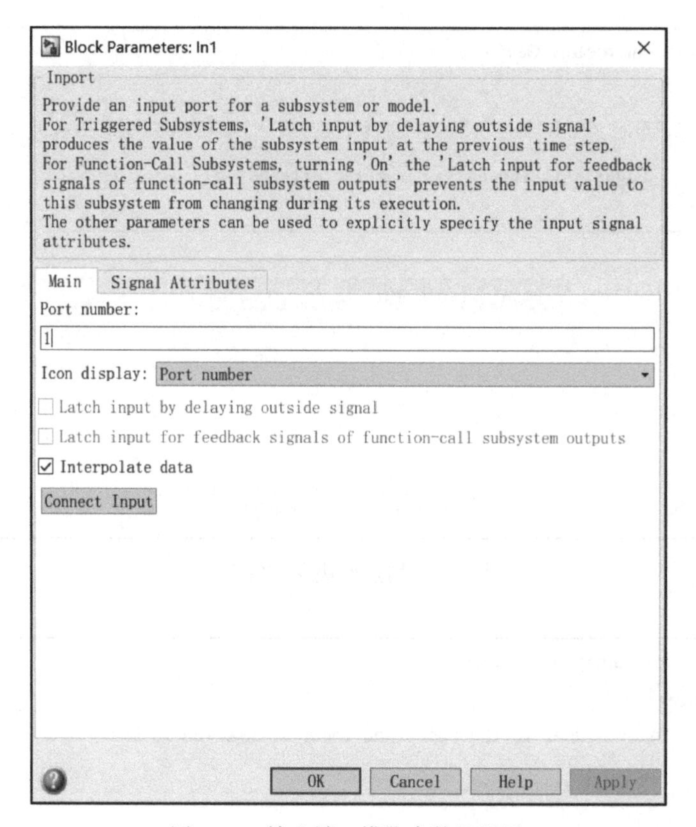

图 1-33　输入端口模块参数的设置

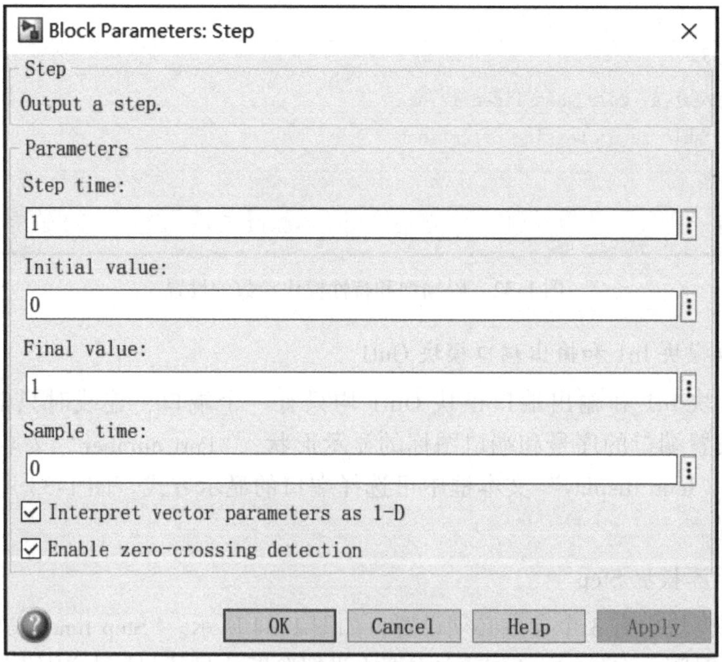

Block Parameters: Step
Step
Output a step.
Parameters
Step time:
1
Initial value:
0
Final value:
1
Sample time:
0
Interpret vector parameters as 1-D
Enable zero-crossing detection
OK
Cancel
Help
Apply

图 1-34　阶跃信号源模块参数的设置

9. 斜坡信号源输入模块 Ramp

斜坡信号源模块中有3个参数必须设置，如图1-35所示。“Slope”文本框中设置斜坡信号的斜率，“Start time”文本框中设置斜坡信号开始的时间，“Initial output”文本框中设置斜坡信号起始点的初始值。

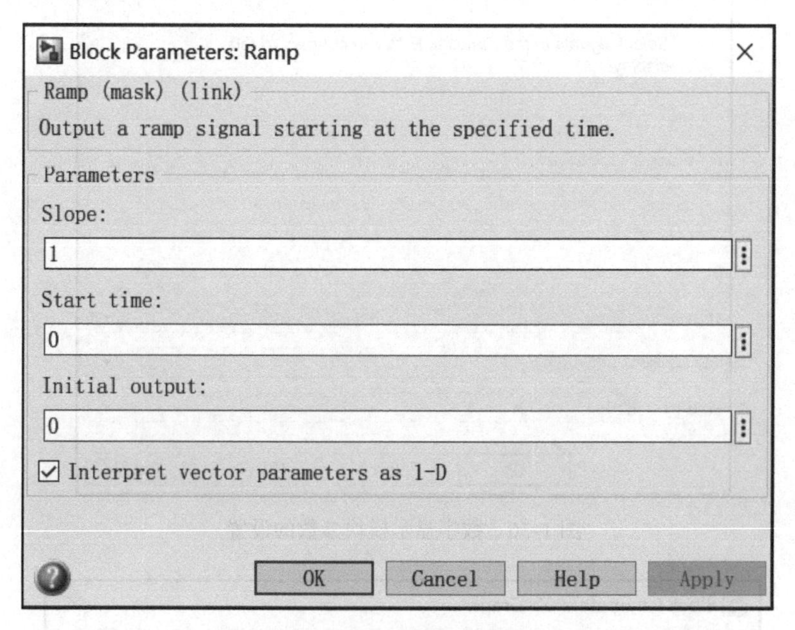

图1-35　斜坡信号源模块参数的设置

10. 输出显示模块

1）数字显示模块 Display：仿真终值用数字显示。其参数设置对话框中，“Format”项可设置显示数值的格式，“Alignment”项可设置显示数据的对齐方式，如图1-36所示。

2）X-Y示波器模块 XY Graph：利用MATLAB图形窗口显示 X-Y 二维曲线，横、纵坐标均可设置。其参数设置对话框中可设置X、Y坐标的最大值和最小值，“Sample time”文本框中可设置采样时间间隔，-1表示忽略采样时间间隔，如图1-37所示。

3）写入工作空间模块 To Workspace：将输出数据用一个名为“simout”的变量，以矩阵形式写入工作空间保存，以列方式保存时间或信号序列，可设置存储的最大数据点数，若设为 inf，则可保存全部数据，如图1-38所示。

4）示波器模块 Scope：显示仿真实时信号，双击模块后出现波形图窗口，在该窗口中可以读取数据，其工具栏按钮的功能如图1-39所示。

单击“Configuration Properties”（属性配置）右侧下拉按钮，出现4个按钮可分别进行属性配置，即“Configuration Properties”（属性配置）、“Style”（样式设置）、“Layout”（布局设置）、“Show Legend”（显示图例设置），单击“Configuration Properties”按钮可以打开“示波器模块属性配置”对话框，如图1-40所示，“Main”“Time”“Display”“Logging”4个选项卡主要用于对输入波形的端口、采样时间、坐标轴的高度、波形标题、图例以及波形数据记录的保留等参数进行设置。

Block Parameters: Display
Display
Display signal values as text.
CONNECT
SIGNALS
Select signals in the Simulink Editor to connect to this display
Format: long
Alignment: Center
Label: Hide
OK
Cancel
Help
Apply

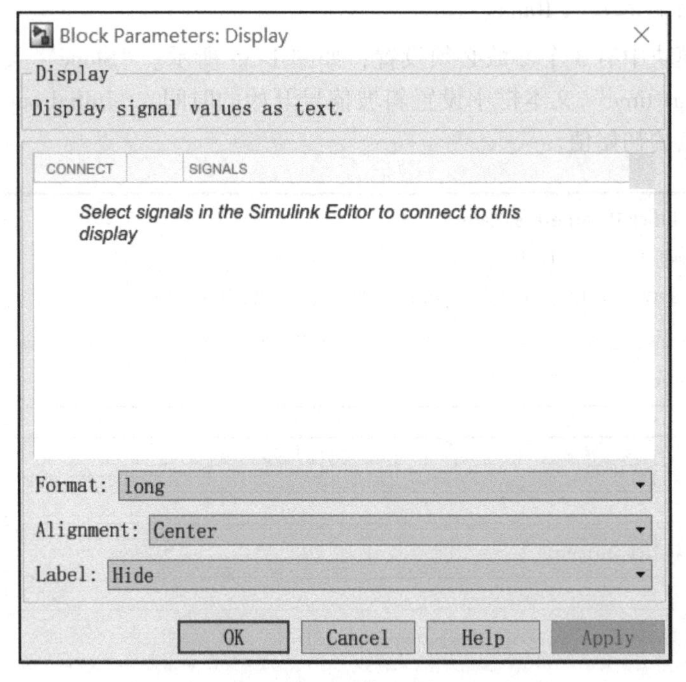

图 1-36　数字显示模块参数的设置

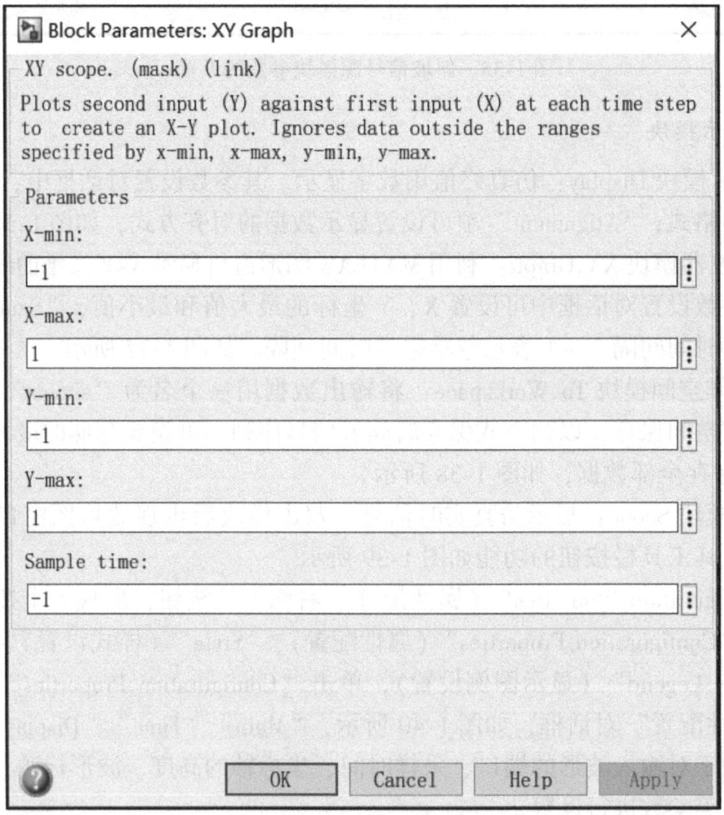

Block Parameters: XY Graph
XY scope. (mask) (link)
Plots second input (Y) against first input (X) at each time step to create an X-Y plot. Ignores data outside the ranges specified by x-min, x-max, y-min, y-max.
Parameters
X-min:
-1
X-max:
1
Y-min:
-1
Y-max:
1
Sample time:
-1
OK
Cancel
Help
Apply

图 1-37　X-Y 示波器模块参数的设置

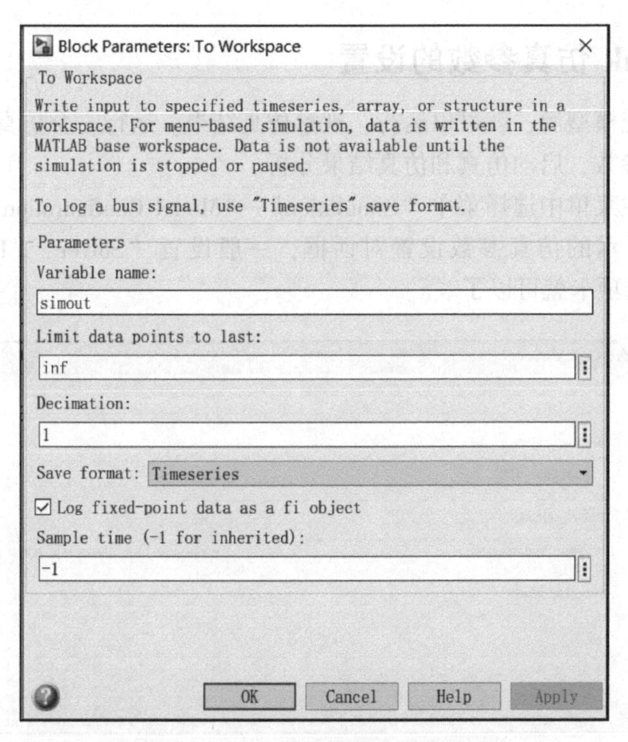

图 1-38　写入工作空间模块参数的设置

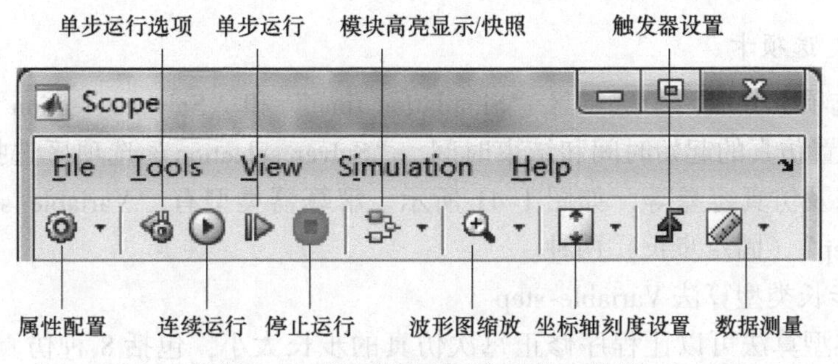

图 1-39　示波器波形图窗口的工具栏

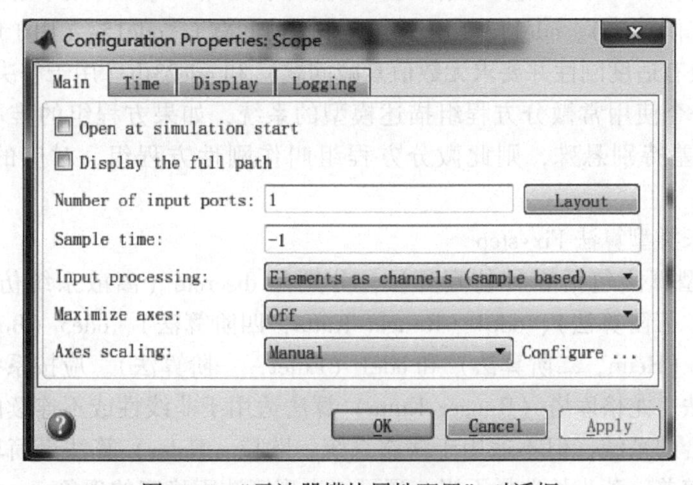

图 1-40 “示波器模块属性配置” 对话框

1.3.7 Simulink 仿真参数的设置

构建好一个系统模型后，就可以运行，观察仿真结果。运行一个仿真的完整过程分成三个步骤：设置仿真参数、启动仿真和仿真结果分析。

在模型窗口的主菜单中选择菜单“Simulation”→“Model Configuration Parameters”命令，就会弹出图 1-41 所示的仿真参数设置对话框，一般设置“Solver”“Data Import/Export”“Diagnostics”3 个选项卡就可以了。

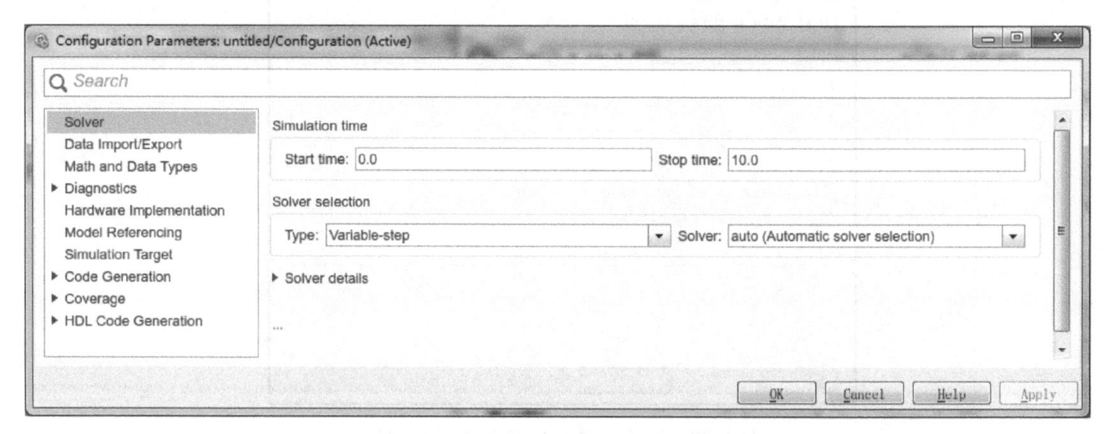

图 1-41 “Solver”选项卡的设置

1. “Solver” 选项卡

“Solver”选项卡分成两个选项区“Simulation time”和“Solver selection”，“Simulation time”选项区设置仿真的起始时间和结束时间，“Solver selection”选项区选择解算器类型、解算器仿真步长及仿真容差等，如图 1-41 所示。解算器类型有“Variable-step”（可变步长）和“Fix-step”（固定步长）两种。

（1）可变步长类型算法 Variable-step

可变步长类型算法可以让程序修正每次仿真的步长大小，包括 8 种仿真算法：discrete（用于离散系统）、ode45（用于仿真线性化程度高的系统）、ode23（用于解决非刚性问题）、ode23s（改进的二阶算法）、ode113（用于解决非刚性问题）、ode15s（用于解决刚性问题）、ode23t（用于解决有适度刚性并要求无数值衰减问题）和 ode23tb（用于解决刚性问题）。

Tips：对于一个使用常微分方程组描述模型的系统，如果方程组的雅可比（Jacobian）矩阵的特征值相差特别悬殊，则此微分方程组叫作刚性方程组，对应的系统称为刚性（Stiff）系统。

（2）固定步长类型算法 Fix-step

固定步长类型算法包括 6 种仿真算法，分别是 discrete（离散系统仿真算法）、ode5（Dormand-prince，五阶算法）、ode4（Runger-Kutta，四阶算法）、ode3（Bogacki-Shampine，三阶算法）、ode2（Heun，二阶算法）和 ode1（Euler，一阶算法）。应按系统的特性选择不同的数值积分算法。龙格库塔（Runger-Kutta）算法适用于非线性或不连续的系统，也适用于连续与离散混合的系统，但不适用于病态系统；欧拉（Euler）算法最简单，运算速度最快，但仿真精度较差，若步长选择不当，还可能出现算法不稳定的现象。

Simulation 的默认仿真算法是变步长 ode45 算法，用最大步长和容许误差来确定步长。容许误差越大，仿真的精度越低，一般容许误差应选在 0.1 ~ 1E-6（即 1×10^{-6}，此写法多用于计算机中）之间。最大步长足够小，可避免算法不稳定，能够取得好的仿真精度。

2. “Data Import/Export” 选项卡

“Data Import/Export” 选项卡主要用来设置 Simulink 与 MATLAB 工作空间交换数值的有关选项，可以从当前工作空间输入数据、初始化状态模块并把仿真结果保存到当前空间，如图 1-42 所示。其作用是管理模型从 MATLAB 工作空间的输入和对它的输出。“Load from workspace” 选项区可以从 MATLAB 的工作空间获取数据输入到模型的输入模块（In1）。“Save to workspace or file” 选项区可以把仿真结果保存到工作空间或文件。“Format” 下拉列表提供 3 种数据保存格式：Array（数组）、Structure（构架）、Structure with time（带时间的构架）。

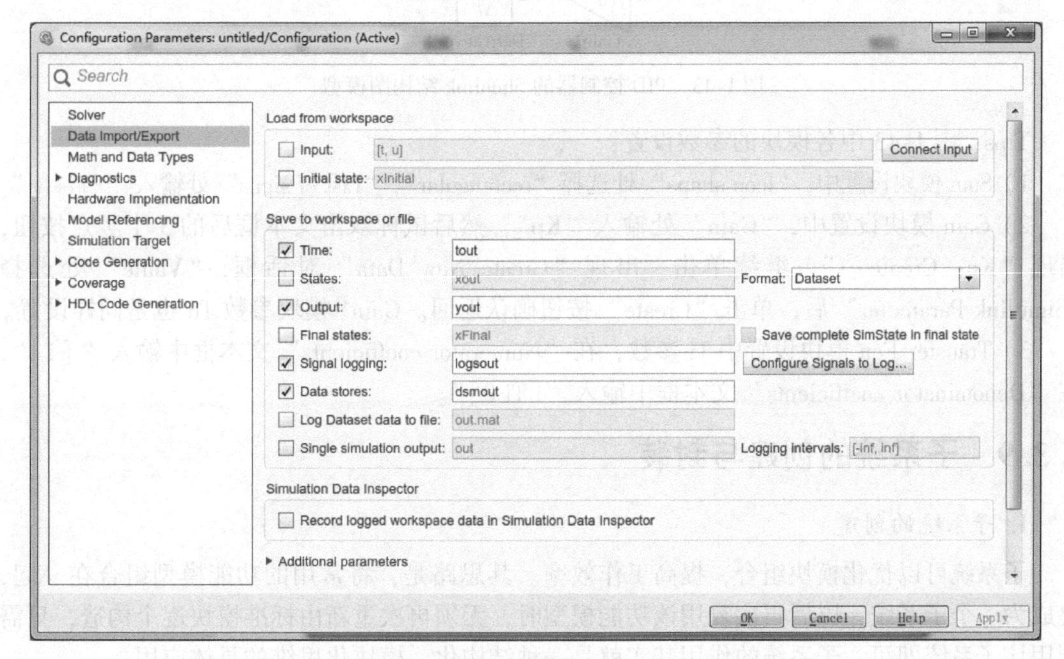

图 1-42　“Data Import/Export” 选项卡的设置

3. “Diagnostics” 选项卡

“Diagnostics”（仿真中异常情况的诊断）选项卡允许用户选择 Simulink 在仿真中显示的警告信息的等级，分为仿真选项和配置选项。仿真选项主要包括是否进行一致性检验、是否禁止复用缓存等，配置选项主要列举一些常用的事件类型及其处理选项。

除了上述 3 个主要选项卡外，仿真参数设置窗口还包括 “Code Generation” 选项卡，主要用于与其他语言编辑器的交换，通过它可以直接从 Simulink 模型生成代码并且自动建立可以在不同环境下运行的程序。

1.3.8　用 Simulink 建立系统模型并仿真示例

PID 控制器是最早发展起来的控制策略之一，因为这种控制具有简单的控制结构，在实际应用中又较易于整定，所以它在工业过程控制中有着最广泛的应用。下面就以 PID 控制器为例，使用 Simulink 建立其仿真模型。

PID 控制器的表达式为

$$U(s)=K_p\left(1+\frac{1}{T_i s}+T_d s\right)E(s)$$

根据其表达式可以建立图 1-43 所示的结构图模型。

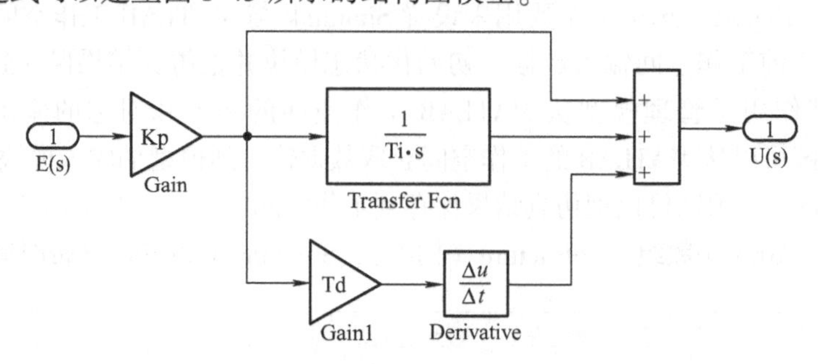

图 1-43　PID 控制器的 Simulink 结构图模型

Tips：图 1-43 中各模块的参数设置：

1）Sum 模块设置中，“Icon shape”处选择“rectangular”，“List of signs”处输入“|+|+|+”。

2）Gain 模块设置中，“Gain”处输入“Kp”，然后鼠标双击文本框后的 3 个竖点按钮，出现“Kp：Create…”，继续单击，出现“Create New Data”对话框，“Vaule”处选择“Simulink Parameter”后，单击“Create”按钮确认返回。Gain1 模块参数 Td 也是同样设置。

3）Transfer Fcn 模块设置中 Ti 参数，在“Numerator coefficients”文本框中输入“[1]”，在“Denominator coefficients”文本框中输入“[Ti 0]”。

1.3.9　子系统的创建与封装

1. 子系统的创建

子系统可以优化模块组合，提高工作效率。其思路是，将常用的功能模型组合在一起，集成为一个子系统，以后再次复用该功能模型时，无须再次重新由标准模块逐个构造，只需调用该子系统即可。子系统的作用其实就是一种结构化、模块化思维的具体应用。

创建子系统的方法有两种：

方法一：在模型窗口中，先由多个标准基本模块组合成具有新的特定功能的模型，选择其中待合成子系统的模块，执行主菜单“Diagram”下的“Subsystem & Model Reference”选项下的“Create Subsystem from Selection”命令，创建新功能子系统模块，即套以“Subsystem”的外罩。按照此方法可以将上文 PID 控制器的 Simulink 结构图模型创建成子系统，如图 1-44 所示。

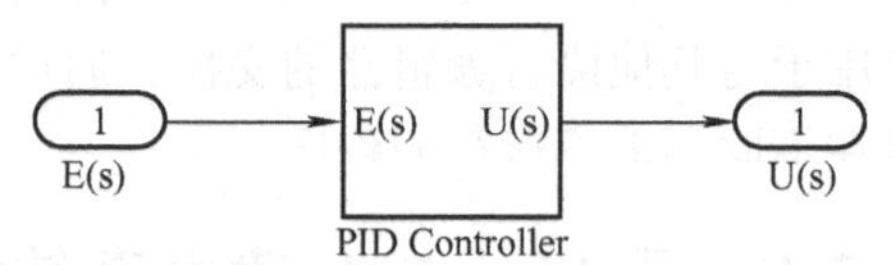

图 1-44　PID 控制器子系统的模型

方法二：在 Simulink 模块库浏览器中的“Ports & Subsystem”（端口与子系统模块组）中选择“Subsystem”子系统模块，将其复制到空白模型窗口中，然后双击该模块，弹出一个新的空白模型窗口，在该窗口中将需要组合的模块复制过来，然后用连线将它们连接成为具有新的特定功能的模型，并在输入与输出端分别加入“In”和“Out”两个功能模块。模型设计完成后，保存并退回到子系统模型窗口。这样，这个子系统便具有了新的功能，而其外罩只有两个端口（输入端口 In1 和输出端口 Out1）。

Tips：要编辑或修改系统，只需双击 Subsystem 模块后，打开其内部模型窗口，修改方法同建立系统模型一样。

2. 子系统的封装

子系统虽然可以将大系统的结构简化，但是在修改子系统内部模块的参数时，就必须逐个打开模块参数对话框进行修改，当涉及的模块参数较多时，会感到非常烦琐，因此有必要将子系统封装起来，将需要修改的参数以变量形式封装在一个对话框中，这样修改参数将简便许多，可以提高工作效率。而且封装后的子系统安全性能得到了提高：子系统的内部算法保密，用户不能直接修改内部算法，也可以避免不必要的误操作。另外，在封装过程中可以个性化图标或描述该子系统的用途、算法等，还可以提供帮助功能。

下面以 PID 控制器子系统的封装为例，说明子系统的封装过程。

1）将 PID 控制器子系统模型选中，单击鼠标右键，选择快捷菜单“Mask”下的“Create Mask”命令，打开“Mask Editor”（子系统封装编辑器）。封装编辑器中有 4 个选项卡，分别是“Icon & Ports”“Parameters & Dialog”“Initialization”和“Documentation”。

2）设置选项卡“Icon & Ports”。如图 1-45 所示，此选项卡主要设置封装后生成的图标的外观。在此可以导入图形文件，生成带有图形外观的图标。

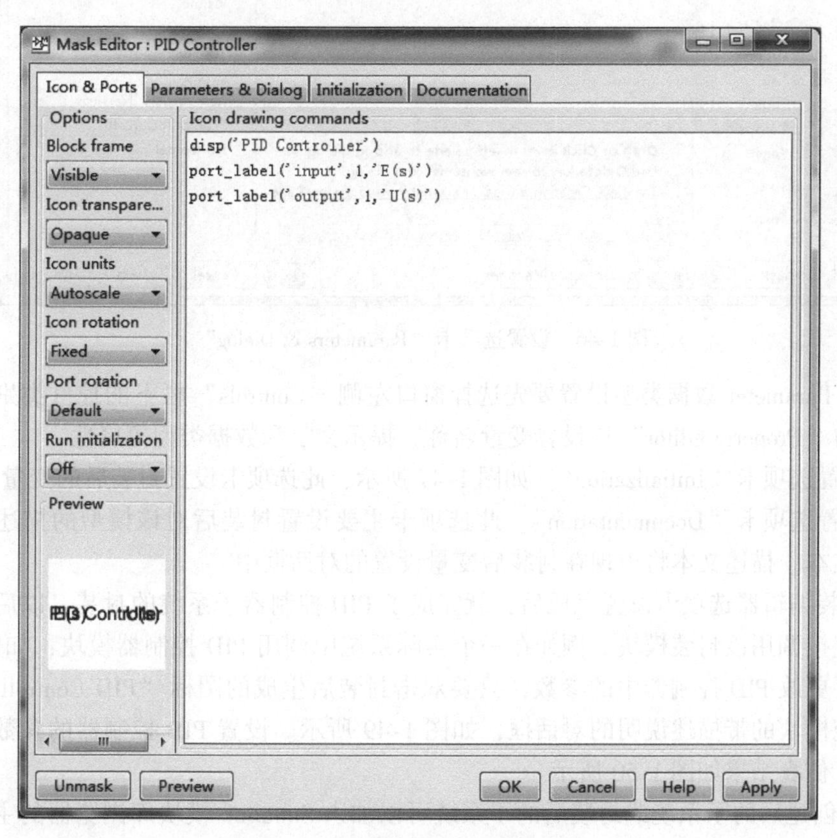

图 1-45　设置选项卡“Icon & Ports”

3）设置选项卡“Parameters & Dialog”。如图 1-46 所示，此选项卡设置子系统封装后显示的变量。注意，其中的参数“Name”和“Prompt”的意义完全不同。参数“Name”中是子系统封装后保留下来的变量名称，该变量在封装后调试过程中需要进行数据测试，变量名必须与子系统中的变量名完全一样，而且区分大小写，无须更改。参数“Prompt”是子系统封装后的变量提示文字，可以与变量名不同，一般是变量的全称说明。

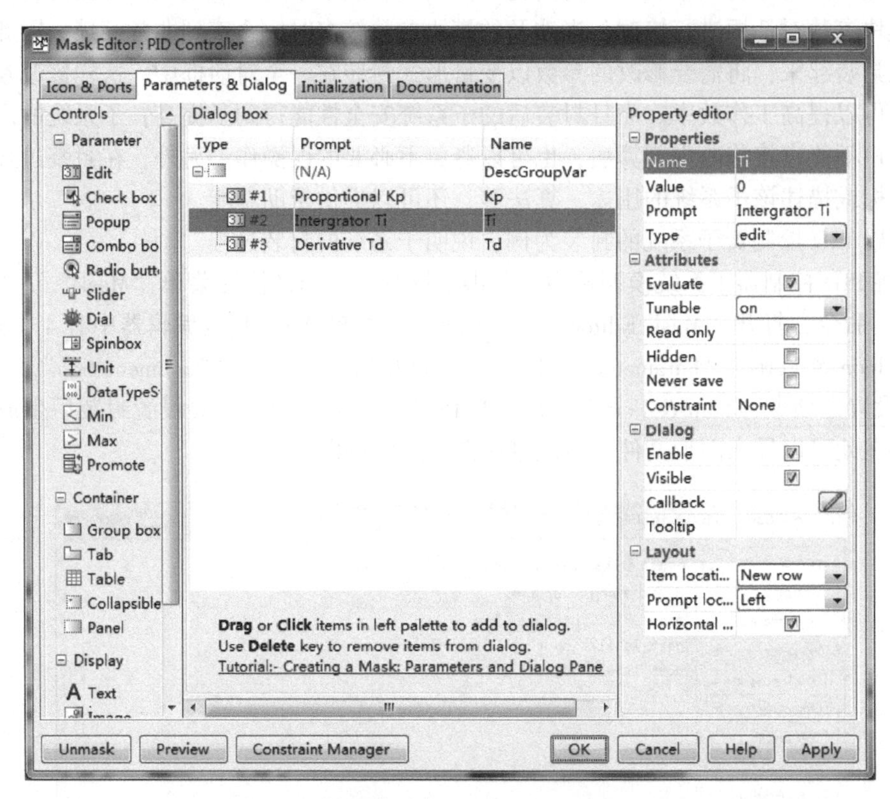

图 1-46　设置选项卡“Parameters & Dialog”

注意：Parameter 数据类型设置要先选择窗口左侧“Controls”栏下的控件类别，然后在窗口右侧的“Property editor”栏设置变量名称、提示文字和数据类型等属性。

4）设置选项卡“Initialization”。如图 1-47 所示，此选项卡设置封装后的变量初始值。

5）设置选项卡“Documentation”。此选项卡主要设置封装后对该模型的描述文本以及帮助说明文本。描述文本将出现在封装后变量设置的对话框中。

6）封装编辑器选项卡设置完成后，就完成了 PID 控制器子系统的封装，以后可以在控制系统中直接调用该封装模块。例如在一个实际系统中调用 PID 控制器模块，如图 1-48 所示。若需要更改 PID 控制器中的参数，只要双击封装后生成的图标“PID Controller”，立即弹出子系统模块的带描述说明的对话框，如图 1-49 所示。设置 PID 控制器的参数后，进行系统仿真，仿真结果如图 1-50 所示。

Tips：创建后的子系统或封装后的子系统可以加入 Simulink 模块库浏览器的主模块组分支中。

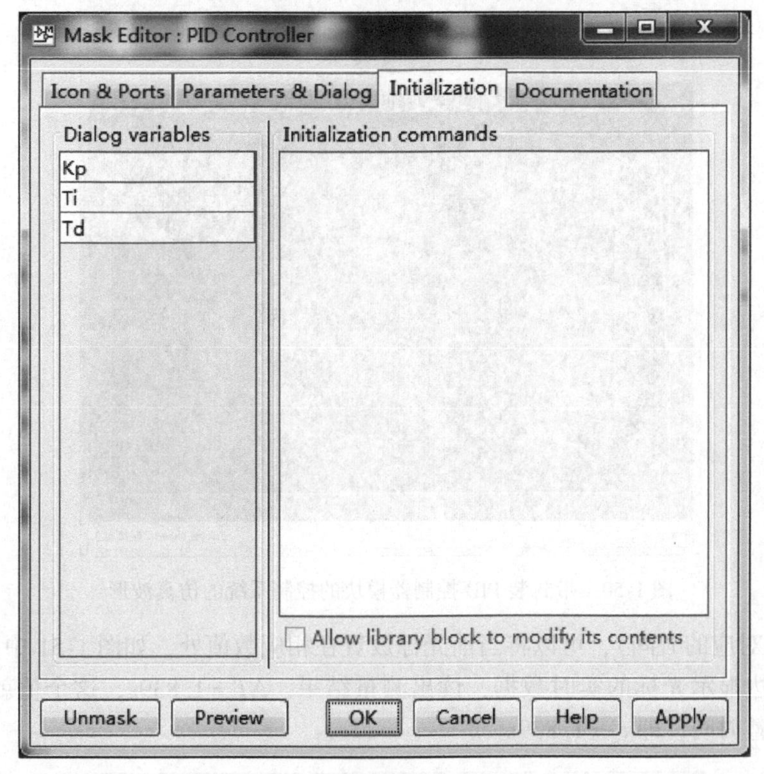

图 1-47 设置选项卡“Initialization”

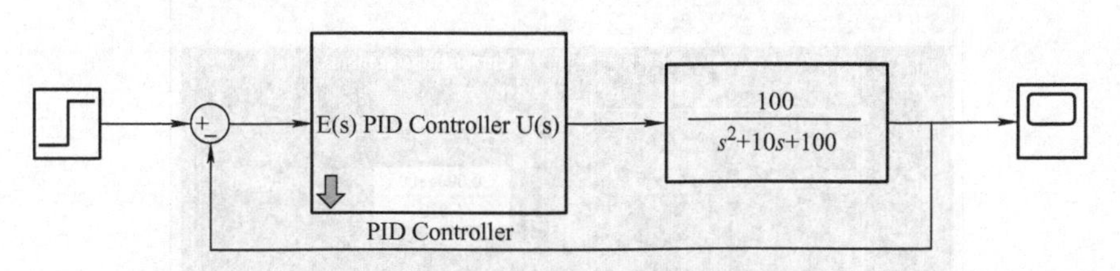

图 1-48 带封装 PID 控制器模块的控制系统

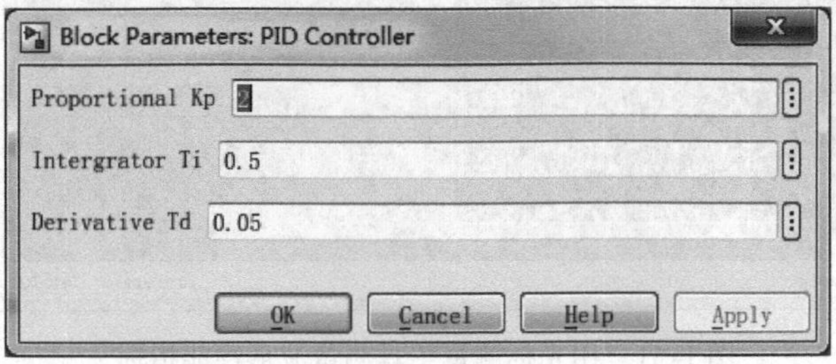

Block Parameters: PID Controller

Proportional Kp 2

Intergrator Ti 0.5

Derivative Td 0.05

OK Cancel Help Apply

图 1-49 封装后 PID 控制器模块参数的设置

在“Scope”波形窗口中可以使用工具栏最后一个按钮“Cursor Measurements”测量当前波形的 X、Y 坐标值，测量结果显示在窗口的右侧。根据控制系统阶跃响应动态性能指标的定义，将光标放置在相应的位置，读出数据，得到最后需要的结果。例如，需要测量系统单位阶跃响应的调整时间 t_s，根据调整时间的定义（单位阶跃信号响应后输出值第一次到达

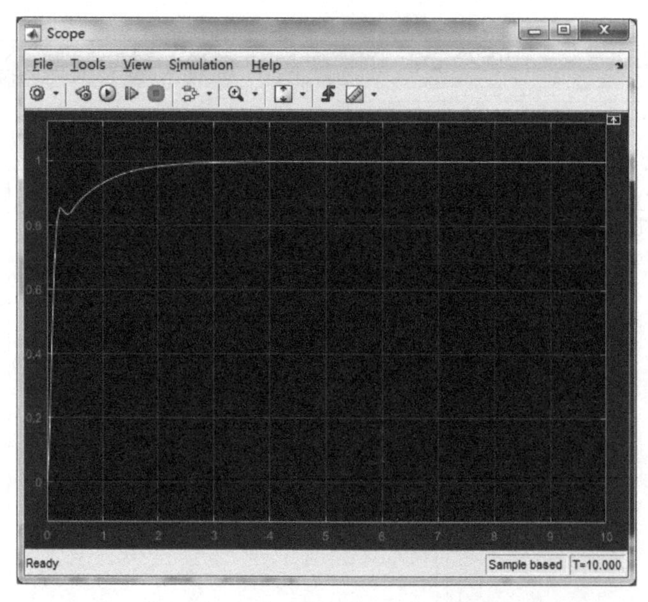

图 1-50　带封装 PID 控制器模块的控制系统的仿真波形

稳态值 98% 时对应的时间)，可以将当前光标放置在相应数值处，如图 1-51 中虚线“2”的位置，此时右边显示光标的实时数据，读出测量结果，$\Delta T=1.839\mathrm{s}$，这个值就是系统单位阶跃响应的调整时间，即 $t_s=1.839\mathrm{s}$。

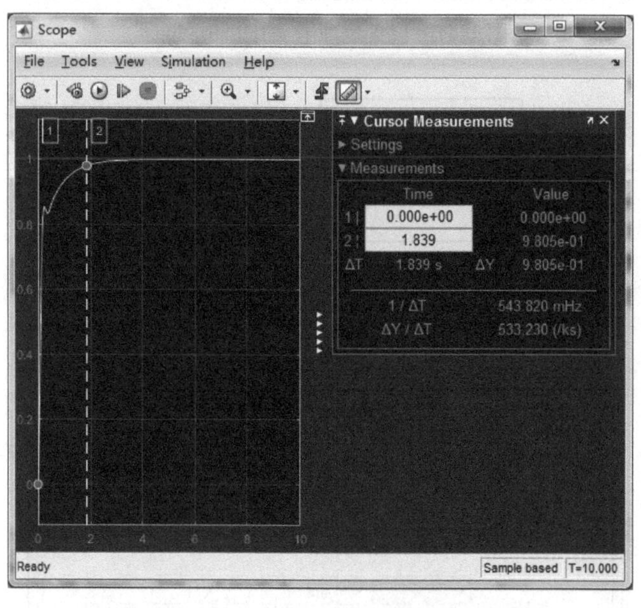

图 1-51　用光标测量工具测量波形性能指标

第2章 控制系统的数学模型

本章导读

本章主要介绍建立控制系统数学模型及模型相互转换的方法。

2.1节的主要内容是在已知数学模型的基础上，运用MATLAB函数建立多项式、零极点、部分分式展开式模型或Simulink仿真结构图模型，并介绍了各种模型之间的相互转换，同时介绍了简单模型的串联、并联和复杂连接模型的等效传递函数的求取。

2.2节的主要内容是采用机理分析法和实验测试法获取典型环节的数学模型。机理分析法是根据典型环节模拟电路的电气特性分别列写相应的微分方程。实验测试法是人为地给系统施加单位阶跃信号，记录其输出响应，分析响应曲线的特征、规律，并用适当的数学模型去逼近。应重点掌握典型环节模拟电路的构造、阶跃响应特点及特征参数的获取。

2.1 基于MATLAB/Simulink建立控制系统的数学模型

1. 实验目的

1）熟悉MATLAB实验环境，掌握MATLAB命令行窗口的基本操作。

2）掌握MATLAB建立控制系统数学模型的命令及模型相互转换的方法。

3）掌握使用MATLAB命令化简模型基本连接的方法。

4）学会使用Simulink结构图模型化简复杂控制系统模型的方法。

2. 实验内容

（1）控制系统模型的建立

控制系统常用的数学模型有4种：传递函数模型（tf对象）、零极点增益模型（zpk对象）、结构图模型和状态空间模型（ss对象）。经典控制理论中数学模型一般使用前3种模型，状态空间模型属于现代控制理论范畴。

1）传递函数模型（也称为多项式模型）。连续系统的传递函数模型为

$$G(s)=\frac{b_0s^m+b_1s^{m-1}+\cdots+b_m}{a_0s^n+a_1s^{n-1}+\cdots+a_n}=\frac{num(s)}{den(s)},\quad n\geqslant m$$

在MATLAB中用分子、分母多项式系数按s的降幂次序构成两个向量：

$\boldsymbol{num}=[b_0,\ b_1,\ \cdots,\ b_m]$，$\boldsymbol{den}=[a_0,\ a_1,\ \cdots,\ a_n]$

用函数tf()来建立控制系统的传递函数模型，用函数printsys()来输出控制系统的函数，其命令调用格式为

```
sys = tf(num,den)
```

```
printsys(num,den)
```

Tips：对于已知的多项式模型传递函数，其分子、分母多项式系数向量可分别用 sys. num{1} 与 sys. den{1} 命令求出，这在 MATLAB 程序设计中非常有用。

【例 2-1】 已知系统传递函数为

$$G(s)=\frac{s+3}{s^3+2s^2+2s+1}$$

建立系统的传递函数模型。

解：MATLAB 程序为：

```
num = [0 1 3];                 % 分子多项式系数向量
den = [1 2 2 1];               % 分母多项式系数向量
printsys(num,den)              % 构造系统传递函数 G(s)并输出显示
```

运行后命令行窗口显示：

```
num/den =
              s + 3
 ---------------------
  s^3 + 2 s^2 + 2 s + 1
```

【例 2-2】 已知系统传递函数为

$$G(s)=\frac{5\ (s+2)^2(s^2+6s+7)}{s\ (s+1)^3(s^3+2s+1)}$$

建立系统的传递函数模型。

解：方法一：借助多项式乘法函数 conv() 来处理。

```
num = 5 * conv(conv([1,2],[1,2]),[1,6,7]);
den = conv([1,0],conv([1,1],conv([1,1],conv([1,1],[1,0,2,1]))));
Gs = tf(num,den)
```

运行后命令行窗口显示：

```
Gs =
      5 s^4 + 50 s^3 + 175 s^2 + 260 s + 140
   ----------------------------------------
   s^7 + 3 s^6 + 5 s^5 + 8 s^4 + 9 s^3 + 5 s^2 + s
```

方法二：用 s = tf('s') 命令来定义传递函数的拉普拉斯变换的变量 s，然后就可以直接按数学表达式的形式建立系统的传递函数模型。

```
s = tf('s');
Gs = (5 * (s + 2)^2 * (s^2 + 6 * s + 7))/(s * (s + 1)^3 * (s^3 + 2 * s + 1))
```

运行后命令行窗口显示：

```
Gs =
```

```
      5 s^4 + 50 s^3 + 175 s^2 + 260 s + 140
   --------------------------------------------
   s^7 + 3 s^6 + 5 s^5 + 8 s^4 + 9 s^3 + 5 s^2 + s
```

【自我实践 2-1】 建立控制系统的传递函数模型：

① $G(s)=\dfrac{5}{s(s+1)(s^2+4s+4)}$　　② $G(s)=\dfrac{s^2+4s+2}{s^3(s^2+4)(s^2+4s)}$

2）零极点增益模型。这是传递函数模型的另一种表现形式，其原理是分别对原传递函数的分子、分母进行因式分解，以获得系统的零点和极点的表示形式。

$$G(s)=\frac{K(s-z_1)(s-z_2)\cdots(s-z_m)}{(s-p_1)(s-p_2)\cdots(s-p_n)}$$

式中，K为系统增益；z_1，z_2，…，z_m为系统零点；p_1，p_2，…，p_n为系统极点。

在 MATLAB 中，用向量 $\boldsymbol{z}$，$\boldsymbol{p}$，$\boldsymbol{k}$ 构成向量组［$\boldsymbol{z}$，$\boldsymbol{p}$，$\boldsymbol{k}$］表示系统，即

$\boldsymbol{z}=[z_1,\ z_2,\ \cdots,\ z_m]$，$\boldsymbol{p}=[p_1,\ p_2,\ \cdots,\ p_n]$，$\boldsymbol{k}=[k]$

用函数命令 zpk( ) 来建立系统的零极点增益模型，其函数调用格式为

sys = zpk(z, p, k)

Tips：对于已知的零极点增益模型传递函数，其零极点可分别用 sys. z{1} 与 sys. p{1} 命令求出，这在 MATLAB 程序设计中非常有用。

【例 2-3】 已知系统传递函数为

$$G(s)=\frac{10(s+5)}{(s+0.5)(s+2)(s+3)}$$

建立系统的零极点增益模型。

解：MATLAB 程序为：

```
k = 10;                          % 赋增益值,标量
z = [ -5];                       % 赋零点值,向量
p = [ -0.5 -2 -3];               % 赋极点值,向量
sys = zpk(z,p,k)
```

运行后命令行窗口显示：

```
sys =

      10(s + 5)
  -------------------
  (s + 0.5)(s + 2)(s + 3)
```

【自我实践 2-2】 建立控制系统的零极点增益模型：

① $G(s)=\dfrac{8(s+1-\mathrm{j})(s+1+\mathrm{j})}{s^2(s+5)(s+6)(s^2-1)}$　　② $G(s)=\dfrac{1}{s(s-1)(s^3+s^2+1)}$

3）二阶控制系统的标准模型。在 MATLAB 中，用函数命令 ord2( ) 来建立二阶控制系统的标准模型$\dfrac{1}{s^2+2\zeta\omega_\mathrm{n}s+\omega_\mathrm{n}^2}$，其函数调用格式为

[num, den] = ord2(wn, zeta)

其中，wn 为二阶系统的无阻尼自然振荡频率 ω_n，zeta 为二阶系统的阻尼比 ζ。其函数功能是：根据已知的自然频率 ω_n 和阻尼比 ζ 的值，建立连续二阶系统，输出该系统的分子项系数向量 ***num*** 和分母项系数向量 ***den***。这在 MATLAB 程序设计中非常有用。

【例 2-4】 已知二阶系统的自然频率 $\omega_n=1$，阻尼比 $\zeta=0.5$，建立其传递函数。

解：MATLAB 程序为：

```
[num,den] = ord2(1,0.5);
G = tf(num,den)
```

运行后命令行窗口显示：

```
G =

        1
  -------
  s^2 + s + 1
```

因此，二阶系统的传递函数为 $G(s)=\dfrac{1}{s^2+s+1}$。

（2）控制系统模型间的相互转换

函数调用格式为

```
[num,den] = zp2tf(z,p,k)          %零极点模型转换为传递函数模型
[z,p,k] = tf2zp(num,den)          %传递函数模型转化为零极点模型
[r,p,k] = residue(num,den)        %传递函数模型转化为部分分式展开式模型
[num,den] = residue(r,p,k)        %部分分式展开式模型转化为传递函数模型
```

部分分式展开式模型为

$$G(s)=\frac{num(s)}{den(s)}=\frac{r_1}{s-p_1}+\frac{r_2}{s-p_2}+\cdots+\frac{r_n}{s-p_n}+k(s)$$

式中，$\boldsymbol{r}=[r_1,\ r_2,\ \cdots,\ r_n]$，是部分分式展开式的分子常数向量；$\boldsymbol{p}=[p_1,\ p_2,\ \cdots,\ p_n]$，是部分分式展开式的分母极点向量；$\boldsymbol{k}$ 是部分分式展开式的余数向量。

如果系统有 m 个相同极点（m 重根）时（$n>m$），$\boldsymbol{r}=[r_1,\ r_2,\ \cdots,\ r_m,\ r_{m+1},\ \cdots,\ r_n]$，$\boldsymbol{p}=[p_1,\ p_1,\ \cdots,\ p_1,\ p_{m+1},\ \cdots,\ p_n]$，则展开式模型应为

$$G(s)=\frac{r_1}{s-p_1}+\frac{r_2}{(s-p_1)^2}+\cdots+\frac{r_m}{(s-p_1)^m}+\frac{r_{m+1}}{s-p_{m+1}}\cdots+\frac{r_n}{s-p_n}+k(s)$$

【例 2-5】 将系统 $G(s)=\dfrac{s^2+5s+6}{s^3+2s^2+s}$转化为部分分式展开式。

解：MATLAB 程序为：

```
num = [1,5,6]; den = [1,2,1,0];
[r,p,k] = residue(num,den)
```

运行后，可得结果为：分子系数向量 $\boldsymbol{r}=[-5,\ -2,\ 6]$；分母系数向量 $\boldsymbol{p}=[-1,\ -1,\ 0]$；商（即余数向量）$\boldsymbol{k}=0$。

转化后的部分分式展开式为

$$G(s)=\frac{s^2+5s+6}{s^3+2s^2+s}=\frac{-5}{s+1}+\frac{-2}{(s+1)^2}+\frac{6}{s}$$

【自我实践 2-3】 将系统传递函数转化为部分分式展开式。

① $G(s)=\dfrac{s^3}{s+3}$ ② $G(s)=\dfrac{8(s+1-j)(s+1+j)}{s^2(s+5)(s^2+1)}$

答案提示：

① $G(s)=\dfrac{-27}{s+3}+s^2-3s+9$

② $G(s)=\dfrac{0.2092}{(s+5)}+\dfrac{-1.3846+1.0769j}{s-j}+\dfrac{-1.3846-1.0769j}{s+j}+\dfrac{2.56}{s}+\dfrac{3.2}{s^2}$

【例 2-6】 已知系统传递函数 $G(s)=\dfrac{s^2+5s+6}{s^3+2s^2+s}$，求其等效的零极点模型。

解：建立其零极点模型的程序为：

```
num = [1,5,6]; den = [1,2,1,0];
[z,p,k] = tf2zp(num,den);
sys = zpk(z,p,k)
```

运行后命令行窗口显示：

```
Zero/pole/gain:
  (s+3)(s+2)
  ------------
  s(s+1)^2
```

【自我实践 2-4】 建立控制系统 $G(s)=\dfrac{8(s+1)(s+2)}{s(s+5)(s+6)(s+3)}$的传递函数模型。

(3) 控制系统模型连接后的等效传递函数

1) 串联。串联等效的传递函数为各个中间串联环节的传递函数的乘积，当 n 个模型 sys1，sys2，…，sysn 串联时，其等效的传递函数模型为 sys = sys1 * sys2 * … * sysn；或者使用 series( ) 函数。其调用格式为

[num, den] = series (num1, den1, num2, den2)

或

sys = series(sys1, sys2)

Tips：series( ) 函数只能实现两个模型的串联，如果串联模型多于两个，则必须多次使用。

2) 并联。并联等效模型为多个环节输出的代数和（有加有减），当 n 个模型 sys1，sys2，…，sysn 并联时，其等效的模型为 sys = sys1 + sys2 + … + sysn；也可以使用 parallel( ) 函数。其调用格式为

[num, den] = parallel(num1, den1, num2, den2)

Tips：parallel( ) 函数只能实现两个模型的并联，如果并联模型多于两个，则必须多次

使用。

【例 2-7】 已知三个模型的传递函数为

$$G_1(s)=\frac{5}{s+1},\qquad G_2(s)=\frac{2s+1}{s},\qquad G_3(s)=\frac{4}{3s+1}$$

试分别用两种方法求出这三个模型串联后的等效传递函数模型。

解： 建立三个模型串联后等效传递函数的 MATLAB 程序。

方法一：

```
num1=[5]; den1=[1 1]; num2=[2 1]; den2=[1 0]; num3=[4]; den3=[3 1];
[num0,den0]=series(num1,den1,num2,den2);
[num,den]=series(num0,den0,num3,den3);
printsys(num,den)
```

程序运行后，命令行窗口显示：

```
num/den =
        40 s +20
   ----------------
  3 s^3 +4 s^2 +s
```

方法二：

```
s=tf('s');
G1=5/(s+1); G2=(2*s+1)/s; G3=4/(3*s+1);
G=G1*G2*G3
```

程序运行后，命令行窗口显示：

```
Transfer function:
     40 s +20
   --------------------
  3 s^3 +4 s^2 +s
```

因此，三个模型串联后的等效传递函数为 $G(s)=\dfrac{40s+20}{3s^3+4s^2+s}$。

【自我实践 2-5】 分别用两种方法建立例 2-7 中三个模型并联后的等效传递函数模型。

3）反馈连接。两个环节反馈连接后，其等效传递函数可用 feedback() 函数求得。

若 $G(s)$ 为闭环前向通道的传递函数 sys1，$H(s)$ 为反馈通道的传递函数 sys2，则 feedback() 函数的调用格式为

sys=feedback(sys1, sys2, sign)

其中，sign 是反馈极性，sign 缺省时，默认为负反馈，sign=-1；为正反馈时，sign=1；为单位反馈时，sys2=1，且不能省略。

由开环系统构成单位反馈闭环系统时，可使用 cloop() 函数求得闭环传递函数，其调用格式为

[numc，denc] = cloop(num，den，sign)

当 sign = 1 时采用正反馈，当 sign = -1 时采用负反馈，sign 缺省时，默认为负反馈。

【例 2-8】 已知系统 $G(s)=\dfrac{2s^2+5s+1}{s^2+2s+3}$，$H(s)=\dfrac{5(s+2)}{s+10}$，求其负反馈闭环传递函数。

解：MATLAB 程序为：

```
numg = [2 5 1]; deng = [1 2 3 ];
numh = [5 10]; denh = [1 10 ];
[num,den] = feedback(numg,deng,numh,denh);
printsys(num,den)
```

程序运行后显示：

```
num/den =
   2 s^3 + 25 s^2 + 51 s + 10
   ----------------------
   11 s^3 + 57 s^2 + 78 s + 40
```

因此，负反馈闭环传递函数为 $\Phi(s)=\dfrac{2s^3+25s^2+51s+10}{11s^3+57s^2+78s+40}$。

【自我实践 2-6】 已知系统 $G(s)=\dfrac{2s+1}{s^2+2s+3}$，求其单位负反馈闭环传递函数。

(4) 用 Simulink 结构图模型化简控制系统模型

【例 2-9】 已知系统结构图如图 2-1 所示，其中 $G_1(s)=\dfrac{1}{s+1}$，$G_2(s)=\dfrac{5}{s+2}$，求系统闭环传递函数 $\Phi(s)=\dfrac{C(s)}{R(s)}$。

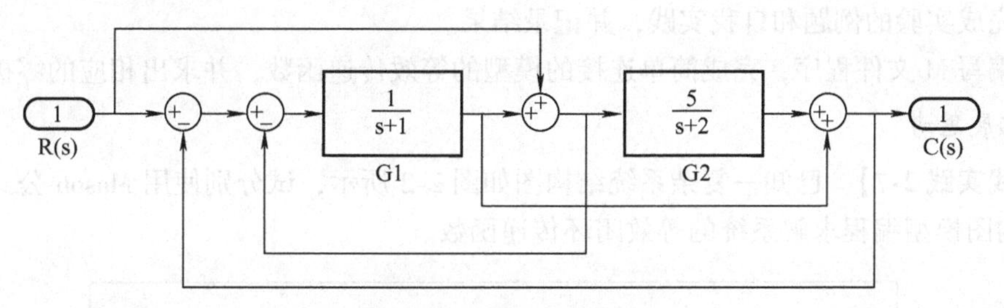

图 2-1　系统结构图

解：方法一：用梅逊（Mason）公式求系统的闭环传递函数。

```
syms s G1 G2 phi;                      % 建立符号对象
G1 = 1/(s+1); G2 = 5/(s+2);            % 写出 G1,G2 的传递函数
phi = factor(((G1+1)*G2)/(1+2*G1+G1*G2))
% 用 Mason 公式计算系统的传递函数，并进行因式分解
```

程序运行结果为

$$\Phi(s)=\frac{C(s)}{R(s)}=\frac{5s+10}{s^2+5s+11}$$

方法二：用 Simulink 结构图模型求系统的闭环传递函数。

结构图模型是描述系统数学模型的又一种直观的形式，因此结构图模型可以转化为传递函数模型。先在 Simulink 模型窗口中画出图 2-1 所示的系统结构图（参考 1.3.5 节内容），将其保存在当前默认路径下，文件名为 smg. mdl，然后在 MATLAB 命令行窗口中输入以下程序，就可以将系统的 Simulink 结构图模型转换为系统状态空间模型，进而转换为传递函数或零极点增益模型。

MATLAB 程序为：

```
[A,B,C,D] = linmod('smg');          % 将结构图模型转化成状态空间模型
[num,den] = ss2tf(A,B,C,D);         % 将状态空间模型转化成传递函数模型
printsys(num,den,'s')               % 输出传递函数
```

程序运行结果显示：

```
num/den =
      5 s + 10
  ------------
  s^2 + 5 s + 11
```

可见，结果与 Mason 公式求得的传递函数完全相同。

注意：传递函数必须为确定的数学函数，不能带文字符号，不能是 $G(s)=\frac{b}{s+a}$。

3. 实验能力要求

1）熟练使用各种函数命令建立控制系统的数学模型。

2）完成实验的例题和自我实践，并记录结果。

3）编写 M 文件程序，完成简单连接的模型的等效传递函数，并求出相应的零极点。

4. 拓展思考

【自我实践 2-7】 已知一复杂系统结构图如图 2-2 所示，试分别使用 Mason 公式和 Simulink 结构图模型编程求解系统的等效闭环传递函数。

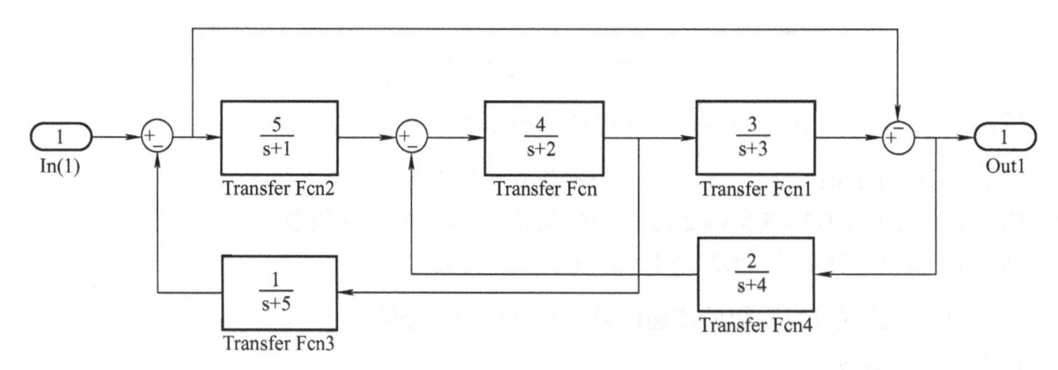

图 2-2 复杂系统结构图

2.2　典型环节模拟电路及其数学模型

1. 实验目的

1）掌握典型环节模拟电路的构成，学会运用模拟电子组件构造控制系统。

2）观察和分析各典型环节的单位阶跃响应曲线，掌握它们各自的特性。

3）掌握各典型环节的特征参数的测量方法，并根据阶跃响应曲线建立传递函数。

2. 实验原理

建立控制系统数学模型的方法有机理分析法和实验测试法。机理分析法的优点是可以根据系统各部分的运动机理从理论上预先研究它们的运动规律，列写微分方程，建立数学模型。但是完全用机理分析法建立数学模型有诸多局限性，因此，通过实验测试被控对象的动态特性建立数学模型就成为一种较为常用的方法[3]。实验测试法是人为地给系统施加某种测试信号，记录基本输出响应，并用适当的数学模型去逼近。实验测试法常用的有3种：时域测试法、频域测试法和统计相关测试法。

本次实验采用时域测试法，通过控制系统的时域测试，可以测量系统的静态特性和动态性能指标[5]。静态特性是指系统稳态时输出与输入的关系，用静态特性参数来表征，如死区、饱和区、增益、稳态误差等。动态性能指标是表征系统输入一定的控制信号，输出量随时间变化的响应，常用的动态性能指标有超调量、调节时间、上升时间、峰值时间、振荡次数等。

静态特性可以采用逐点测量法，即给定一个输入量，相应测量被控对象的一个稳态输出量，利用一组数据绘出静态特性曲线，求出其斜率，就可确定被控对象的增益。若信号输入量较小时，输出量保持不变或为零，只有当输入量增加到一定数值后，输出量才开始随输入量的增加而增加，那么输出量保持不变或为零的部分就是死区；若输入量一直增加，而输出量保持不变时，这就意味着到达了输出饱和区。

动态特性可采用阶跃响应或脉冲响应测量法，即给被测对象施加阶跃输入信号或脉冲输入信号，利用示波器或记录仪测量被测对象的输出响应，如图2-3所示。

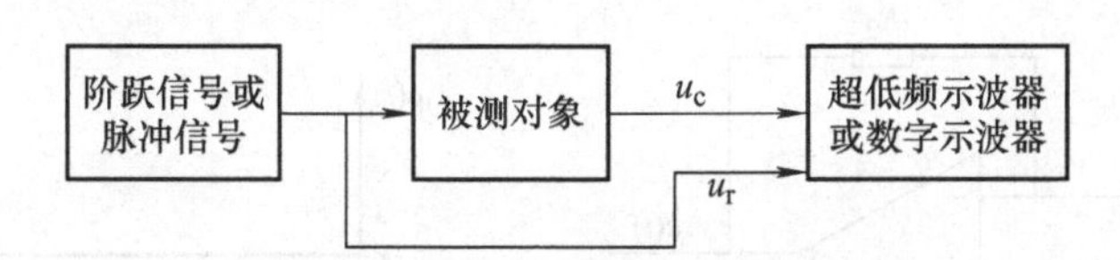

图2-3　动态特性时域测试原理图

为使测试得到尽可能理想的数学模型，应注意以下几点[1]：

1）被测对象应处于实际经常使用的负荷状况并且是较为稳定的状态下进行测试。

2）输入激励信号应不使系统受到伤害。如果在线测试，不应该过分影响原有的工作状况。

3）输入激励信号的幅值必须恰当，阶跃信号一般取额定输入信号的5%～20%。幅值过大，容易使被测对象进入饱和非线性；幅值过小，某些难以避免的随机扰动有可能使结果偏差较大。

4）输入激励信号与输出检测信号记录的时间起始点和终止点应该一致。

5）如果事先估计被测对象中含有死区或间隙非线性，应做正反向激励信号的实验，以此检测此非线性对确定线性数学模型的影响。

6）多次重复实验，排除实验中的偶然因素。

3. 实验内容

使用运算放大器和阻容元件构成各种典型环节的模拟电路，观测并记录各种典型环节的阶跃响应曲线，测量各环节的特性参数。改变模拟电路中元件的参数，研究参数变化对典型环节阶跃响应的影响。

说明：本书电路图中所有 D/A_1 表示电路的输入信号源端口，通常为计算机产生数字信号，经数/模转换器转换成模拟信号后接入电路；所有 A/D_1 表示电路的输出信号端口，通常将输出信号模拟量经模数转换器转换成数字信号后，传输给计算机虚拟示波器观测输出波形。电路中运算放大器的同相端接地电阻 R_0 均为 100kΩ，由于运算放大器均采用反相端输入，故输出响应曲线与输入信号相位相反。为了使输出响应曲线更直观，便于分析，输出响应曲线应处于第一象限，均为正，因此输入阶跃信号的幅值设置为 -1V。以后的电路模拟实验中，除特别说明外，输入阶跃信号幅值均设置为 -1V。

（1）比例环节（P）

比例环节模拟电路及其单位阶跃响应曲线如图 2-4 所示。该电路的传递函数为

$$G(s)=\frac{L(c(t))}{L(r(t))}=-\frac{R_2}{R_1}=K$$

式中，$c(t)$ 为环节的输出量；$r(t)$ 为环节的输入量；K 为比例增益。比例环节的特性参数为比例增益 K，表征比例环节的输出量能够无失真、无滞后地按比例复现输入量。实际系统中有许多存在比例关系的应用，例如，物理系统中的无弹性形变的杠杆、非线性和时间常数可以忽略不计的电子放大器、传动链的速比、测速发电机的电压与转速的关系等，它们的输出量与输入量之间都是比例关系。

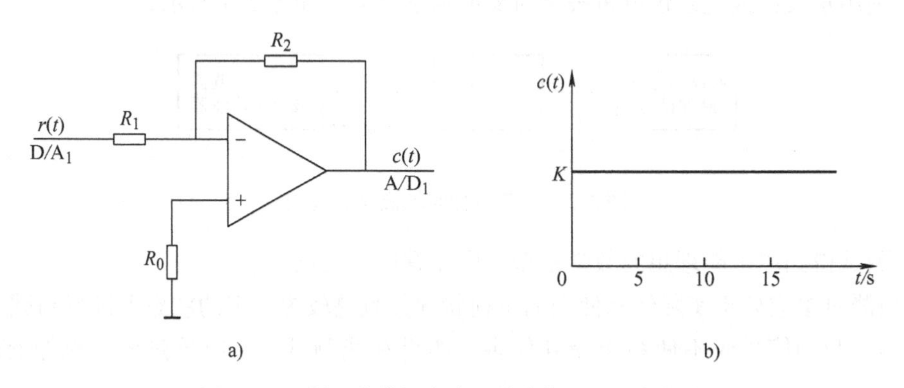

图 2-4　比例环节模拟电路及其单位阶跃响应曲线

根据表 2-1 中参数设计实验电路，并将实验过程中实测的数据和波形图填入表 2-1 中。

表 2-1 比例环节阶跃响应及其特性参数数据记录表

比例环节电路的参数	K 的理论值	K 的实测值	传递函数 $G(s)$	阶跃响应曲线
$R_1=100\text{k}\Omega$，$R_2=100\text{k}\Omega$				
$R_1=100\text{k}\Omega$，$R_2=200\text{k}\Omega$				

（2）惯性环节

惯性环节又称为非周期环节，其单位阶跃响应是非周期的指数函数，当 $t=T$ 时，输出量为 $0.632K$，当 $t=(3\sim4)T$ 时，输出量才接近稳态值。惯性环节模拟电路及其单位阶跃响应曲线如图 2-5 所示。该电路的传递函数为

$$G(s)=\frac{L(c(t))}{L(r(t))}=\frac{K}{Ts+1}\quad,\quad K=-\frac{R_2}{R_1}\quad,\quad T=R_2C$$

式中，$c(t)$ 为环节的输出量；$r(t)$ 为环节的输入量；K 为比例增益；T 为惯性时间常数。惯性环节的特性参数为比例增益 K 和惯性时间常数 T，比例增益 K 表征环节输出的放大能力，惯性时间常数 T 表征环节惯性的大小，T 越大表示惯性越大，延迟的时间越长，反之亦然。如直流电动机的励磁回路就是惯性环节电路。

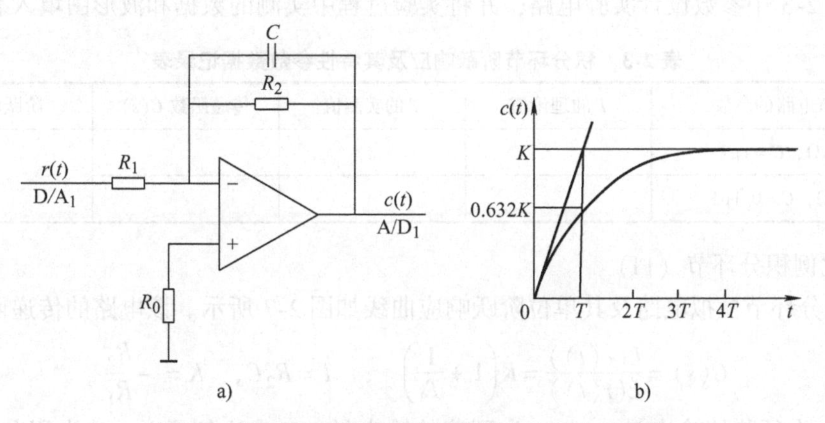

图 2-5 惯性环节模拟电路及其单位阶跃响应曲线

根据表 2-2 中参数设计实验电路，并将实验过程中实测的数据和波形图填入表 2-2 中。

表 2-2 惯性环节阶跃响应及其特性参数数据记录表

惯性环节电路的参数	理论值		实测值		传递函数 $G(s)$	阶跃响应曲线
	K	T	K	T		
$R_2=R_1=100\text{k}\Omega$，$C=1\mu\text{F}$						
$R_2=R_1=100\text{k}\Omega$，$C=0.1\mu\text{F}$						

（3）积分环节（I）

积分环节模拟电路及其单位阶跃响应曲线如图 2-6 所示。该电路的传递函数为

$$G(s)=\frac{L(c(t))}{L(r(t))}=-\frac{1}{Ts}\quad,\quad T=RC$$

式中，$c(t)$ 为环节的输出量；$r(t)$ 为环节的输入量；T 为积分时间常数。只要有一个恒定

的输入量作用于积分环节，其输出量就与时间成正比地无限增加，当 $t=T$ 时，输出量等于输入信号的幅值。积分环节的特性参数为积分时间常数 T，表征环节积累速率的快慢，T 越大表示积分能力越强，反之亦然。但是实际上放大器由于工作电源的限制，都具有饱和特性，输出值达到放大器工作电源之后就不再增加，输出恒定为电源值。

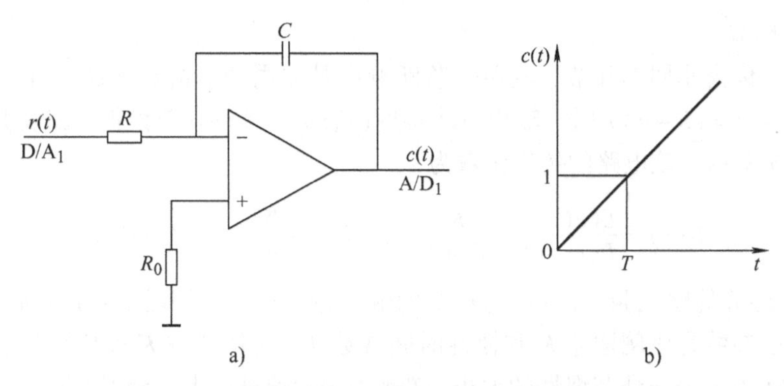

图 2-6　积分环节模拟电路及其单位阶跃响应曲线

根据表 2-3 中参数设计实验电路，并将实验过程中实测的数据和波形图填入表 2-3 中。

表 2-3　积分环节阶跃响应及其特性参数数据记录表

积分环节电路的参数	T 的理论值	T 的实测值	传递函数 $G(s)$	阶跃响应曲线
$R=100\text{k}\Omega$，$C=1\mu\text{F}$				
$R=100\text{k}\Omega$，$C=0.1\mu\text{F}$				

（4）比例积分环节（PI）

比例积分环节模拟电路及其单位阶跃响应曲线如图 2-7 所示。该电路的传递函数为

$$G(s)=\frac{L(c(t))}{L(r(t))}=K\left(1+\frac{1}{Ts}\right)\quad,\quad T=R_2C,\quad K=-\frac{R_2}{R_1}$$

式中，$c(t)$ 为环节的输出量；$r(t)$ 为环节的输入量；K 为比例增益；T 为积分时间常数。比例积分环节的输出是在比例作用的基础上，再叠加积分作用，其输出量随时间的增加无限地增加。比例积分环节的特性参数为比例增益 K 和积分时间常数 T。但是实际上放大器由于工作电源的限制，都具有饱和特性，积分后的输出量不可能无限增加。

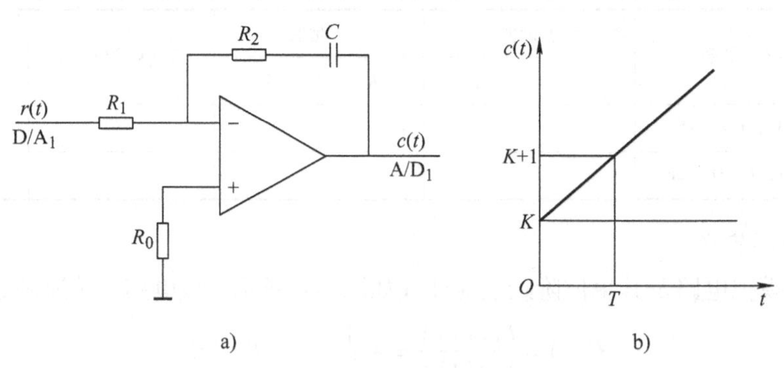

图 2-7　比例积分环节模拟电路及其单位阶跃响应曲线

根据表 2-4 中参数设计实验电路，并将实验过程中实测的数据和波形图填入表 2-4 中。

表 2-4　比例积分环节阶跃响应及其特性参数数据记录表

比例积分环节电路的参数	理论值		实测值		传递函数 $G(s)$	阶跃响应曲线
	K	T	K	T		
$R_2=R_1=100\text{k}\Omega$，$C=1\mu\text{F}$						
$R_2=R_1=100\text{k}\Omega$，$C=0.1\mu\text{F}$						

（5）微分环节（D）

微分环节模拟电路及其单位阶跃响应曲线如图 2-8 所示。该电路的传递函数为

$$G(s)=\frac{L(c(t))}{L(r(t))}=-Ts\quad,\quad T=RC_1$$

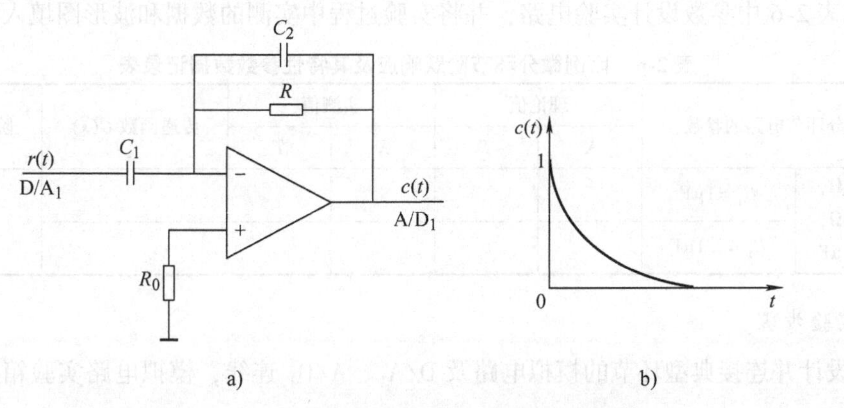

图 2-8　微分环节模拟电路及其单位阶跃响应曲线

微分环节在输入信号维持恒值情况下，输出信号按指数规律随时间推移逐步下降，经过一段时间后，稳定输出为零。实际的微分环节不具备理想微分环节的特性，但是仍能够在输入跃变时，于极短时间内形成一个较强的脉冲输出。微分环节的特性参数为微分时间常数 T，表征了输出脉冲的面积。根据表 2-5 中参数设计实验电路，并将实验过程中实测的数据和波形图填入表 2-5 中。

表 2-5　微分环节阶跃响应及其特性参数数据记录表

微分环节电路的参数		T 的理论值	T 的实测值	传递函数 $G(s)$	阶跃响应曲线
$R=100\text{k}\Omega$ $C_2=0.01\mu\text{F}$	$C_1=1\mu\text{F}$				
	$C_1=0.1\mu\text{F}$				

（6）比例微分环节（PD）

比例微分环节模拟电路及其单位阶跃响应曲线如图 2-9 所示。该电路的传递函数为

$$G(s)=\frac{L(c(t))}{L(r(t))}=K(Ts+1)\quad,\quad T=R_2C_1,\quad K=-\frac{R_2}{R_1}$$

比例微分环节的输出是在微分作用的基础上，再叠加比例作用，其稳定输出与输入信号

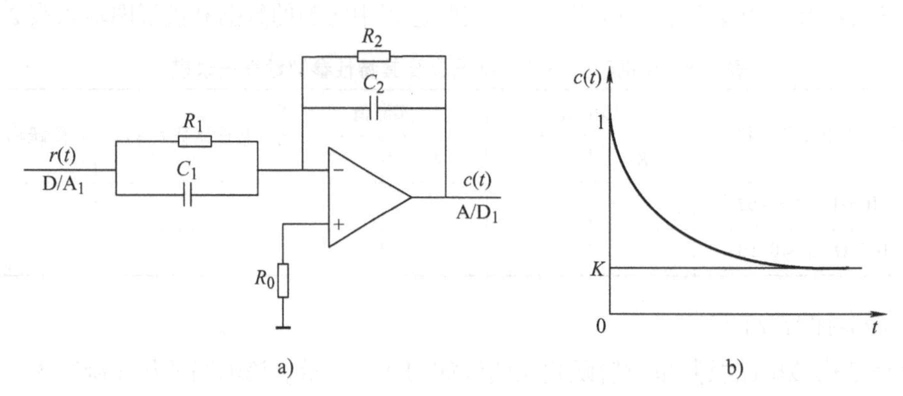

图 2-9　比例微分环节模拟电路及其单位阶跃响应曲线

成比例关系。比例微分环节的特性参数为比例增益 K 和微分时间常数 T。

根据表 2-6 中参数设计实验电路，并将实验过程中实测的数据和波形图填入表 2-6 中。

表 2-6　比例微分环节阶跃响应及其特性参数数据记录表

比例微分环节电路的参数		理论值		实测值		传递函数 $G(s)$	阶跃响应曲线
		K	T	K	T		
$R_1=100\text{k}\Omega$，$R_2=100\text{k}\Omega$，$C_2=0.01\mu\text{F}$	$C_1=1\mu\text{F}$						
	$C_1=0.1\mu\text{F}$						

4. 实验步骤

1）设计并连接典型环节的模拟电路及 D/A_1、A/D_1 连线，模拟电路实验箱上电，启动计算机。

2）测试计算机与模拟电路实验箱的通信，测试通过后，启动实验软件。

3）对各典型环节进行单位阶跃响应测试，观察并记录阶跃响应曲线和特性参数的值，填入相应数据表格中。

4）改变电路参数，重复步骤 3)，比较结果，观察电路参数对环节特性的影响。

5. 实验数据记录

1）将实验过程中实测数据和波形图填入相应表格。

2）表格中的传递函数要求是根据实验测量数据推导得到的。

3）要求波形图上明确标明特性参数的数值，并且将同一环节的不同参数的两条响应曲线显示在同一个坐标系之中，这样便于比较电路参数的变化对环节特性的影响。

6. 实验能力要求

1）能够设计各典型环节的模拟电路，并且推导出传递函数。

2）能够由实测的阶跃响应曲线建立环节的传递函数，与模拟电路图推导的传递函数比较，分析误差产生的原因。

3）总结各环节的特性，能够由典型环节构造复合控制系统。

7. 拓展与思考

1）用运算放大器模拟典型环节时，其传递函数是在哪两个假设条件下近似导出的？

2）怎样选用运算放大器？输入电阻、反馈电阻与同相端电阻如何匹配？

3）在什么条件下，惯性环节可以近似地视为积分环节？在什么条件下，又可以近似地视为比例环节？

4）如何根据阶跃响应的波形，确定积分环节和惯性环节的时间常数？

5）使用 MATLAB 或 Simulink 软件对各环节的单位阶跃响应进行分析，比较与实际模拟电路实验产生的差异，说明原因。

第 3 章　线性系统的时域分析法

本章导读

本章主要介绍如何使用时域分析法进行控制系统的性能分析与设计。

3.1 节的主要内容是利用典型环节模拟电路构造二阶系统，通过改变电路元件的值改变系统的 ζ 和 ω_n，分析二阶系统动态性能及稳定性的变化。

3.2 节、3.3 节介绍了单位阶跃响应和单位脉冲响应的 MATLAB 命令以及在响应曲线上准确读取动态特性指标的方法，并分析二阶系统闭环极点和闭环零点对系统动态性能的影响。

3.4 节的主要内容是利用典型环节构造三阶系统模拟电路，观察系统本身结构参数（开环增益和时间常数）与系统稳定性的关系。

3.5 节主要研究闭环极点和闭环零点对高阶系统动态性能的影响，以及高阶系统近似降阶处理的条件。

3.6 节的主要内容是使用 Simulink 软件比较分析不同系统在不同输入作用下具有的稳态性能以及其稳态误差的计算。

3.1　典型二阶系统模拟电路及其动态性能分析

1. 实验目的

1）掌握典型二阶控制系统模拟电路的构成，运用典型环节构造复合控制系统。

2）掌握二阶系统动态性能指标实测的方法。

3）研究二阶系统的特征参数 ζ 和 ω_n 对系统动态性能及稳态性能的影响。

4）定量分析 ζ 和 ω_n 与超调量 M_p 和调整时间 t_s 之间的关系。

5）学会根据系统阶跃响应曲线确定传递函数。

2. 实验原理

（1）典型二阶系统的闭环极点

典型二阶系统的闭环传递函数为 $G(s)=\dfrac{\omega_n^2}{s^2+2\zeta\omega_n s+\omega_n^2}$

二阶系统的特征方程为 $s^2+2\zeta\omega_n s+\omega_n^2=0$

二阶系统的闭环极点为 $s_{1,2}=-\zeta\omega_n\pm\omega_n\sqrt{\zeta^2-1}$

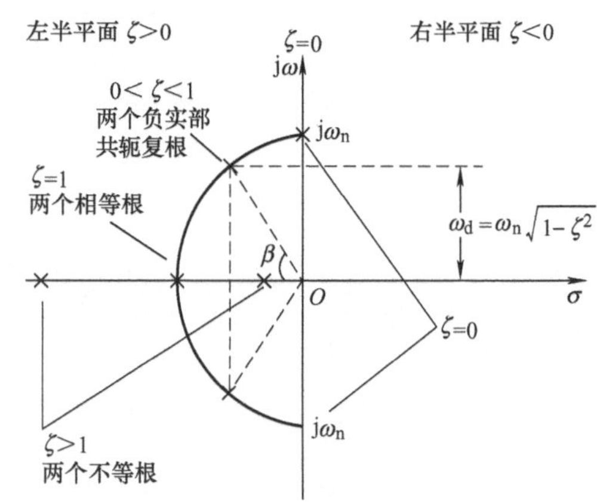

图 3-1　二阶系统的闭环极点分布

二阶系统的闭环极点分布如图 3-1 所示，可见ζ和ω_n的值决定了闭环极点的位置。二阶系统的动态特性可以用ζ和ω_n这两个参量的形式加以描述，其特点归纳为表3-1。

表3-1　二阶系统的闭环极点分布及其阶跃响应的特点

ζ的值	闭环极点分布的特点	阶跃响应的特点
$\zeta<0$	两个正实部的特征根，位于s右半平面	振荡发散的曲线
$\zeta=0$（无阻尼系统）	一对共轭纯虚根，位于s平面虚轴上	等幅振荡曲线
$0<\zeta<1$（欠阻尼系统）	两个负实部的共轭复根，位于s左半平面	衰减振荡曲线
$\zeta=1$（临界阻尼系统）	两个相等的负实根，位于s左半平面实轴	单调上升收敛的曲线
$\zeta>1$（过阻尼系统）	两个不相等的负实根，位于s左半平面实轴	上升速度较$\zeta=1$时慢

（2）二阶系统的动态性能指标

二阶系统的动态性能指标如图3-2所示。

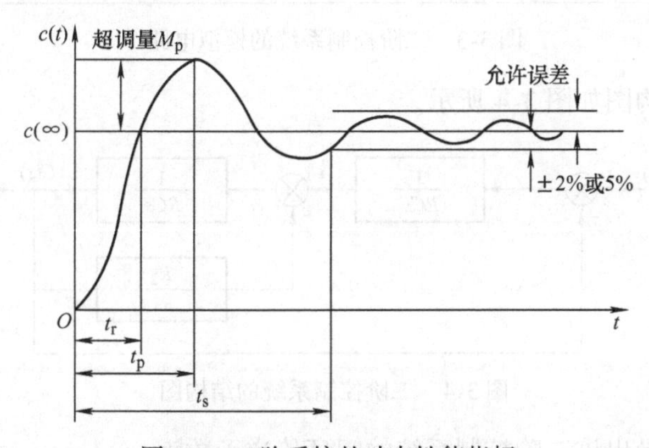

图3-2　二阶系统的动态性能指标

上升时间（Rise Time）t_r：当被控量$c(t)$首次由0上升到其稳态值所需的时间。上升时间越短，表明响应速度越快。

峰值时间（Peak Time）t_p：瞬态响应第一次出现峰值的时间。

调整时间（Settling Time）t_s：阶跃响应曲线开始进入偏离稳态值$\pm\Delta$（Δ通常取$\pm5\%$或$\pm2\%$）的误差范围并从此不再超越这个范围的时间。调整时间越小，表示系统动态调整过程的时间越短。

超调量（Maximum Overshoot）M_p：阶跃响应的峰值$c(t_p)$与稳态值$c(\infty)$之差与稳态值之比的百分数，是描述系统相对稳定的一个动态指标。

$$M_p=\frac{c(t_p)-c(\infty)}{c(\infty)}\times100\%$$

t_r、t_p评价系统的响应速度，t_s是同时反映响应速度和阻尼程度的综合性指标，M_p评价系统的阻尼程度。

3. 实验内容

（1）由典型环节构造二阶控制系统的模拟电路

典型二阶控制系统由一个非周期性环节和一个积分环节串联等效而成，在实验中为了实现参数的线性调节，非周期性环节使用一个积分环节的负反馈回路构造。根据典型积分环节的模拟电路构成，得到图3-3所示的典型二阶控制系统的模拟电路。

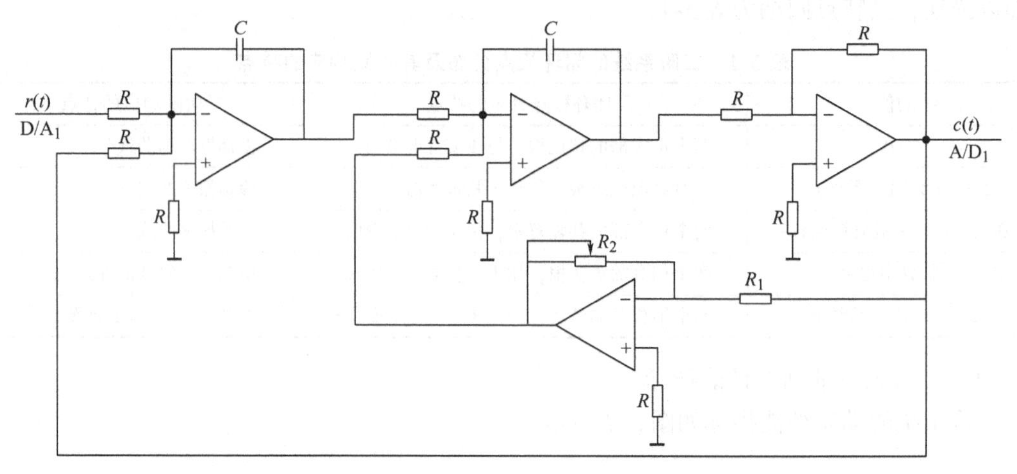

图3-3　二阶控制系统的模拟电路

该电路对应的结构图如图3-4所示。

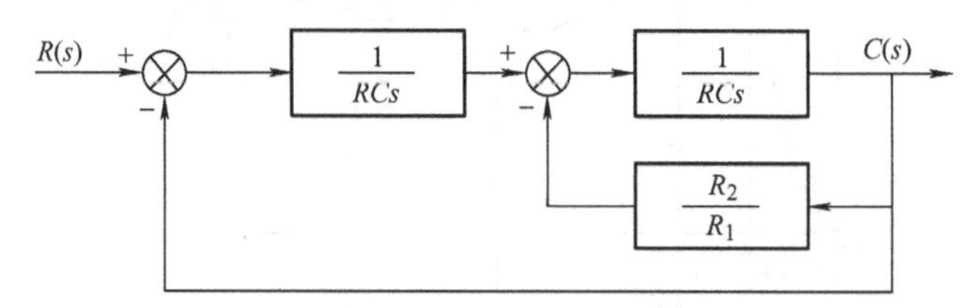

图3-4　二阶控制系统的结构图

由系统结构图推导出该二阶控制系统的闭环传递函数为

$$\frac{C(s)}{R(s)}=\frac{\frac{1}{(RC)^2}}{s^2+\left(\frac{R_2}{R_1}\times\frac{1}{RC}\right)s+\frac{1}{(RC)^2}}$$

而典型二阶控制系统传递函数的标准式为

$$\Phi(s)=\frac{C(s)}{R(s)}=\frac{\omega_n^2}{s^2+2\zeta\omega_n s+\omega_n^2}$$

式中，ζ为系统的阻尼比；ω_n为无阻尼自然频率。

将该二阶系统模拟电路的闭环传递函数与典型二阶控制系统传递函数的标准式比较，可以得出：

该电路中阻尼比$\zeta=\frac{R_2}{2R_1}$，无阻尼自然频率$\omega_n=\frac{1}{RC}$。

可见，比值R_2/R_1的大小决定了系统的阻尼比ζ的值，RC的值决定了无阻尼自然频率ω_n的值。在实验中令$R_1=R=100\text{k}\Omega$，那么只需调节R_2或C的值就可以调节ζ和ω_n，从而进行二阶系统的动态分析。

（2）掌握动态性能指标的测量方法

超调量M_p的测量方法：先用软件上的游标测量响应曲线上的第一次到达的峰值$c(t_p)$

和系统稳定后的稳态值 $c(\infty)$，代入下式算出超调量：

$$M_{\mathrm{p}}=\frac{c(t_{\mathrm{p}})-c(\infty)}{c(\infty)}\times 100\%$$

上升时间 t_{r} 的测量方法：利用软件游标测量从零开始第一次达到稳定值的时间。

峰值时间 t_{p} 的测量方法：利用软件游标测量从零开始第一次到达最大值所需要的时间。

调整时间 t_{s} 的测量方法：利用软件游标测量从零到达95%/98%或105%/102%稳态值所需的时间。

（3）保持 ω_{n} 不变研究 ζ 的变化对系统动态性能的影响

令 $C=1\mu\mathrm{F}$，则 $\omega_{\mathrm{n}}=10\mathrm{rad/s}$，分别令 $R_2=0\mathrm{k\Omega}$、$40\mathrm{k\Omega}$、$100\mathrm{k\Omega}$、$200\mathrm{k\Omega}$、$240\mathrm{k\Omega}$ 时，系统的阻尼比 $\zeta=0$、0.2、0.5、1、1.2，研究二阶系统的动态响应。

1）当 $R_2=0\mathrm{k\Omega}$，$\zeta=0$ 时，系统处于无阻尼或零阻尼状态。系统的闭环根为两个共轭虚根，系统处于临界稳定状态（属于不稳定状态），其单位阶跃响应为等幅振荡曲线，又称为自由振荡曲线，其振荡频率为 ω_{n}，且 $\omega_{\mathrm{n}}=1/RC$。实验过程中，测量等幅振荡曲线的幅值和振荡周期 T，计算振荡频率（$\omega_{\mathrm{n}}=2\pi/T$）。

2）当 $R_2=40\mathrm{k\Omega}$ 或 $100\mathrm{k\Omega}$，$\zeta=0.2$ 或 0.5 时，系统处于欠阻尼状态，$0<\zeta<1$。系统的闭环根为两个共轭复根，系统处于稳定状态，其单位阶跃响应是衰减振荡的曲线，又称为阻尼振荡曲线。其振荡频率为 ω_{d}，称为阻尼振荡频率。对于不同的 ζ，振荡的振幅和频率都是不同的。ζ 越小，振荡的最大振幅越大，振荡的频率 ω_{d} 也越大，即超调量和振荡次数越大，调整时间越长。当 $\zeta=0.707$ 时，系统达到最佳状态，此时称为最佳二阶系统。

3）当 $R_2=200\mathrm{k\Omega}$，$\zeta=1$ 时，系统处于临界阻尼状态。系统的闭环根为两个相等的实数根，系统处于稳定状态，其单位阶跃响应为单调上升曲线，系统无超调。

4）当 $R_2=240\mathrm{k\Omega}$，$\zeta=1.2$ 时，系统处于过阻尼状态，$\zeta>1$。系统的闭环根为两个不相等的实数根，系统处于稳定状态，其单位阶跃响应也为单调上升曲线，不过其上升的速率较临界阻尼更慢，系统无超调。

可见，典型二阶系统在不同阻尼比的情况下，它们的阶跃响应输出特性的差异是很大的。若阻尼比过小，则系统的振荡加剧，超调量大幅度增加；若阻尼比过大，则系统的响应过慢，又大大增加了调整时间。一般情况下，系统工作在欠阻尼状态下。但是 ζ 过小，则超调量大，振荡次数多，调节时间长，暂态特性品质差。为了限制超调量，并使调节时间较短，阻尼比一般应在0.4~0.8之间，此时阶跃响应的超调量将在25%~1.5%之间。

（4）改变 ω_{n}，比较在相同 ζ 的情况下系统动态性能发生的变化

令 $C=0.1\mu\mathrm{F}$，则 $\omega_{\mathrm{n}}=100\mathrm{rad/s}$，分别令 $R_2=0\mathrm{k\Omega}$、$40\mathrm{k\Omega}$、$100\mathrm{k\Omega}$ 时，系统的阻尼比 $\zeta=0$、0.2、0.5，研究二阶系统的动态响应。

4. 实验步骤

1）设计并连接二阶系统的模拟电路及 $\mathrm{D/A_1}$、$\mathrm{A/D_1}$ 连线，启动计算机。

2）测试计算机与模拟电路实验箱的通信，测试通过后，启动实验软件，设置输入阶跃信号的信源电压为 -1V。

3）取 $\omega_{\mathrm{n}}=10\mathrm{rad/s}$，即令 $R=100\mathrm{k\Omega}$，$C=1\mu\mathrm{F}$；分别取 $\zeta=0$、0.2、0.5、1、1.2，即 $R_1=100\mathrm{k\Omega}$，R_2 分别取 $0\mathrm{k\Omega}$、$40\mathrm{k\Omega}$、$100\mathrm{k\Omega}$、$200\mathrm{k\Omega}$、$240\mathrm{k\Omega}$。输入单位阶跃信号，测量不

同 ζ 时系统的阶跃响应，由显示的波形测量动态性能指标（超调量 M_p、峰值时间 t_p 和调整时间 t_s）的值，并记录动态响应曲线，填入表 3-2 中。

表 3-2　二阶系统单位阶跃响应及其动态性能指标记录表（$\omega_n = 10\text{rad/s}$）

参　数		M_p		t_p/ms		t_s/ms		阶跃响应曲线
		理论值	实测值	理论值	实测值	理论值	实测值	
$R = 100\text{k}\Omega$ $C = 1\mu\text{F}$ $\omega_n = 10\text{rad/s}$	$R_2 = 40\text{k}\Omega$ $\zeta = 0.2$							
	$R_2 = 100\text{k}\Omega$ $\zeta = 0.5$							
	$R_2 = 200\text{k}\Omega$ $\zeta = 1$							
	$R_2 = 240\text{k}\Omega$ $\zeta = 1.2$							
	$R_2 = 0\text{k}\Omega$ $\zeta = 0$	振荡频率 T：理论值　　　实测值 振荡频率 ω_n：理论值　　　实测值						
		振荡幅值 A：理论值　　　实测值						

4）改变 ω_n 的值，取 $\omega_n = 100\text{rad/s}$，即令 $R = 100\text{k}\Omega$，$C = 0.1\mu\text{F}$；分别取 $\zeta = 0$、0.2、0.5，即 $R_1 = 100\text{k}\Omega$，R_2 分别取 0kΩ、40kΩ、100kΩ。再次观察系统的单位阶跃响应，由显示的波形测量动态性能指标（超调量 M_p、峰值时间 t_p 和调整时间 t_s）的值，并记录动态响应曲线，填入表 3-3 中。

表 3-3　二阶系统单位阶跃响应及其动态性能指标记录表（$\omega_n = 100\text{rad/s}$）

参　数		M_p		t_p/ms		t_s/ms		阶跃响应曲线
		理论值	实测值	理论值	实测值	理论值	实测值	
$R = 100\text{k}\Omega$ $C = 1\mu\text{F}$ $\omega_n = 100\text{rad/s}$	$R_2 = 40\text{k}\Omega$ $\zeta = 0.2$							
	$R_2 = 100\text{k}\Omega$ $\zeta = 0.5$							
	$R_2 = 0\text{k}\Omega$ $\zeta = 0$	振荡频率 T：理论值　　　实测值 振荡频率 ω_n：理论值　　　实测值						
		振荡幅值 A：理论值　　　实测值						

5）取 $\omega_n = 10\text{rad/s}$ 时，多次测量二阶系统的阶跃响应，找出系统处于最佳状态时对应的阻尼比，并与理论计算的结果相比较。

5. 实验数据记录

1）实验前预习，将各项理论值计算后填入相应表格中。

2）将实验过程中的测量数据和波形图填入表 3-2 和表 3-3 中。

6. 实验能力要求

1）根据二阶系统的模拟电路推导闭环传递函数，分析系统阻尼比 ζ 和无阻尼自然频率 ω_n 的改变与哪些组件有关。

2）讨论二阶系统性能指标与ζ、ω_n的关系，把不同ζ和ω_n条件下测量的动态指标值列表，比较测量结果，并得出相应结论。

3）比较分析实际系统响应曲线与理论响应曲线的差别，分析原因。

4）在实验中讨论最佳二阶系统的条件。

5）掌握由系统响应曲线推导闭环传递函数的方法：根据动态性能指标计算出ζ和ω_n，再写出闭环传递函数。

7. 拓展与思考

1）如果阶跃输入信号的幅值过大，会在实验中产生什么后果？

2）在实验电路中如何确保系统实现负反馈？如果反馈回路中有偶数个运算放大器，构成什么反馈？

3）通过实验分析ζ和ω_n对上升时间t_r、超调量M_p及调节时间t_s的影响。

4）根据典型二阶控制系统的结构图（见图3-5），运用典型积分环节和惯性环节的模拟电路构成，设计二阶控制系统的模拟电路。

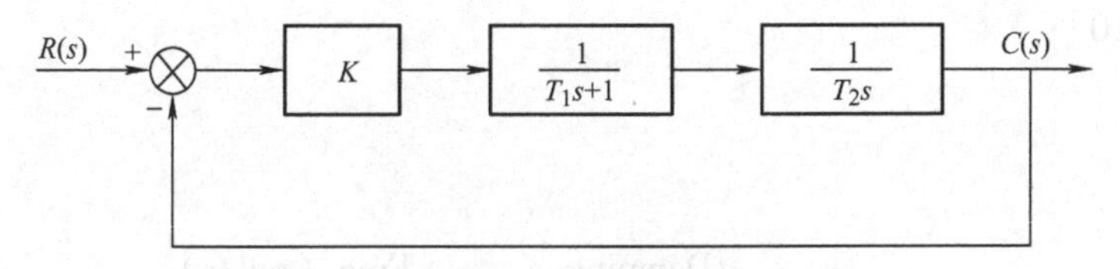

图3-5 典型二阶控制系统的结构图

5）给定图3-6所示的控制系统模拟电路，令$R_4=R_3=R_1=R_0=100\text{k}\Omega$，$C_1=C_2=1\mu\text{F}$，推导其闭环传递函数。该系统是否是二阶系统？如果是，求出它的阻尼比ζ和无阻尼自然频率ω_n。如果作为实验电路，与图3-3所示的电路比较有何优缺点？

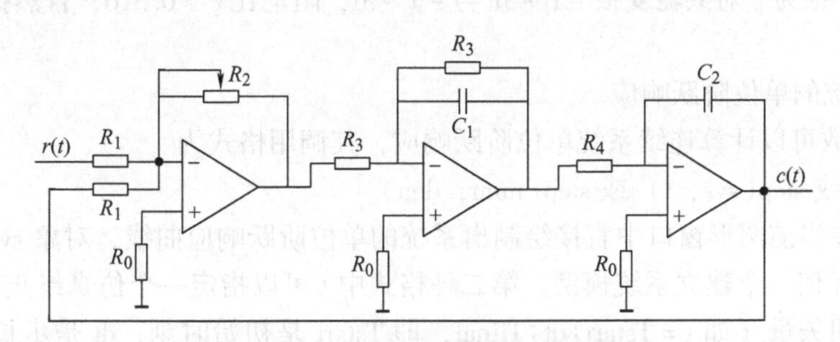

图3-6 控制系统模拟电路

3.2 基于MATLAB的控制系统单位阶跃响应分析

1. 实验目的

1）学会使用MATLAB编程绘制控制系统的单位阶跃响应曲线。

2）研究二阶控制系统中ζ、ω_n对系统阶跃响应的影响。

3）掌握准确读取动态特性指标的方法。

4）分析二阶系统闭环极点和闭环零点对系统动态性能的影响。

2. 实验内容

已知二阶控制系统为 $\Phi(s)=\dfrac{10}{s^2+2s+10}$

（1）求该系统的特征根

若已知系统的特征多项式 $D(s)$，利用 roots( ) 函数可以求其特征根。

num = 10; den = [1 2 10]; roots(den)

若已知系统的传递函数，利用 eig( ) 函数可以直接求出系统的特征根。

sys = tf(num, den); eig(sys)

都可得到系统的特征根 -1.0000 +3.0000i
-1.0000 -3.0000i

两者计算结果相同。

（2）求系统的闭环根、ζ 和 ω_n

函数 damp( ) 可以计算出系统的闭环根、阻尼比 ζ 和自然振荡频率 ω_n。

```
den = [1 2 10];
damp(den)
```

结果显示：

```
Eigenvalue                    Damping        Freq. (rad/s)

-1.00e+000 +3.00e+000i        3.16e-001      3.16e+000
-1.00e+000 -3.00e+000i        3.16e-001      3.16e+000
```

即系统闭环根为一对共轭复根 -1 +3i 与 -1 -3i，阻尼比 $\zeta=0.316$，自然振荡频率 $\omega_n=$ 3.16rad/s。

（3）求系统的单位阶跃响应

step( ) 函数可以计算连续系统单位阶跃响应，其调用格式为

step(sys) 或 step(sys, t) 或 step(num, den)

使用函数在当前图形窗口中直接绘制出系统的单位阶跃响应曲线，对象 sys 可以由tf( )、zpk( ) 函数中任何一个建立系统模型。第二种格式中 t 可以指定一个仿真终止时间，也可以设置为一个时间矢量（如 t = Tstart:dt:Tfinal，即 Tstart 是初始时刻，dt 是步长，Tfinal 是终止时刻）。

【例 3-1】 若已知单位负反馈前向通道的传递函数为 $G(s)=\dfrac{100}{s^2+5s}$，试绘出其单位阶跃响应曲线，准确读出其动态性能指标，并记录数据。

解：（1）绘制单位阶跃响应曲线的 MATLAB 程序为：

```
sys = tf(100,[1 5 0]);
sysc = feedback(sys,1);
step(sysc)
```

或

```
num = [100]; den = [1 5 0];
[numc, denc] = cloop(num, den);
t = 0:0.1:10;
step(numc, denc, t)
```

运行该程序，可得到系统的单位阶跃响应曲线，如图 3-7 所示。

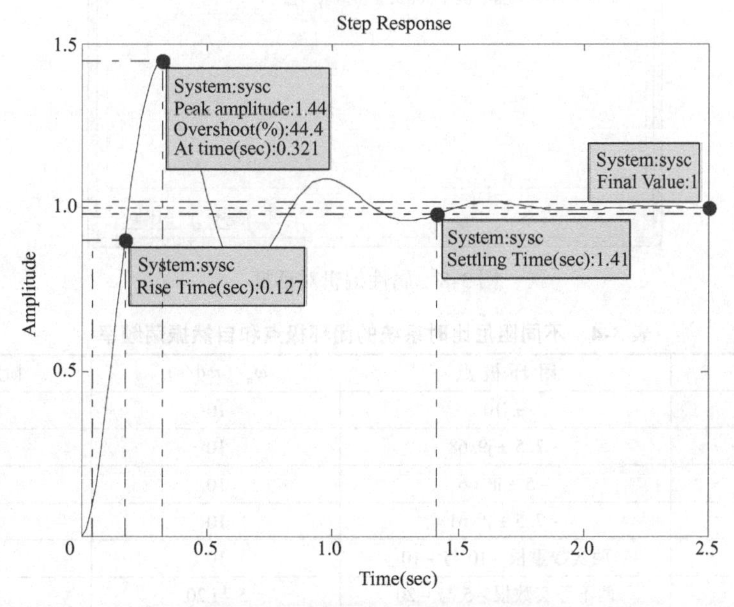

图 3-7　系统的单位阶跃响应曲线

（2）从图 3-7 中准确读出系统的动态性能指标，并记录数据。

用鼠标在曲线上单击相应的点，读出该点的坐标值，然后根据二阶系统动态性能指标的含义，计算出动态性能指标的值。也可以启用软件自动标记数据功能，操作如下：

在单位阶跃响应曲线图中，利用快捷菜单中的命令，可以在曲线对应的位置自动显示动态性能指标的值。在曲线图中空白区域单击鼠标右键，在快捷菜单中选择“Character”命令后，可以显示动态性能指标“Peak Response”（超调量 M_p）、“Settling Time”（调节时间 t_s）、“Rise Time”（上升时间 t_r）和稳态值“Steady State”，将它们全部选中后，曲线图上就在 4 个位置出现了相应的点，用鼠标单击后，相应性能值就会显示出来。

系统默认显示当误差范围为 2% 时的调节时间，若要显示误差范围为 5% 时的调节时间，可以单击鼠标右键弹出快捷菜单，选择“Properties”命令，显示属性编辑对话框，如图 3-8 所示。在“Option”选项卡的“Show settling time within”的文本框中，可以设置调节时间的误差范围为 2% 或 5%。注意，键盘输入数字后必须回车确认才会有效。其默认值是 2%。

从曲线图中数据可以得到系统的稳态值为 1，动态性能指标为：上升时间 $t_r = 0.127\mathrm{s}$，超调量 $M_p = 44\%$，峰值时间 $t_p = 0.321\mathrm{s}$，调节时间 $t_s = 1.41\mathrm{s}$。

（4）分析 ω_n 不变时改变 ζ 后闭环极点的变化以及其阶跃响应的变化

【例 3-2】 当 $\zeta = 0$、0.25、0.5、0.75、1、1.25 时，系统的闭环极点和自然振荡频率见表 3-4，对应系统的阶跃响应曲线如图 3-9 所示。

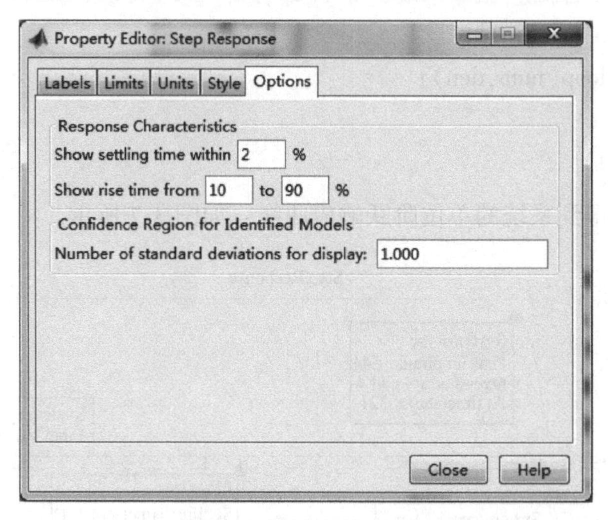

图 3-8　属性编辑对话框

表 3-4　不同阻尼比时系统的闭环极点和自然振荡频率

ζ	闭 环 极 点	ω_n/(rad/s)	阶跃响应曲线
$\zeta=0$	$\pm j10$	10	等幅振荡
$\zeta=0.25$	$-2.5\pm j9.68$	10	衰减振荡
$\zeta=0.5$	$-5\pm j8.66$	10	衰减振荡
$\zeta=0.75$	$-7.5\pm j6.61$	10	衰减振荡
$\zeta=1$	两实数重根 -10 与 -10	10	单调上升
$\zeta=1.25$	两不等实数根 -5 与 -20	5 与 20	单调上升

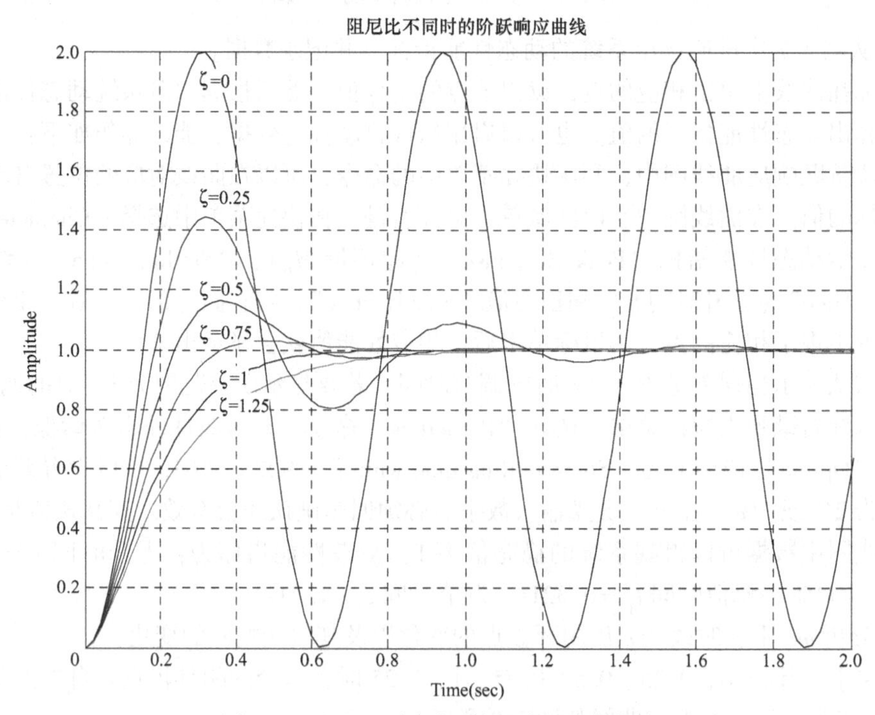

图 3-9　阻尼比不同时系统的阶跃响应曲线

解：MATLAB 程序为：

```
num = 100; i = 0;
for sigma = 0:0.25:1.25
    den = [1 2 * sigma * 10 100];
    damp(den)
    sys = tf(num,den);
    i = i + 1;
    step(sys,2)
    hold on
end
grid
hold off
title('阻尼比不同时的阶跃响应曲线')
lab1 = 'ζ = 0'; text(0.3,1.9,lab1),
lab2 = 'ζ = 0.25'; text(0.3,1.5,lab2),
lab3 = 'ζ = 0.5'; text(0.3,1.2,lab3),
lab4 = 'ζ = 0.75'; text(0.3,1.05,lab4),
lab5 = 'ζ = 1'; text(0.35,0.9,lab5),
lab6 = 'ζ = 1.25'; text(0.35,0.8,lab6)
```

可见，当ω_n一定时，系统随着阻尼比ζ的增大，闭环极点的实部在s左半平面的位置逐渐远离原点，虚部逐渐减小到0，超调量减小，调节时间缩短，稳定性更好。

(5) 保持$\zeta=0.25$不变，分析ω_n变化时闭环极点对系统单位阶跃响应的影响

【例 3-3】 当$\omega_n=10$、30、50 时，对应系统的阶跃响应曲线如图 3-10 所示。

解：MATLAB 程序为：

```
sgma = 0.25; i = 0;
for wn = 10:20:50
num = wn^2; den = [1,2 * sgma * wn,wn^2];
sys = tf(num,den);
i = i + 1;
step(sys,2)
hold on,grid
end
hold off
title('ωn 变化时系统的阶跃响应曲线')
lab1 = 'ωn = 10'; text(0.35,1.4,lab1),
lab2 = 'ωn = 30'; text(0.12,1.3,lab2),
lab3 = 'ωn = 50 '; text(0.05,1.2,lab3)
```

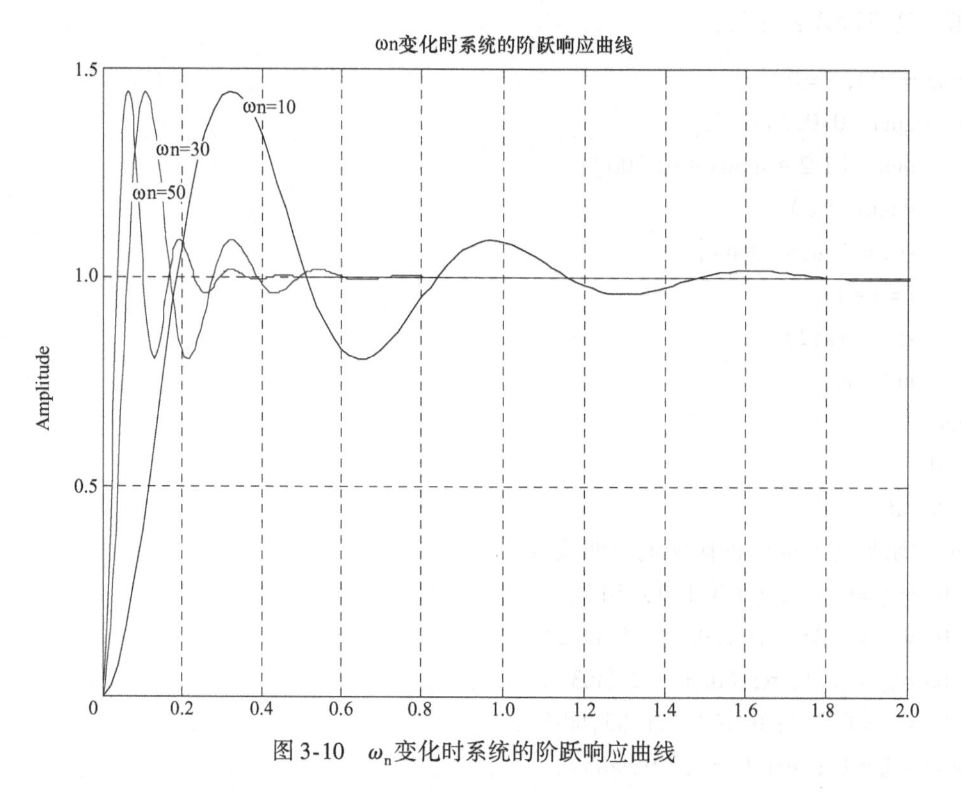

图 3-10 ω_n变化时系统的阶跃响应曲线

可见，当ζ一定时，随着ω_n增大，系统响应加速，振荡频率增大，系统调整时间缩短，但是超调量没变化。

（6）分析系统零点对系统阶跃响应的影响

【自我实践 3-1】 试绘出以下系统的阶跃响应，与原系统 $G(s)=\dfrac{10}{s^2+2s+10}$的阶跃响应曲线进行比较，并对实验结果进行分析。

① $z=-5$，$G_1(s)=\dfrac{2(s+5)}{s^2+2s+10}$

② $z=-2$，$G_1(s)=\dfrac{5(s+2)}{s^2+2s+10}$

③ $z=-1$，$G_1(s)=\dfrac{10(s+1)}{s^2+2s+10}$

（7）观察系统在任意输入激励下的响应

在 MATLAB 中，函数 lsim( ) 可以求出系统的任意输入激励的响应，常用格式为

lsim(sys, u, t)；lsim(sys1, sys2, …, sysn, u, t)；[y, t] = lsim(sys, u, t)

函数中 u 是输入激励向量，t 必须是向量，且维数与 u 的维数相同。

【例 3-4】 当输入信号为 $u(t)=5+2t+8t^2$时，求系统 $G(s)=\dfrac{10}{s^2+2s+10}$的输出响应曲线。

解：MATLAB 程序如下：

```
num = 10; den = [1 2 10]; G = tf(num,den);
t = [0:0.1:20]; u = 5 + 2 * t + 8 * t.^2;
lsim(G,u,t),hold on,plot(t,u,'r'); grid on;
```

系统在任意输入激励下的响应曲线如图 3-11 所示。

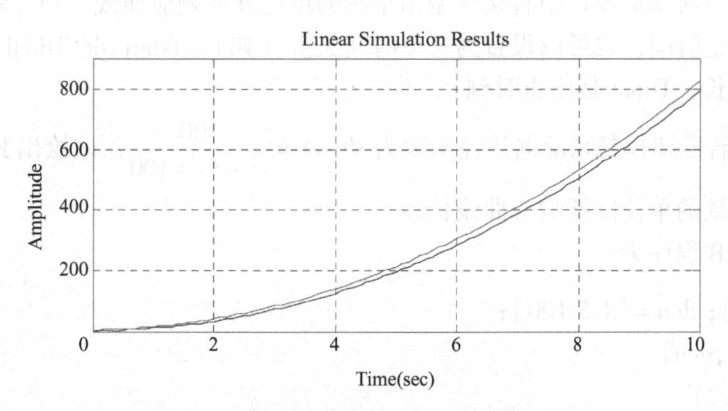

图 3-11　任意输入激励下的系统响应曲线

3. 实验报告要求

1）完成实验内容中的实验，编写程序，记录相关数据，并分析，得出结论。

2）总结闭环零极点对系统阶跃响应影响的规律。

4. 拓展自我实践

1）已知系统传递函数为 $G(s)=\dfrac{4}{3s+1}$，试绘制其阶跃响应曲线，并标注惯性时间常数。

2）已知系统的传递函数为 $\Phi(s)=\dfrac{2}{s^2+3s+25}$，试绘制其在 5s 内的单位阶跃响应，并测出动态性能指标。

3）已知系统的开环传递函数为 $G(s)=\dfrac{100}{s^2+3s}$，试绘制单位负反馈闭环系统的单位阶跃响应，并测出动态性能指标。

4）当输入信号为 $u(t)=1(t)+t\cdot 1(t)$ 时，求系统 $G(s)=\dfrac{s+1}{s^2+s+1}$的输出响应曲线。

3.3　基于 MATLAB 的控制系统单位脉冲响应分析

1. 实验目的

1）学会使用 MATLAB 编程绘制控制系统的单位脉冲响应曲线。

2）分析系统脉冲响应的一般规律。

3）掌握系统阻尼比 ζ 对脉冲响应的影响。

2. 实验内容

（1）求系统的单位脉冲响应

函数 impulse( ) 可以计算连续系统的单位脉冲响应，其调用格式为

impulse(num，den) 或 impulse(sys，t)

使用函数在当前图形窗口中直接绘制出系统的单位脉冲响应曲线。第二种格式中 t 可以指定一个仿真终止时间，也可以设置为一个时间矢量（如 t = Tstart : dt : Tfinal，即 Tstart 是初始时刻，dt 是步长，Tfinal 是终止时刻）。

【例 3-5】 若已知控制系统的传递函数为 $\Phi(s)=\dfrac{100}{s^2+5s+100}$，试绘出其单位脉冲响应曲线，并与该系统的单位阶跃响应曲线比较。

解：MATLAB 程序为：

```
num = [100]; den = [1 5 100];
sys = tf(num,den)
impulse(sys,2)
hold on
step(sys,2)
hold off
title('系统单位脉冲响应曲线与其单位阶跃响应曲线比较')
lab1 ='单位脉冲响应曲线'; text(0.2,6,lab1),
lab2 ='单位阶跃响应曲线'; text(0.3,1.6,lab2)
```

系统单位脉冲响应曲线与其单位阶跃响应曲线的比较如图 3-12 所示。

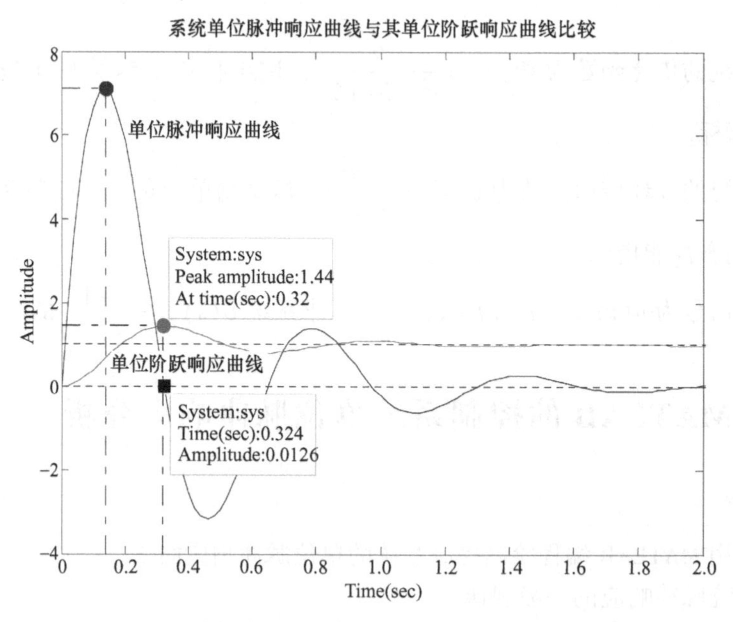

图 3-12　系统单位脉冲响应曲线与其单位阶跃响应曲线的比较

可见，单位脉冲响应曲线与时间轴第一次相交的点对应的时间必是峰值时间 $t_p=3.2\text{s}$。这是单位脉冲响应是单位阶跃响应的导数的缘故。

（2）分析系统阻尼比 ζ 对脉冲响应的影响

【例3-6】 例3-5中的系统不变，修改参数 ζ，分别绘制 $\zeta=0.25$、$\zeta=1$、$\zeta=2$ 的单位脉冲响应曲线，观察结果，得出结论。

解：MATLAB 程序为：

```
num0 = [100]; den0 = [1 5 100];
impulse(num0,den0)
hold on; grid
num1 = [100]; den1 = [1 20 100];
impulse(num1,den1)
num2 = [10]; den2 = [1 40 100];
impulse(num2,den2)
hold off
title('不同阻尼比时的单位脉冲响应曲线')
lab1 ='ζ=0.25'; text(0.1,6,lab1),
lab2 ='ζ=1'; text(0.1,4,lab2),
lab3 ='ζ=2'; text(0.1,0.4,lab3)
```

不同阻尼比时的单位脉冲响应曲线如图3-13所示。

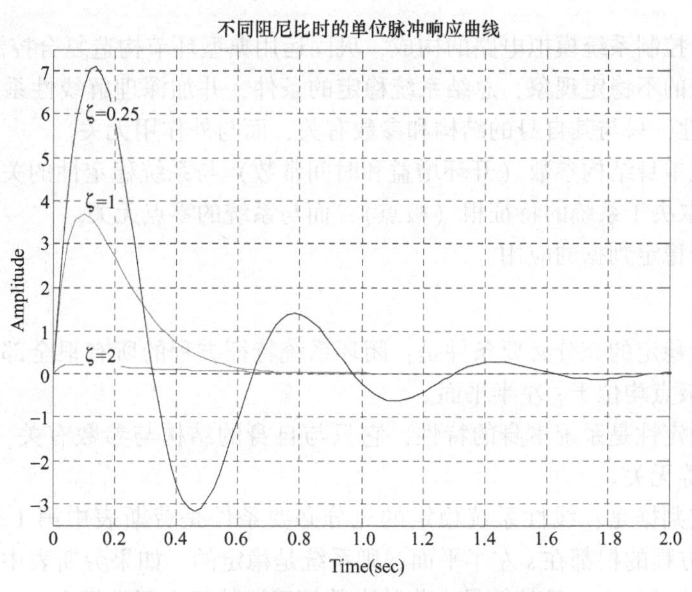

图3-13 不同阻尼比时的单位脉冲响应曲线

可见，随着阻尼比 ζ 的增加，系统的单位脉冲响应衰减得很快，随时间的延长逐渐趋于零值。$\zeta\geqslant1$ 时，单位脉冲响应总是正值，这时系统的单位阶跃响应必是单调增长的。

【自我实践3-2】 一个三阶系统的传递函数为 $G(s)=\dfrac{10}{0.01s^3+0.2s^2+s+10}$。

（1）观察其阶跃响应和脉冲响应，记录其稳态值和调整时间。

（2）增加零点 $z=-5$ 后，再次观察其阶跃响应和脉冲响应，记录其稳态值和调整时间。

（3）比较结果，分析增加零点对系统性能的影响。

3. 实验报告要求

1）完成实验内容中的实验，编写程序，记录相关数据并分析，得出结论。

2）总结系统阻尼比 ζ 对脉冲响应的影响。

3）总结闭环零极点对系统脉冲响应影响的规律。

4. 拓展自我实践

试绘出以下系统的阶跃响应，并与原系统 $G(s)=\dfrac{10}{s^2+2s+10}$ 的脉冲响应曲线进行比较，分析实验结果。

① 系统有零点 $z=-5$，$G_1(s)=\dfrac{2(s+5)}{s^2+2s+10}$。

② 系统有零点 $z=-1$，$G_1(s)=\dfrac{10(s+1)}{s^2+2s+10}$。

3.4 三阶控制系统的稳定性分析

1. 实验目的

1）掌握三阶控制系统模拟电路的构成，巩固运用典型环节构造复合控制系统的方法。

2）观察系统的不稳定现象，总结系统稳定的条件，并加深理解线性系统的稳定性是属于系统本身的特性，只与其自身的结构和参数有关，而与外作用无关。

3）研究系统本身结构参数（开环增益和时间常数）与系统稳定性的关系，并加深理解系统的稳定性只取决于系统的特征根（极点），而与系统的零点无关。

4）了解劳斯稳定判据的应用。

2. 实验原理

1）线性系统稳定的充分必要条件是：闭环系统特征方程的所有根全部具有负实部，或闭环传递函数的极点均位于 s 左半平面。

2）系统的稳定性是系统本身的特性，它只与自身的结构与参数有关，而与初始条件、外界扰动的大小等无关。

3）劳斯稳定判据是：线性系统稳定的充分必要条件是劳斯表中第 1 列的系数均为正值。即系统特征方程的根都在 s 左半平面，则系统是稳定的。如果劳斯表中第 1 列系数有小于 0 的值，系统就不稳定，且其符号变化的次数等于该特征方程的根在 s 右半平面上的个数（或正实部根的数目）。

3. 实验内容

（1）由典型环节构造三阶控制系统的模拟电路

将两个惯性环节和一个积分环节串联等效而成三阶控制系统，在实验中为了实现系统开环增益的线性调节，前向通道中加入一个比例环节，得到图 3-14 所示的三阶控制系统的模拟电路。在实验模拟电路中 $R_0 = R = 100\text{k}\Omega$，$C = 1\mu\text{F}$，$R_3$为可调电阻。

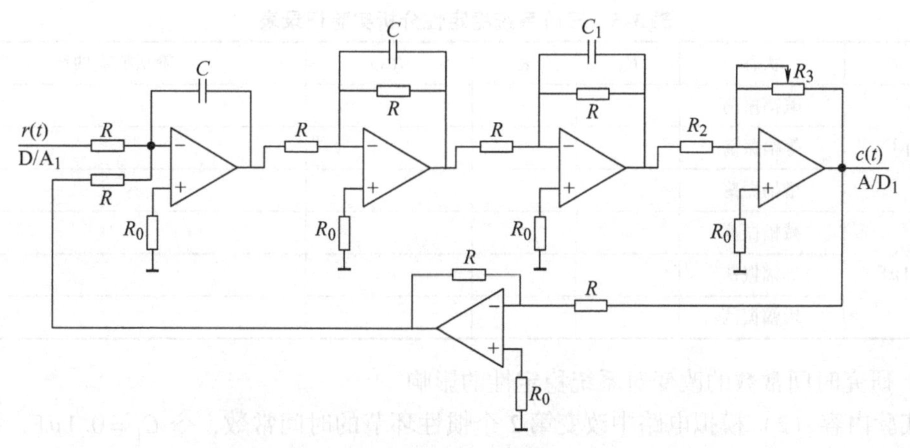

图 3-14 三阶控制系统的模拟电路

该电路对应的结构图如图 3-15 所示，图中 $T = RC$，$T_1 = RC_1$，$K = R_3/R_2$。

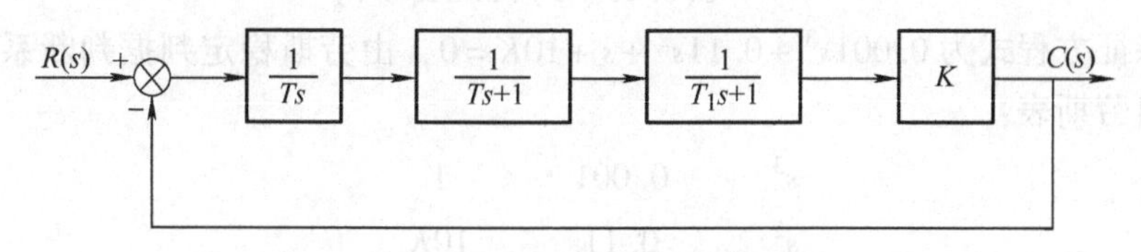

图 3-15 三阶控制系统的结构图

该三阶控制系统的开环传递函数为 $G(s) = \dfrac{K}{Ts(Ts+1)(T_1s+1)}$。

(2) 研究系统的稳定条件与开环增益的关系，确定临界稳定增益 K_c

在模拟电路中令 $R_0 = R = 100\text{k}\Omega$，$C = 1\mu\text{F}$，$C_1 = 1\mu\text{F}$，$R_3$为可调电阻，范围为 0 ~ 500kΩ 可调，那么只要调节 R_3就可以线性地调节开环增益 K。此时系统的开环传递函数为

$$G(s) = \frac{10K}{s(0.1s+1)(0.1s+1)}$$

系统的特征方程式为 $0.01s^3 + 0.2s^2 + s + 10K = 0$，由劳斯稳定判据判断系统临界稳定的条件。列出劳斯表：

$$\begin{array}{lcc} s^3 & 0.01 & 1 \\ s^2 & 0.2 & 10K \\ s^1 & \dfrac{0.2-0.1K}{0.01} & \\ s^0 & 10K & \end{array}$$

由于系统稳定的充分必要条件是劳斯表中第 1 列的系数均为正值，所以可以得出：只有在 $0 < K < 2$ 的情况下系统处于稳定状态，即系统的临界稳定增益为 $K_c = 2$，此时 $R_3 = 200\text{k}\Omega$。

对系统进行单位阶跃响应，R_3在 200kΩ 附近调节，观察系统在临界稳定、稳定和不稳

定状态（即系统发生等幅振荡、减幅振荡和增幅振荡）时，系统开环增益的变化，将3种状态的响应曲线及相应的数据记录在表3-5对应的单元格中。

表3-5 三阶系统稳定性分析实验记录表

C_1	状态	R_3	K	$G(s)$	阶跃响应曲线
$C_1=1\mu F$	减幅振荡				
	等幅振荡				
	增幅振荡				
$C_1=0.1\mu F$	减幅振荡				
	等幅振荡				
	增幅振荡				

（3）研究时间常数的改变对系统稳定性的影响

在实验内容（2）模拟电路中改变第2个惯性环节的时间常数，令 $C_1=0.1\mu F$，那么此时系统的开环传递函数为

$$G(s)=\frac{10K}{s(0.1s+1)(0.01s+1)}$$

系统的特征方程式为 $0.001s^3+0.11s^2+s+10K=0$，由劳斯稳定判据判断系统临界稳定的条件。列出劳斯表：

$$\begin{array}{lll} s^3 & 0.001 & 1 \\ s^2 & 0.11 & 10K \\ s^1 & \dfrac{0.11-0.01K}{0.001} & \\ s^0 & 10K & \end{array}$$

由于系统稳定的充分必要条件是劳斯表中第1列的系数均为正值，所以可以得出：只有在 $0<K<11$ 的情况下系统处于稳定状态，即系统的临界稳定增益为 $K_c=11$，此时 $R_3=1100k\Omega=1.1M\Omega$。

对系统进行单位阶跃响应，R_3 在 $1.1M\Omega$ 附近调节，观察系统在临界稳定、稳定和不稳定状态（即系统发生等幅振荡、减幅振荡和增幅振荡）时，系统开环增益的变化，将3种状态的响应曲线及相应的数据记录在表3-5对应的单元格中。

与实验内容（2）的结果比较可见，系统时间常数减小后（或者说系统的开环极点远离虚轴），系统稳定的开环增益得到了提高，系统的稳定性能得到了提高。

（4）在系统开环增益不变的情况下，研究不同时间常数对系统动态性能的影响

在模拟电路中令 $R_0=R=100k\Omega$，$C=1\mu F$，$R_3=100k\Omega$，此时 $K=1$。

1）分别当 $C_1=1\mu F$ 和 $C_1=0.1\mu F$ 时，对系统做单位阶跃响应，观察系统响应并记录系统动态性能指标（超调量 M_p、峰值时间 t_p 和调整时间 t_s）的值，并填入表3-6中。

比较这两组数据可以发现：系统时间常数减小后，系统的动态性能得到了改善。

2）将系统模拟电路中第2个惯性环节去除，系统变成一个二阶系统，对其做单位阶跃响应，观察响应曲线并记录动态性能指标（超调量 M_p、峰值时间 t_p 和调整时间 t_s）的值，并填入表3-6中。

表 3-6　系统单位阶跃响应及其动态性能指标记录表

$R_0 = R = 100\text{k}\Omega$ $C = 1\mu\text{F}$，$R_3 = 100\text{k}\Omega$		M_p	t_p	t_s	阶跃响应曲线
$C_1 = 1\mu\text{F}$	$G(s) = \dfrac{10}{s(0.1s+1)(0.1s+1)}$				
$C_1 = 0.1\mu\text{F}$	$G(s) = \dfrac{10}{s(0.1s+1)(0.01s+1)}$				
二阶系统	$G(s) = \dfrac{10}{s(0.1s+1)}$				

将这组数据与 $C_1 = 0.1\mu\text{F}$ 时的三阶系统的动态响应数据做比较，可以发现它们只是在响应起始部分差别大一些，随着时间的推移趋于一致。因此，在开环系统中，将两时间常数的数值相比，当时间常数相对值（即 T_1/T）大于 1/5 时，可将其中小的时间常数忽略不计，使系统的数学模型从三阶降为二阶处理。但是这要求开环增益的配合，否则不能简化近似，不然闭环系统将受到较大影响。

4. 实验步骤

1）设计并连接三阶系统的模拟电路及 D/A_1、A/D_1 连线，启动计算机。测试计算机与模拟电路实验箱的通信，测试通过后，启动实验软件，设置阶跃波的信源电压为 1V。

2）改变电路中 R_3 的阻值，观察系统的单位阶跃响应曲线，找到系统输出产生等幅振荡时相应的 R_3 及 K 值；再改变电阻 R_3 的值，找出系统输出产生增幅振荡和减幅振荡时相应的 R_3 及 K 值。将它们记录在表 3-5 中。

3）使系统工作在等幅振荡情况，使电路中电容 C 的值由 $1\mu\text{F}$ 变成 $0.1\mu\text{F}$，重复实验步骤 2)，观察系统稳定性的变化。

4）电路中 R_3 的值不变，$R_3 = 100\text{k}\Omega$，使电路中电容 C 的值由 $1\mu\text{F}$ 变成 $0.1\mu\text{F}$，观察系统的阶跃响应曲线，并记录系统的动态性能指标（超调量 M_p、峰值时间 t_p 和调整时间 t_s）的值，填入表 3-6 中。

5）将系统模拟电路中第 2 个惯性环节去除，系统变成一个二阶系统，重复实验步骤 4)，将数据填入表 3-6 中。

5. 实验数据记录

按实验步骤中的要求，将实验过程中的数据和波形图填入表 3-5 或表 3-6 中。

6. 实验能力要求

1）根据系统的模拟电路图推导出开环传递函数，分析各环节的开环增益、时间常数改变与哪些器件有关。

2）根据劳斯稳定判据计算 $C = 1\mu\text{F}$ 和 $C = 0.1\mu\text{F}$ 时系统的临界开环增益，并与测得的实际临界开环增益相比较。

3）分析系统系统产生等幅振荡、增幅振荡、减幅振荡的条件。熟悉闭环系统稳定和不稳定现象，并加深理解线性系统稳定性只与其本身结构和参数有关，而与外作用无关。

4）用实验分析时间常数不同对系统临界开环增益的影响，进而理解增大某时间常数（使多个时间常数在数值上错开）是提高系统临界开环增益的一种有效方法。

5）了解当三阶系统中时间常数相对值（即 T_1/T）大于1/5时，可使系统的数学模型从三阶降为二阶处理。

7. 拓展与思考

1）系统中的小惯性环节和大惯性环节，哪个对系统稳定性的影响大，为什么？

2）试解释在三阶系统的实验中，输出为什么会出现削顶的等幅振荡。

3）当系统因积分环节或惯性环节造成的相位滞后而使系统稳定性变差时，除了降低增益外，还可以设法增添微分或比例微分环节，来抵消这种消极影响，从而显著地改善系统的稳定性。试设计实验验证这个结论。

4）使用MATLAB软件对系统做根轨迹分析，研究系统稳定的充分必要条件。

3.5 基于MATLAB的高阶控制系统时域响应动态性能分析

1. 实验目的

1）研究三阶系统的单位阶跃响应及其动态性能指标与其闭环极点的关系。

2）研究闭环极点和闭环零点对高阶系统动态性能的影响。

3）了解高阶系统中主导极点与偶极子的作用。

2. 实验内容

（1）三阶系统的单位阶跃响应分析

【例3-7】 已知三阶系统的闭环传递函数为 $\Phi(s)=\dfrac{5(s+2)(s+3)}{(s+4)(s^2+2s+2)}$，编写MATLAB程序，求取系统闭环极点及其单位阶跃响应，读取动态性能指标。

解：三阶系统动态性能分析的MATLAB程序：

```
num1 = conv([0 5],conv([1 2],[1 3]));
den1 = conv([1 4],[1 2 2]);
roots(den1)
step(num1,den1)
```

程序运行后得到系统的闭环极点：-4，$-1+j$，$-1-j$。

三阶系统的单位阶跃响应曲线如图3-16所示。从图中可以看出，系统的稳态值为3.75，动态性能指标为：$t_r=1.03s$，$M_p=7.28\%$，$t_p=2.21s$，$t_s=3.64s$。

【例3-8】 改变系统闭环极点的位置，闭环传递函数为 $\Phi(s)=\dfrac{0.625(s+2)(s+3)}{(s+0.5)(s^2+2s+2)}$，将原极点 $s=-4$ 改成 $s=-0.5$，使闭环极点靠近虚轴，观察单位阶跃响应和动态性能指标的变化。

解：将极点由 -4 改为 -0.5 后的程序：

```
num2 = conv(0.625,conv([1 2],[1 3]));
den2 = conv([1 0.5],[1 2 2]);
step(num2,den2)
```

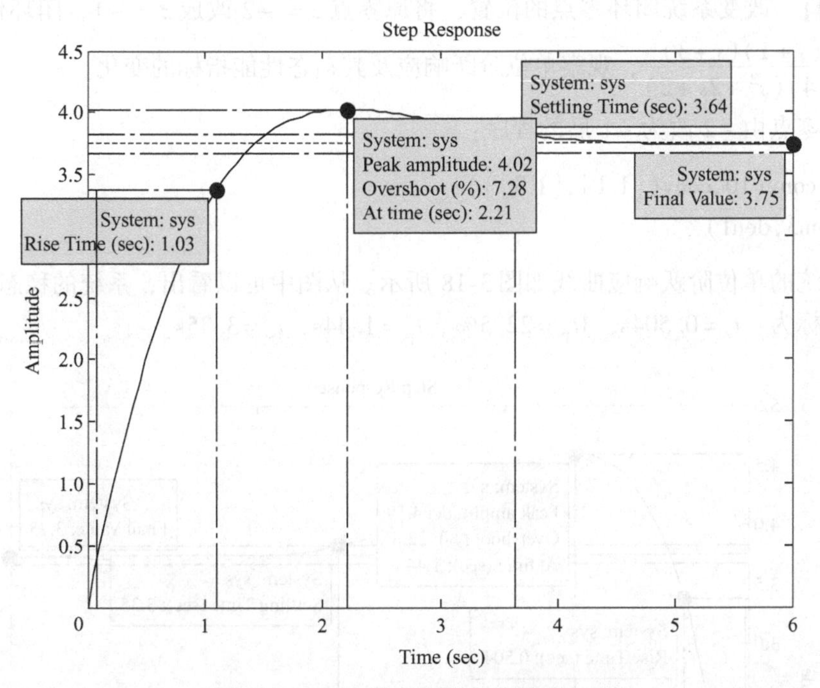

图 3-16 三阶系统的单位阶跃响应曲线

三阶系统的单位阶跃响应曲线如图 3-17 所示。从图中可以看出，系统的稳态值为 3.75，动态性能指标为：$t_r=4.12$s，$t_s=7.84$s，无超调量。

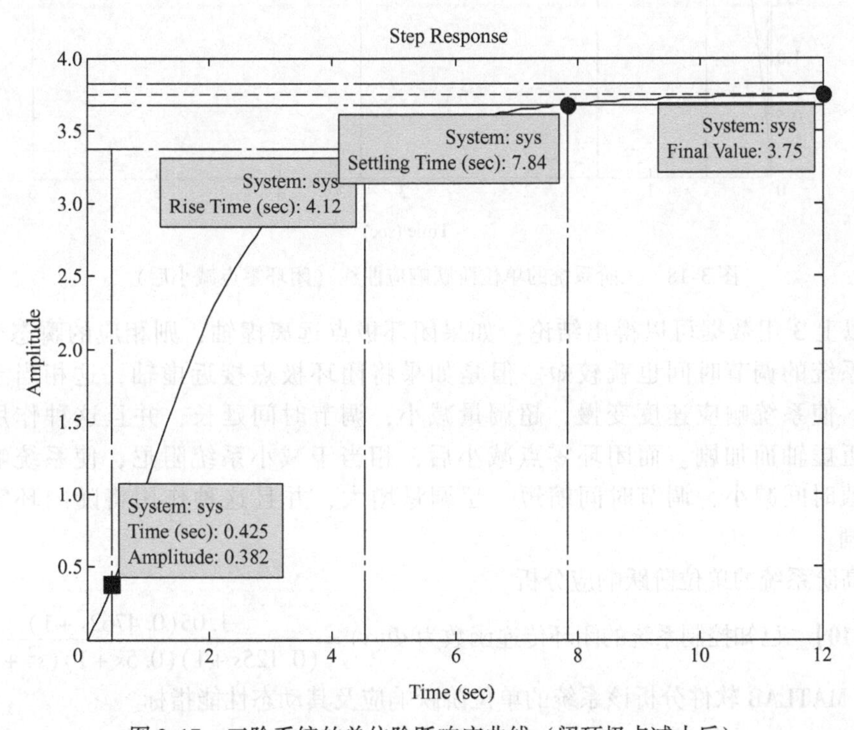

图 3-17 三阶系统的单位阶跃响应曲线（闭环极点减小后）

【例 3-9】 改变系统闭环零点的位置，将原零点 $z=-2$ 改成 $z=-1$，闭环传递函数为 $\Phi(s)=\dfrac{10(s+1)(s+3)}{(s+4)(s^2+2s+2)}$，观察单位阶跃响应及其动态性能指标的变化。

解：将零点由 -2 改为 -1 后的程序：

```
num3 = conv(10,conv([1 1],[1 3]));
step(num3,den1)
```

三阶系统的单位阶跃响应曲线如图 3-18 所示。从图中可以看出，系统的稳态值为 3.75，动态性能指标为：$t_r=0.504\mathrm{s}$，$M_p=22.5\%$，$t_p=1.44\mathrm{s}$，$t_s=3.35\mathrm{s}$。

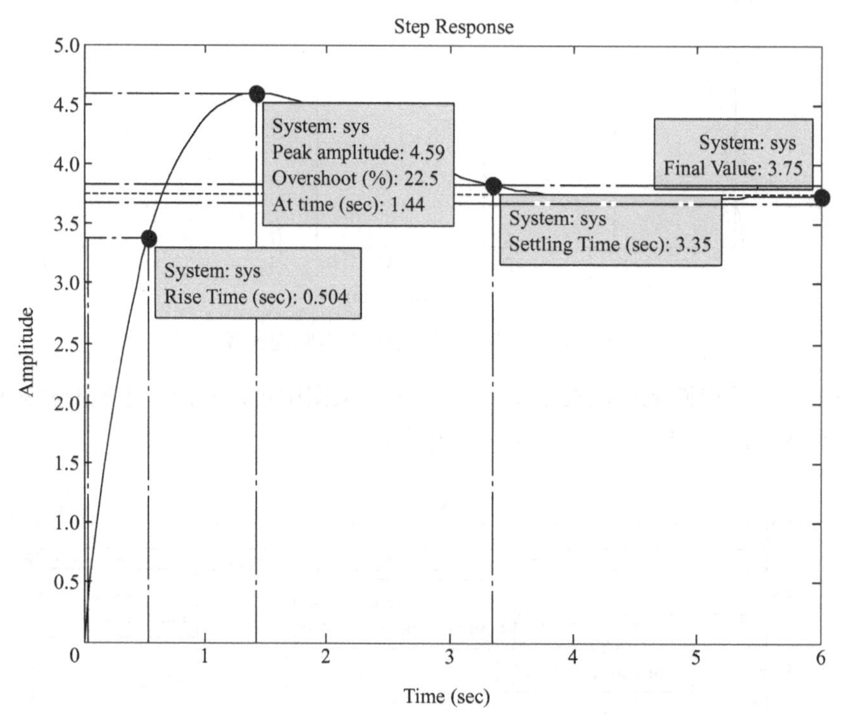

图 3-18 三阶系统的单位阶跃响应曲线（闭环零点减小后）

根据以上 3 组数据可以得出结论：如果闭环极点远离虚轴，则相应的瞬态分量就衰减得快，系统的调节时间也就较短。但是如果将闭环极点接近虚轴，这相当于在增大系统阻尼，使系统响应速度变慢，超调量减小，调节时间延长，并且这种作用将随闭环极点接近虚轴而加剧。而闭环零点减小后，相当于减小系统阻尼，使系统响应速度加快，峰值时间减小，调节时间缩短，超调量增大，并且这种作用将随闭环零点接近虚轴而加剧。

（2）高阶系统的单位阶跃响应分析

【例 3-10】 已知控制系统的闭环传递函数为 $\Phi(s)=\dfrac{1.05(0.4762s+1)}{(0.125s+1)(0.5s+1)(s^2+s+1)}$。

1）用 MATLAB 软件分析该系统的单位阶跃响应及其动态性能指标。

2）将该系统的单位阶跃响应与二阶系统 $\Phi(s)=\dfrac{1.05}{s^2+s+1}$ 的单位阶跃响应比较，试分析闭环主导极点的特点及作用。

3）比较表3-7中编号1和编号3系统的单位阶跃响应及其动态性能指标，观察闭环零点对系统动态性能产生的影响有哪些。

4）比较表3-7中编号4和编号5系统的动态性能指标，分析非主导极点对系统性能的影响及其作用。

5）比较表3-7中编号5和编号6系统的动态性能指标，说明偶极子的作用。

解：高阶系统单位阶跃响应分析的MATLAB程序为：

```
% high - order. m
num4 = conv(1.05,[0.4762  1]);
den4 = conv(conv([0.125 1],[0.5 1]),[1 1 1]);
sys4 = tf(num4,den4);
step(sys4,'r')
grid; hold on
num1 = 1.05; den1 = conv(conv([0.125  1],[0.5 1]),[1 1 1]);
sys1 = tf(num1,den1);
step(sys1,'g')
num2 = num4; den2 = den1;
sys2 = tf(num2,den2);
step(sys2,'y')
num3 = [1.05 1.05]; den3 = den1;
sys3 = tf(num3,den3);
step(sys3,'b')
num5 = num4; den5 = conv([0.5 1],[1 1 1]);
sys5 = tf(num5,den5);
step(sys5,'k')
num6 = 1.05; den6 = [1 1 1];
sys6 = tf(num6,den6);
step(sys6,'m')
xlabel('Time/s')
ylabel('Amplitude')
title('高阶系统单位阶跃响应曲线比较')
lab1 = 'sys1'; text(1.9,0.5,lab1),lab2 = 'sys2'; text(1.6,0.60,lab2),
lab3 = 'sys3'; text(0.5,0.7,lab3),lab4 = 'sys4'; text(2.4,1.2,lab4),
lab5 = 'sys5'; text(2.3,1.15,lab5),lab6 = 'sys6'; text(2.2,1.1,lab6)
hold off
```

运行程序后，高阶系统的单位阶跃响应曲线如图3-19所示，读出动态性能指标填入表3-7中。

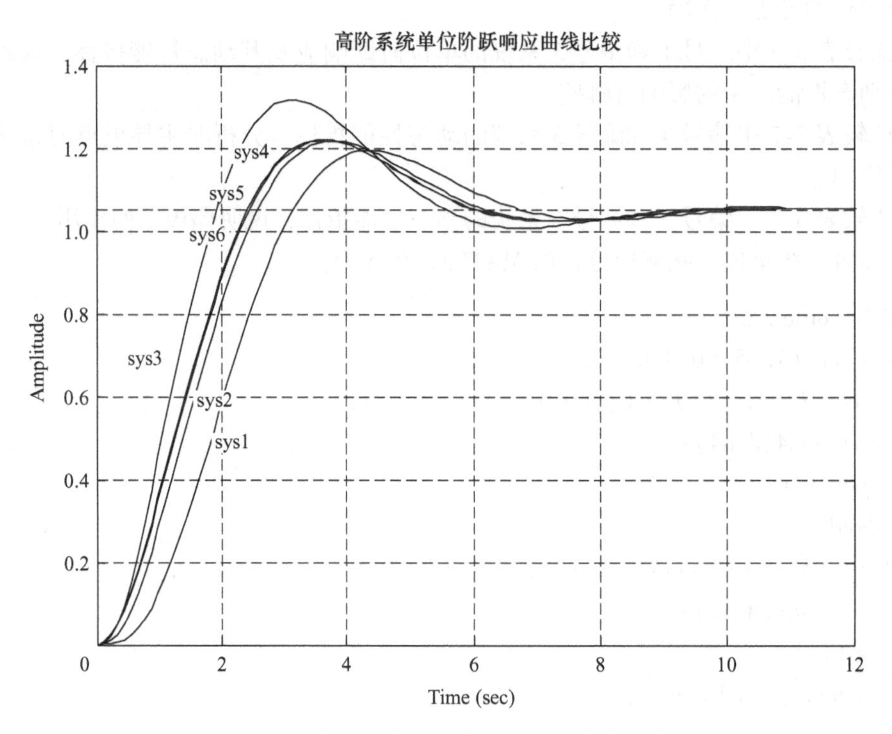

图 3-19 高阶系统的单位阶跃响应曲线比较

表 3-7 高阶系统的动态性能分析比较（$\Delta=2\%$）

sys 编号	系统的闭环传递函数	上升时间 t_r/s	峰值时间 t_p/s	超调量 M_p	调节时间 t_s/s
1	$\frac{1.05}{(0.125s+1)(0.5s+1)(s^2+s+1)}$	1.89	4.42	13.8%	8.51
2	$\frac{1.05(0.4762s+1)}{(0.125s+1)(0.5s+1)(s^2+s+1)}$	1.68	3.75	15.9%	8.2
3	$\frac{1.05(s+1)}{(0.125s+1)(0.5s+1)(s^2+s+1)}$	1.26	3.2	25.3%	8.1
4	$\frac{1.05(0.4762s+1)}{(0.25s+1)(0.5s+1)(s^2+s+1)}$	1.73	3.98	15.5%	8.31
5	$\frac{1.05(0.4762s+1)}{(0.5s+1)(s^2+s+1)}$	1.66	3.64	16%	8.08
6	$\frac{1.05}{s^2+s+1}$	1.64	3.64	16.3%	8.08

运行结果显示该系统（sys4）的闭环极点为 -2，-8，$-0.5\pm j0.866$，闭环零点为 -2.1。可见，共轭复数极点实部的模比另外两极点实部的模小很多，而且也远离零点，因此可以把这对共轭复数极点当作主导极点，则此系统的响应可近似地视为由这对极点所产生。它所决定的瞬态分量不仅持续时间最长，而且其初始幅值也大，充分体现了它在系统响应中的主导

作用，而其他闭环极点产生的响应分量随时间的推移迅速衰减，对系统响应过程影响甚微。因此，该四阶系统可近似看成二阶系统。sys4、sys5 和 sys6 的响应曲线几乎重合，说明这 3 个系统可以近似等效。

比较 sys1、sys2 和 sys3 的响应曲线和动态性能指标可以得到闭环零点对系统的影响：减小峰值时间，使系统响应速度加快，超调量增大。这表明闭环零点会减小系统阻尼，并且这种作用将随闭环零点接近虚轴而加剧。因此，配置闭环零点时，要考虑闭环零点对系统响应速度和阻尼程度的影响。

比较 sys4 和 sys5 的响应曲线和动态性能指标可以得到非主导极点对系统的影响：增大峰值时间，使系统响应速度变慢，超调量减小。这表明闭环非主导极点可以增大系统阻尼，并且这种作用将随闭环极点接近虚轴而加剧。

比较 sys6 和 sys5 的响应曲线和动态性能指标可以得到非主导极点对系统的影响：如果某对零、极点之间的距离靠得很近，则它们对系统响应的作用可以相互抵消。

3. 实验数据记录

将各次实验的曲线保存在 Word 文档中，以备写实验报告使用。要求每条曲线注明传递函数及输入信号，分类后得出实验结论。

4. 实验能力要求

1）学会设计高阶系统，利用主导极点来选择系统参数，使系统具有一对复数共轭主导极点，并进行 MATLAB 程序设计，对系统的动态性能进行分析。

2）能够分析三阶系统的单位阶跃响应及其动态性能指标与其闭环极点的关系。

3）能够设计实验对象，研究闭环极点和闭环零点对高阶系统动态性能的影响。

5. 拓展与思考

1）高阶系统近似降阶分析的条件是什么？

2）实际工程设计中，如何利用主导极点的作用来改善系统的动态性能？

3.6　基于 Simulink 的控制系统稳态误差分析

1. 实验目的

1）掌握使用 Simulink 仿真环境进行控制系统稳态误差分析的方法。

2）了解稳态误差分析的前提条件是系统处于稳定状态。

3）研究系统在不同典型输入信号作用下稳态误差的变化。

4）分析系统在扰动输入作用下的稳态误差。

5）分析系统型别及开环增益对稳态误差的影响。

2. 实验原理

1）稳态误差是系统的稳态性能指标，是系统控制精度的度量。计算系统的稳态误差以系统稳定为前提条件。系统的稳态误差既与其结构和参数有关，也与控制信号的形式、大小和作用点有关。

2）反馈控制系统的型别、静态误差系数和输入信号形式之间的关系，归纳在表 3-8 中。

表 3-8 输入信号作用下的稳态误差

系统型别	静态误差系数			阶跃输入 $r(t)=R\cdot 1(t)$	斜坡输入 $r(t)=Rt$	加速度输入 $r(t)=Rt^2/2$
	K_p	K_v	K_a	位置误差 $e_{ss}=R/(1+K_p)$	速度误差 $e_{ss}=R/K_v$	加速度误差 $e_{ss}=R/K_a$
0	K	0	0	$R/(1+K)$	∞	∞
Ⅰ	∞	K	0	0	R/K	∞
Ⅱ	∞	∞	K	0	0	R/K
Ⅲ	∞	∞	∞	0	0	0

3）有扰动作用的控制系统结构图如图 3-20 所示，扰动稳态误差只与扰动作用点前 $G_1(s)$ 的结构和参数有关。如 $G_1(s)$ 中的 $\nu_1=1$ 时，相应系统的阶跃扰动稳态误差为零，斜坡扰动稳态误差只与 $G_1(s)$ 中的增益 K_1 成反比。至于扰动作用点后的 $G_2(s)$，其增益 K_2 的大小和是否有积分环节，均对减小或消除扰动引起的稳态误差不起作用。

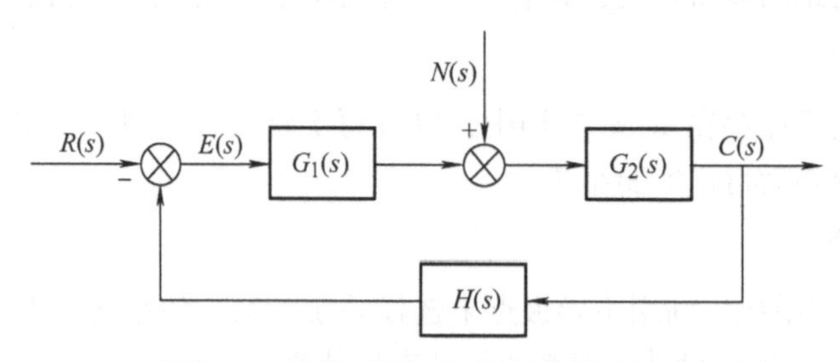

图 3-20 有扰动作用的控制系统结构图

3. 实验内容

（1）研究在不同典型输入信号作用下系统稳态误差的变化

【例 3-11】 已知一个单位负反馈系统的开环传递函数为 $G(s)=\dfrac{10K}{s(0.1s+1)}$，分别绘出 $K=1$ 和 $K=10$ 时系统的单位阶跃响应曲线，并求单位阶跃响应的稳态误差。

解： 首先对闭环系统判稳。该系统为零极点模型，用函数 roots( ) 判断出系统闭环全部特征根的实部都是负值，说明闭环系统稳定。这样进行稳态误差分析才有意义。

$K=10$ 时的判稳程序如下：

```
n1 =100; d1 =conv([1 0],[0.1 1]); s =tf(n1,d1);
sys =feedback(s,1); roots(sys.den{1})
```

程序执行结果如下：

```
ans = -5.0000 +31.2250 i
      -5.0000 -31.2250 i
```

然后在 Simulink 环境下建立系统的数学模型如图 3-21 所示。设置仿真参数并运行，观察示波器 Scope 中系统的单位阶跃响应曲线，如图 3-22 所示，并读出单位阶跃响应的稳态误差。

实验曲线表明，Ⅰ型单位反馈系统在单位阶跃输入信号作用下，稳态误差 $e_{ssr}=0$，即Ⅰ型单位反馈系统稳态时能完全跟踪阶跃输入信号，是一阶无静差系统。

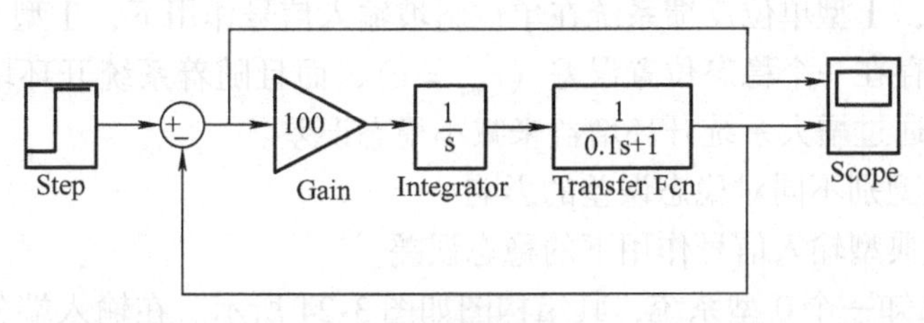

图 3-21　基于 Simulink 的 Ⅰ 型控制系统（$K=10$）的结构图

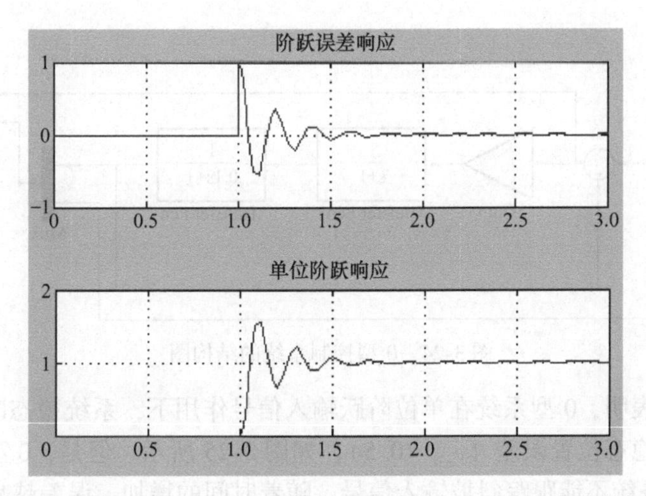

图 3-22　基于 Simulink 的 Ⅰ 型控制系统单位阶跃响应稳态误差曲线

【例 3-12】　仍然使用例 3-11 系统，分别绘出 $K=0.1$ 和 $K=1$ 时系统的单位斜坡响应曲线，并求单位斜坡响应的稳态误差。

解： 在图 3-21 所示结构图中，将单位阶跃输入信号 step 改换成单位斜坡输入信号 ramp，重新仿真运行，观察系统的单位斜坡响应曲线，如图 3-23 所示，并读出单位斜坡响应的稳态误差。

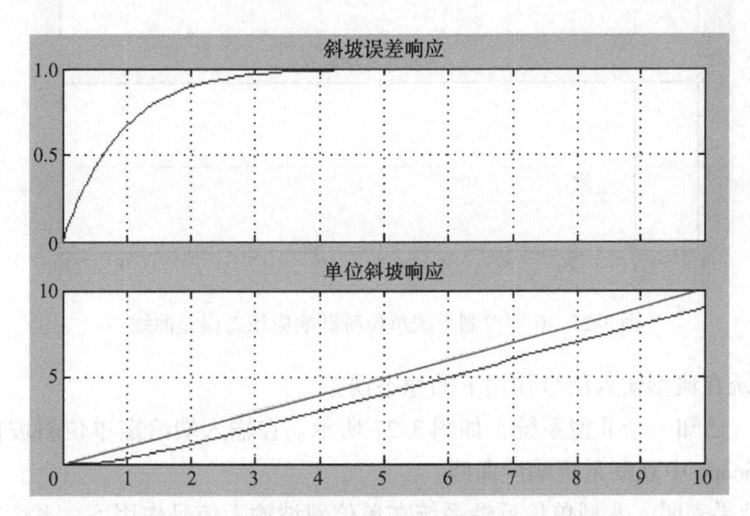

图 3-23　$K=0.1$ 时 Ⅰ 型系统单位斜坡响应稳态误差曲线

实验曲线表明，I 型单位反馈系统在单位斜坡输入信号作用下，I 型系统稳态时能跟踪斜坡输入信号，但存在一个稳态位置误差（$e_{ssr}=1$），而且随着系统开环增益的增加，稳态误差减小，故可以通过增大系统开环增益来减小稳态误差。

（2）研究系统型别不同对稳态误差的影响

1）0 型系统在典型输入信号作用下的稳态误差。

【例 3-13】 已知一个 0 型系统，其结构图如图 3-24 所示。在输入端分别给定单位阶跃信号和单位斜坡信号，仿真运行，在示波器 Scope 中观察系统的响应曲线，并读出稳态误差。

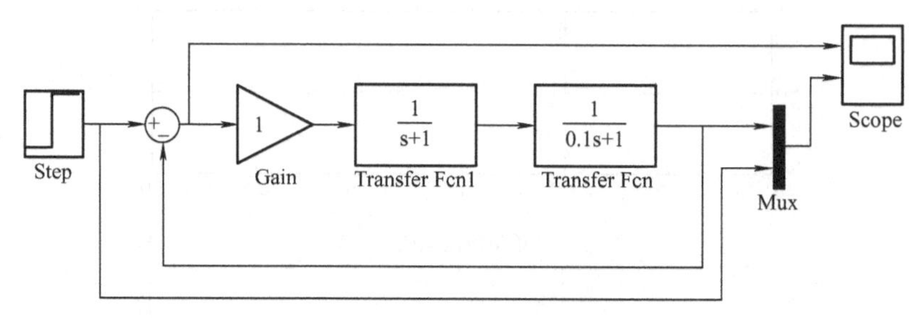

图 3-24　0 型控制系统的结构图

解： 实验结果表明，0 型系统在单位阶跃输入信号作用下，系统稳态时能跟踪阶跃输入信号，但存在一个稳态位置误差（$e_{ssr}=0.5$），如图 3-25 所示。但是，0 型系统在单位斜坡输入信号作用下，系统不能跟踪斜坡输入信号，随着时间的增加，误差越来越大，如图 3-26 所示。

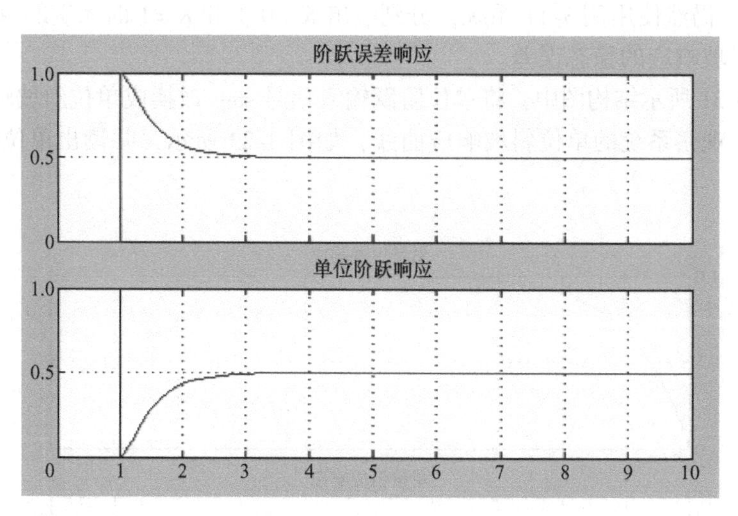

图 3-25　0 型控制系统单位阶跃响应稳态误差曲线

2）Ⅱ型系统在典型输入信号作用下的稳态误差。

【例 3-14】 已知一个Ⅱ型系统，如图 3-27 所示。在输入端给定单位斜坡信号，仿真运行，在示波器 Scope 中观察系统响应曲线。

解： 实验结果表明，Ⅱ型单位反馈系统在单位斜坡输入信号作用下，系统能完全跟踪斜坡输入信号，不存在稳态误差，$e_{ssr}=0$，如图 3-28 所示。

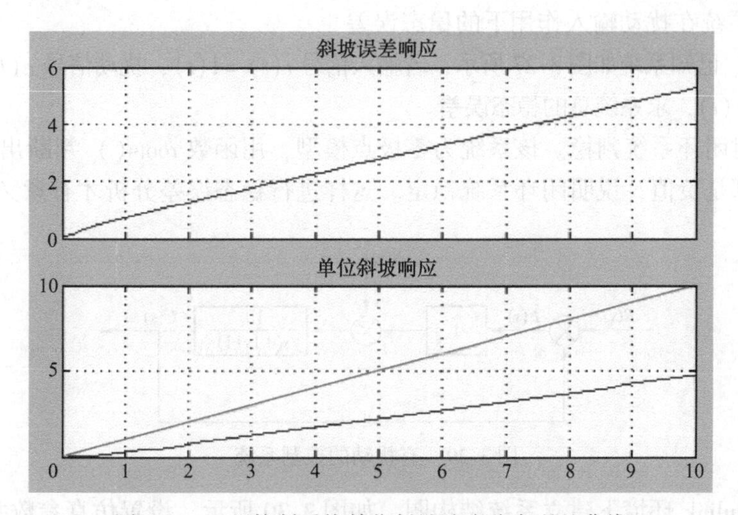

图 3-26 0 型控制系统单位斜坡响应稳态误差曲线

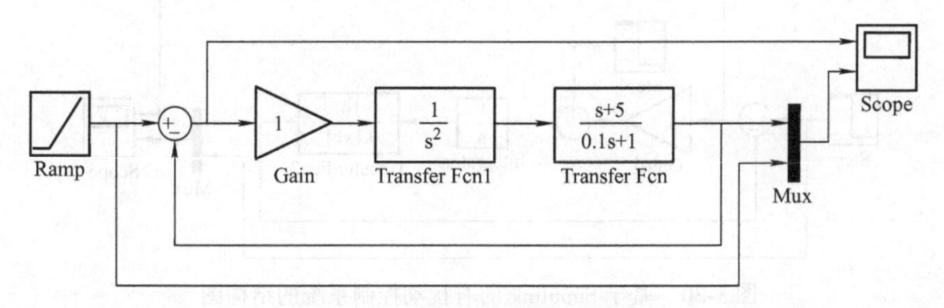

图 3-27 Ⅱ型控制系统的结构图

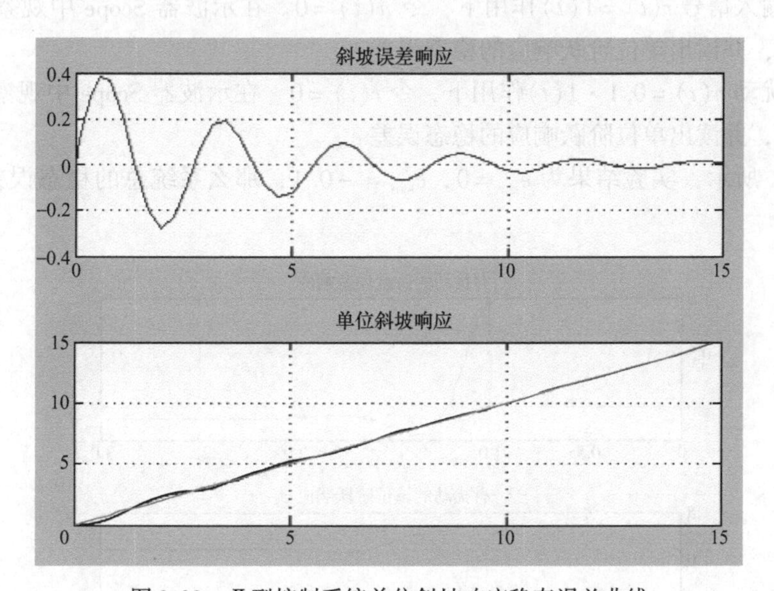

图 3-28 Ⅱ型控制系统单位斜坡响应稳态误差曲线

以上实验表明，系统型别越高，系统对斜坡输入的稳态误差越小，故可以通过提高系统的型别达到降低稳态误差的效果。

（3）分析系统在扰动输入作用下的稳态误差

【例 3-15】 已知系统如图 3-27 所示，若输入信号 $r(t)=1(t)$，扰动信号 $n(t)=0.1\cdot1(t)$，令 $e(t)=r(t)-c(t)$，求系统总的稳态误差。

解： 首先对闭环系统判稳。该系统为零极点模型，用函数 roots( ) 判断出系统闭环全部特征根的实部都是负值，说明闭环系统稳定。这样进行稳态误差分析才有意义。

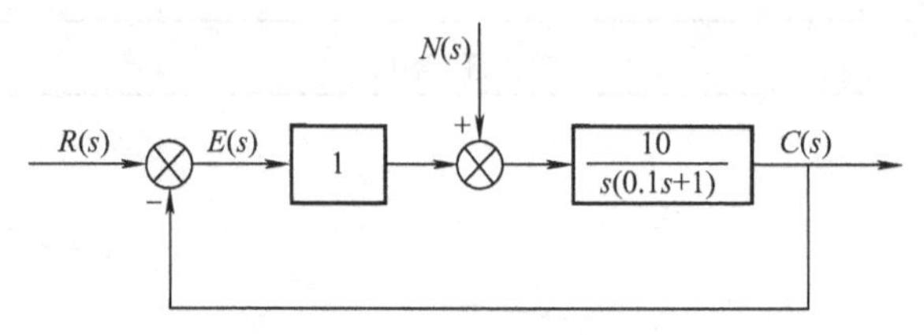

图 3-29　有扰动的控制系统

然后在 Simulink 环境下建立系统结构图，如图 3-30 所示，设置仿真参数并运行。

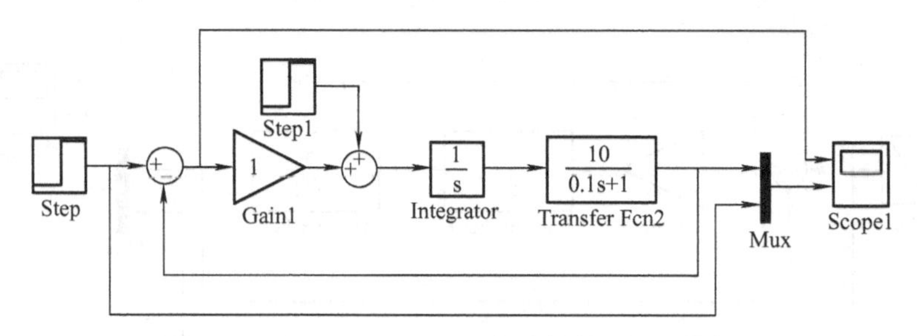

图 3-30　基于 Simulink 的有扰动控制系统的结构图

1）仅在输入信号 $r(t)=1(t)$ 作用下，令 $n(t)=0$。在示波器 Scope 中观察系统的单位阶跃响应曲线，并读出单位阶跃响应的稳态误差 e_{ssr}。

2）仅在扰动 $n(t)=0.1\cdot1(t)$ 作用下，令 $r(t)=0$。在示波器 Scope 中观察系统的单位阶跃响应曲线，并读出单位阶跃响应的稳态误差 e_{ssn}。

如图 3-31 所示，实验结果为 $e_{ssr}=0$，$e_{ssn}=-0.1$，那么系统总的稳态误差 $e_{ss}=e_{ssr}+e_{ssn}=-0.1$。

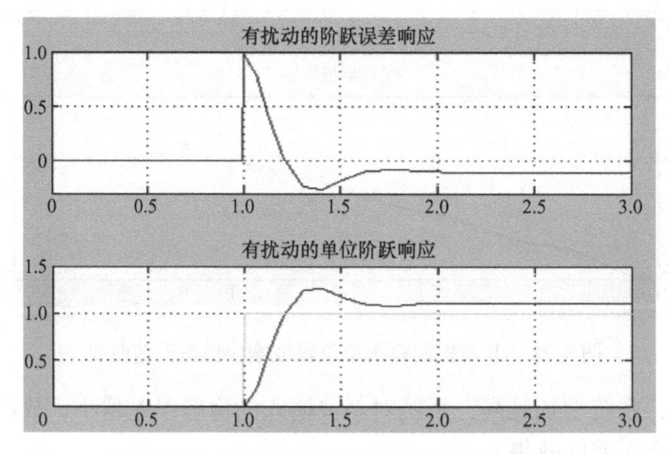

图 3-31　有扰动控制系统的稳态误差曲线

4. 实验步骤

1）启动Simulink。在MATLAB命令行窗口输入命令“simulink”并回车，或者在MATLAB中打开主菜单“File”，选择命令“New”下的子命令“Model”。

2）使用功能模块组。用鼠标单击模块图标，即选中该模块。双击模块图标，即打开该模块的子窗口，用于选择需要的模块。也可单击模块图标前的“+”号。

3）创建结构图文件。在Simulink中打开主菜单“File”，选择命令“New”，打开名为Untitled的结构图模型窗口。

4）结构图模型程序设计。在Simulink功能模块组中，激活（双击）信号源模块组“Sources”，选中（单击）信号单元，如阶跃信号模块“Step”，拖动到结构图模型窗口释放成相应图标。

激活连续模块组“Continuous”，选中单元，如线性传递函数模型模块“Transfer Fcn”，拖动到结构图模型窗口并释放。

激活数学运算模块组“Math Operations”，选中单元，如求和模块“Sum”，拖动到结构图模型窗口并释放。

激活输出显示模块组“Sinks”，选中单元，如示波器模块“Scope”，拖动到结构图模型窗口并释放。

将鼠标移至前级单元的输出端上，按住鼠标，将鼠标箭头拖动到后级单元的输入端，释放鼠标，完成模块之间的连接。引出线则用右键拖动。

在结构图模型窗口中双击相应模块的图标，完成对各模块参数的设置及修改，如：阶跃信号模型“Step”的开始时间（可输入“0”）、初始幅值、终止幅值等；求和模块“Sum”的反馈极性；线性传递函数模型模块“Transfer Fun”的各个参数（一般是传递函数模型）；示波器模块“Scope”的观察时间（可输入“10”）。

5）在结构图模型窗口的主菜单中选择“Simulation”下的命令“Paremeters”，设置仿真参数，如仿真开始时间、结束时间、步长等。

6）在结构图模型窗口的主菜单中选择“Simulation”下的命令“Start”，启动仿真，再双击示波器模块图标，即可观察到系统仿真的结果。

5. 实验数据记录

将各次实验的曲线保存在Word文档中，以备写实验报告使用，稳态误差读数记录在曲线图的下方。要求每条曲线注明传递函数及输入信号，分类后得出实验结论。

6. 实验能力要求

1）熟练运用Simulink构造系统结构图。

2）根据实验分析要求，能正确设置各模块参数，实现观测效果。

3）了解稳态误差分析的前提条件是系统处于稳定状态，对于不稳定系统，能够采取相应措施将系统校正成为稳定系统。

4）分析系统在不同典型输入信号作用下，稳态误差变化的规律。

5）掌握系统开环增益变化对稳态误差的影响。

6）分析系统在扰动输入作用下的稳态误差。

7. 拓展与思考

1）影响系统稳定性和稳态误差的因素有哪些？如何改善系统的稳定性，减小和消除稳态误差？

2）在实验内容（3）中，如果输入信号改为斜坡信号，扰动信号也改为斜坡信号，系统会相应发生怎样的变化？

3）在实验内容（3）中，将扰动点前移至反馈比较点之后，系统的稳态误差将如何变化？

4）由于 Simulink 环境下的模块组中没有加速度信号源，如何实现加速度信号的输入仿真？试设计 MATLAB 程序，完成输入信号为加速度信号的控制系统仿真。

第4章　线性系统的根轨迹法

本章导读

本章主要内容是采用根轨迹法进行控制系统的性能分析及校正设计。根轨迹法是分析和设计线性系统的图解方法，使用简便，特别是在进行多回路（或高阶）系统分析时，根轨迹法比时域分析法更方便、直观。

4.1节的主要内容是利用根轨迹图分析控制系统根轨迹的一般规律，研究增加零点、极点对闭环控制系统性能的影响。

4.2节介绍根轨迹设计工具，用根轨迹法进行系统校正设计，观察补偿增益和附加实数（或复数）零极点之间的匹配规律。

4.3节的主要内容是利用根轨迹编辑器设计工具，采用主导极点法和零极点对消的原理校正系统，根据要求设置约束条件，手动拖动根轨迹通过主导极点位置，观察校正后系统的时域响应、频域响应指标。

4.1　基于MATLAB的控制系统的根轨迹及其性能分析

1. 实验目的

1）熟练掌握使用MATLAB绘制控制系统零极点图和根轨迹图的方法。

2）会分析控制系统根轨迹的一般规律。

3）利用根轨迹图进行系统性能分析。

4）研究闭环零点、极点对系统性能的影响。

2. 实验原理

（1）根轨迹与稳定性

当系统开环增益从0→∞变化时，若根轨迹不会越过虚轴进入s右半平面，那么系统对所有的K值都是稳定的；若根轨迹越过虚轴进入s右半平面，那么根轨迹与虚轴交点处的K值，就是临界开环增益。应用根轨迹法，可以迅速确定系统在某一开环增益或某一参数下的闭环零、极点位置，从而得到相应的闭环传递函数。

（2）二阶系统根轨迹的一般规律

若闭环极点为复数极点，系统为欠阻尼系统，单位阶跃响应为阻尼振荡过程，且超调量将随K值的增大而加大，但调节时间的变化不显著。

若闭环极点为实数极点，且大小相等，则系统为临界阻尼系统，单位阶跃响应为非周期过程，但是响应速度比过阻尼系统快。

若所有闭环极点位于实轴上，系统为过阻尼系统，单位阶跃响应为非周期过程。

（3）根轨迹与系统性能的定性分析

1）稳定性。如果闭环极点全部位于 s 左半平面，则系统一定是稳定的，即稳定性只与闭环极点的位置有关，而与闭环零点的位置无关。

2）运动形式。如果闭环系统无零点，且闭环极点为实数极点，则时间响应一定是单调的；如果闭环极点均为复数极点，则时间响应一般是振荡的。

3）超调量。超调量主要取决于闭环复数主导极点的衰减率，并与其他闭环零、极点接近坐标原点的程度有关。

4）调节时间。调节时间主要取决于最靠近虚轴的闭环复数极点的实部绝对值；如果实数极点距虚轴最近，并且它附近没有实数零点，则调节时间主要取决于该实数极点的模值。

5）实数零点、极点的影响。零点减小闭环系统的阻尼，从而使系统的峰值时间提前，超调量增大；极点增大闭环系统的阻尼，使系统的峰值时间滞后，超调量减小。而且这种影响将随其接近坐标原点的程度而加强。

6）偶极子及其处理。如果零点、极点之间的距离比它们本身的模值小一个数量级，则它们就构成偶极子。远离原点的偶极子，其影响可忽略，反之，必须考虑。

7）主导极点。在 s 平面上，最靠近虚轴而附近又无闭环零点的一些闭环极点，对系统性能影响最大，称为主导极点。凡比主导极点的实部大 3 倍以上的其他闭环零点、极点，其影响均可忽略。

3. 实验内容

（1）绘制系统的零极点图

MATLAB 提供 pzmap( ) 函数来绘制系统的零极点分布图，其调用格式为

pzmap(num, den) 或 [p, z] = pzmap(num, den)

直接在 s 复平面上绘制系统对应的零极点位置，极点用“×”表示，零点用“○”表示。极点是微分方程的特征根，因此决定了所描述系统自由运动的模态。零点距极点的距离越远，该极点所产生的模态所占比重越大；零点距极点的距离越近，该极点所产生的模态所占比重越小。如果零极点重合则该极点所产生的模态为零，因为零极点相互抵消。

【例 4-1】 已知系统的开环传递函数为 $G(s)H(s)=\dfrac{s^2+5s+5}{s(s+1)(s^2+2s+2)}$，绘制系统的零极点图。

解：MATLAB 程序为：

```
num = [1 5 5];
den = conv([1,0],conv([1 1],[1 2 2]));
pzmap(num,den)
```

运行后得到系统的零极点图，如图 4-1 所示。

由零极点图可以看出，系统有 4 个极点（0，−1，−1+j，−1−j），有 2 个零点（−1.38，−3.62），每个零点和极点处对应的阻尼比、超调量和振荡频率都显示出来了。

（2）绘制控制系统的根轨迹图并分析根轨迹的一般规律

MATLAB 提供 rlocus( ) 函数来绘制系统的根轨迹图，其调用格式为：

```
rlocus(num,den)                % 直接在 s 复平面上绘制系统的根轨迹图
```

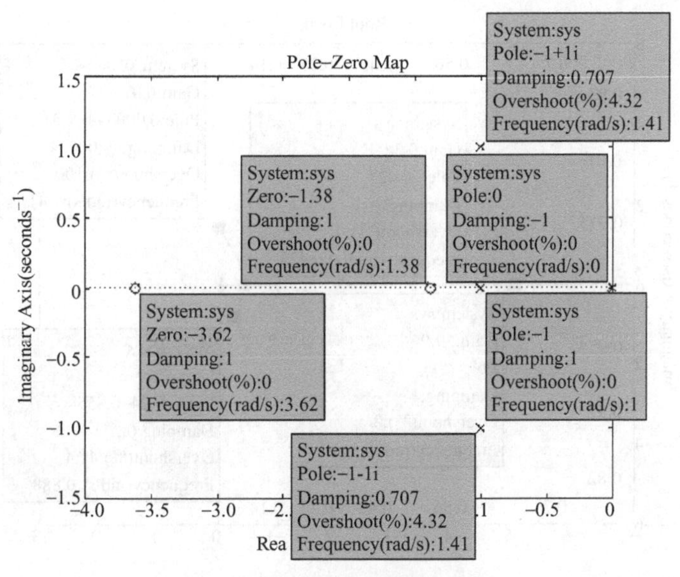

图 4-1 控制系统的零极点图

```
[ k,r ] = rlocfind( num,den)          % 在绘好的根轨迹图上,确定被选的闭环极点位置的
                                      % 增益值 k 和此时闭环极点 r(向量)的值
```

在绘出根轨迹图后，再执行该命令，命令窗口出现提示语“Select a point in the graphics windows”，此时将鼠标移至根轨迹图并选定位置，单击左键确定，出现“+”标记，在 MATLAB 窗口上即得到该点的根轨迹开环增益 K 的值和对应的所有闭环根 $\boldsymbol{r}$（列向量）。

【例 4-2】 若已知系统的开环传递函数为 $G(s)H(s)=\dfrac{K}{s(s+1)(s+2)}$，绘制控制系统的根轨迹图，并分析根轨迹的一般规律。

解：MATLAB 程序为：

```
k=1; z=[ ]; p=[0 -1 -2];
[num,den]=zp2tf(z ,p,k);
rlocus(num,den),grid
```

运行后得到系统的根轨迹图，如图 4-2 所示。

由图 4-2 所示的根轨迹图可以分析根轨迹的一般规律：

1）根轨迹的条数及其运动方向。根轨迹有 3 条，分别起于极点，从点（0，0）、（-1，0）和（-2，0）出发，随着 K 值从 $0\to\infty$ 变化趋向无穷远处。

2）位于负实轴上的根轨迹（$-\infty$，-2）和（-1，0）区段，其对应的阻尼比 $\zeta>1$，超调量为 0，系统处于过阻尼状态，而且在远离虚轴的方向，随着增益 K 增大，振荡频率 ω_n 随之提高，系统动态响应衰减速率加大。

3）在根轨迹的分离点（-0.423，0）处，对应的阻尼比 $\zeta=1$，超调量为 0，开环增益 $K=0.385$，系统处于临界阻尼状态。

4）根轨迹经过分离点后离开实轴，朝 s 右半平面运动。当根轨迹在分离点与虚轴这个区段时，闭环极点由实数极点变为共轭复数极点，对应阻尼比为 $0<\zeta<1$，系统处于欠阻尼

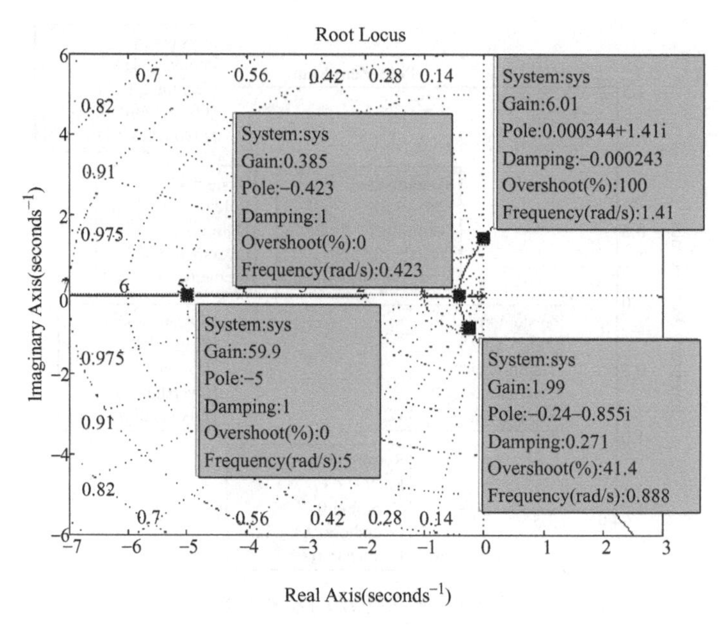

图 4-2 控制系统的根轨迹图

状态，其动态响应将出现衰减振荡，而且越靠近虚轴，增益 K 越大，阻尼越小，超调量越大，振荡频率 ω_n 越高。

5）当根轨迹与虚轴相交时，闭环根位于虚轴上，闭环极点是一对纯虚根（±j1.41），阻尼比 $\zeta=0$，超调量达到 100%，系统处于无阻尼状态，其动态响应将出现等幅振荡。此时对应的增益 $K=6$，称为临界稳定增益 K_c。

（3）根据控制系统的根轨迹分析控制系统的性能

【自我实践 4-1】 在例 4-2 中控制系统的根轨迹上不同分区段取点，每个点都是一个控制系统的闭环根，构造其闭环系统传递函数，分别绘制其对应系统的阶跃响应曲线，并比较分析。将数据填入表 4-1 中。

表 4-1 根轨迹分布与系统性能的关系

分区取点	阻尼比 ζ	增益 K	闭环极点 r	振荡频率 ω_n	超调量 M_p	调节时间 t_s
零阻尼处 $\zeta=0$						
欠阻尼处 $0<\zeta<1$						
临界阻尼处 $\zeta=1$						
过阻尼处 $\zeta>1$						

提示：比如取根轨迹与虚轴的交点，此时 $K=6$，阻尼比为 0，超调量为 100%，振荡频率为 1.41。根据此处的系统闭环传递函数，计算其闭环极点、阻尼比和振荡频率，观察其阶跃响应，记录超调量和调节时间，与根轨迹状态下的数据比较。

参考程序如下：

```
k=6; z=[ ]; p=[0 -1 -2];              %在根轨迹图上读取该点的增益K值
[num,den]=zp2tf(z,p,k);               %建立开环传递函数
```

```
[numc,denc]=cloop(num,den);          %建立闭环传递函数
damp(denc)                           %获取闭环极点与阻尼比等参数
step(numc,denc)                      %获取闭环阶跃响应曲线
```

注意：在 MATLAB 的根轨迹图中，阻尼比是基于极点与负实轴夹角的余弦，即 $\cos\beta=\zeta$，故阻尼比的数值不大于1，因此系统在过阻尼状态的阻尼比数值也显示为1。实际上系统过阻尼状态对应的极点是负实数极点，根轨迹在负实轴上。

（4）研究闭环零、极点对系统性能的影响

【例4-3】 已知一负反馈系统的开环传递函数为 $G(s)H(s)=\dfrac{K(s+3)}{s(s+2)}$。

解： 1）绘制其根轨迹图，确定根轨迹的分离点与相应的增益 K。

MATLAB 程序为：

```
k=1; z=[-3]; p=[0 -2];
[num,den]=zp2tf(z,p,k);
rlocus(num,den),grid
```

运行后得到系统的根轨迹图，如图4-3所示。该系统有2个分离点：$d_1=-1.27$，对应的增益 $K=0.536$；$d_2=-4.75$，对应的增益 $K=7.46$。

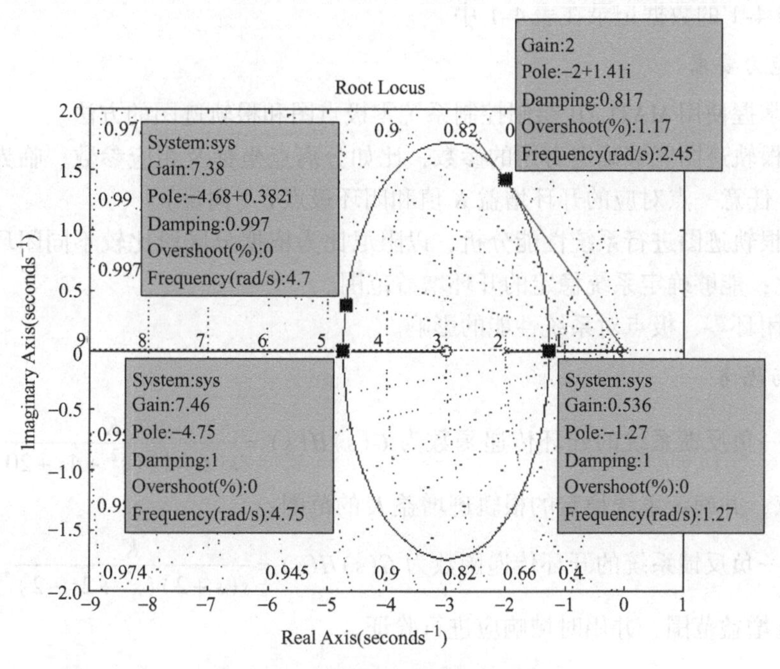

图4-3 由根轨迹图确定开环增益

2）确定系统呈现欠阻尼状态时的开环增益范围。

当系统呈现欠阻尼状态时，对应的闭环极点应该处于实轴上的两分离点之间的根轨迹上，从根轨迹图上可以测得欠阻尼状态时的开环增益范围为 $0.536<K<7.46$。

3）确定系统最小阻尼比时的闭环极点。

阻尼比是二阶系统复数极点与负实轴夹角的余弦，即 $\cos\beta=\zeta$，当系统阻尼比最小时，

$cos\ \beta$ 为最小值，β 有最大值，此时对应的复数极点的辐角为最大值。通过坐标原点作该系统根轨迹圆的切线，切点对应的一对共轭复数就是系统最小阻尼比时的闭环极点。

用鼠标单击该切点，可以得到以下数据：

k = 2，poles = −2 + j1.414，−2 − j1.414，ζ = 0.817。

即系统最小阻尼比时的闭环极点为 $s_{1,2} = -2 \pm j1.414$，最小阻尼比为 0.817。

4）在负实轴上增加一个开环极点，位置自定，观察并分析其对根轨迹的影响。

【自我实践 4-2】 编写程序，完成分析，记录实验数据。

4. 实验步骤

1）编程分别绘制系统的零极点图和根轨迹图。

2）在根轨迹图上标注分离点和临界开环增益对应的点，显示相关的性能指标。

3）在根轨迹图上各区段取点，使用函数 rlocfind( ) 分别在 ζ = 零阻尼、欠阻尼、临界阻尼和过阻尼处取点，得到相应的开环增益 K 和闭环极点 $\boldsymbol{r}$，由此参量写出系统的闭环传递函数，分别绘制其对应系统的阶跃响应曲线，记录系统性能指标，并比较分析。将数据填入表 4-1 中。

5. 实验数据记录

将实验中的根轨迹图保存为 Word 文档，为写实验报告备用，要求图上有相关的数据显示。自我实践 4-1 的数据记录在表 4-1 中。

6. 实验能力要求

1）熟练掌握使用 MATLAB 绘制控制系统零极点图和根轨迹图的方法。

2）通过根轨迹图能够确定有用的参数，比如分离点坐标及相应参数、临界开环增益点及相应参数、任意一点对应的开环增益 K 值和闭环极点 $\boldsymbol{r}$（向量）。

3）利用根轨迹图进行系统性能分析，以阻尼比为依据分区段比较不同闭环极点对应系统性能的变化；能够确定系统稳定的开环增益范围。

4）了解闭环零、极点对系统性能的影响。

7. 拓展与思考

1）已知一负反馈系统的开环传递函数为 $G(s)H(s) = \dfrac{K}{s(s+4)(s^2+4s+20)}$，确定根轨迹与虚轴交点，并确定系统稳定的根轨迹增益 K 的范围。

2）已知一负反馈系统的开环传递函数为 $G(s)H(s) = \dfrac{K}{s(s+2)(s^2+2s+2)}$，求系统无超调时的根轨迹增益范围，并用时域响应进行验证。

4.2 基于根轨迹编辑器的系统校正设计

1. 实验目的

1）掌握使用根轨迹编辑器校正系统的方法。

2）用根轨迹法进行系统校正过程中，熟悉补偿增益和附加实数（或复数）零极点之间的匹配规律。

3）利用根轨迹进行分析，并用时域响应来验证设计的正确性。

2. 实验原理

当开环极点位置不变，且在系统中附加开环负实数零点时，可使系统根轨迹向 s 左半平面方向弯曲，或者说，附加开环负实数零点可使系统根轨迹图发生趋向附加零点方向的变形，而且这种影响将随开环零点接近坐标原点的程度而加强。如果附加零点不是负实数零点，而是有负实部的共轭零点，那么它们的作用与负实数零点的作用完全相同。因此，在 s 左半平面内的适当位置上附加开环零点，可以显著改善系统的稳定性。

增加开环零点也就是增加了闭环零点，闭环零点对系统动态性能的影响相当于减小闭环系统的阻尼，从而使系统的过渡过程有出现超调的趋势，系统的峰值时间提前，而且这种影响将随闭环零点接近坐标原点的程度而加强。当开环零点过分接近坐标原点时，有可能使系统振荡。所以，只有当附加零点相对于原有开环极点的位置选配得当，才能使系统的稳态性能和动态性能同时得到显著改善。

3. 根轨迹编辑器简介

MATLAB 控制系统工具箱里有一个“Control System Designer-Root Locus Editor for LoopTransfer_C”（控制系统设计工具器——根轨迹编辑器），只要在 MATLAB 命令行窗口中输入命令“rltool”，然后回车，就会出现根轨迹编辑器的空白界面；或者已知控制系统的开环传递函数 $G(s)$ 后，输入“rltool(G)”命令，就可打开已知系统根轨迹的图形界面，如图 4-4 所示。两种操作的区别是：第一种直接打开的系统根轨迹编辑器的编辑窗口是空白的，而第二种则将系统的根轨迹图绘制在编辑区中，但是函数 rltool( ) 是带鼠标操作的，必须在程序文件方式下执行，而且函数 $G(s)$ 是系统的开环模型。

根轨迹编辑器既可以分析系统根轨迹，也能对系统进行校正设计，特别是能够用在被控对象前向通道中增加零、极点的方法来设计控制器，用以达到提高系统控制性能的目标。在设计零极点的过程中，能够即时观察系统的阶跃响应曲线，看是否满足控制性能的要求。

在图 4-4 中，“ROOT LOCUS EDITOR”选项卡的补偿编辑器工具栏按钮包括：实数零极点添加按钮、复数零极点添加与擦除按钮、图形缩放按钮和对闭环系统的零极点进行拖动操作的按钮。使用零极点添加与擦除按钮，可以将要构成补偿校正器的零极点放在根轨迹图中期望的位置，并即时观察系统的时域响应曲线，获取动态性能指标，直到满足设计要求为止。

工具栏下面右边是图形显示区域，利用“CONTROL SYSTEM”选项卡主菜单的“New plot”命令可以添加需要显示的图形，比如根轨迹、伯德图、阶跃响应曲线等。左边是控制模块设计区，有“Controllers and Fixed Blocks”“Designs”“Responses”“Preview”4 个子分区。

在校正设计之前，必须首先确定控制系统的结构，然后再对其中的模块进行设计。选择“CONTROL SYSTEM”选项卡的主菜单“Edit Architecture”，在弹出的配置窗口中有 6 种结构图可以选择，如图 4-5 所示。根据设计需要选择相应的结构图，在选择的结构图下面“Blocks”区域可以配置每个模块的传递函数。结构图中，G 为系统开环传递函数，H 是反馈通道传递函数，C 为控制器或前向通道补偿器，F 为系统的前馈补偿器。

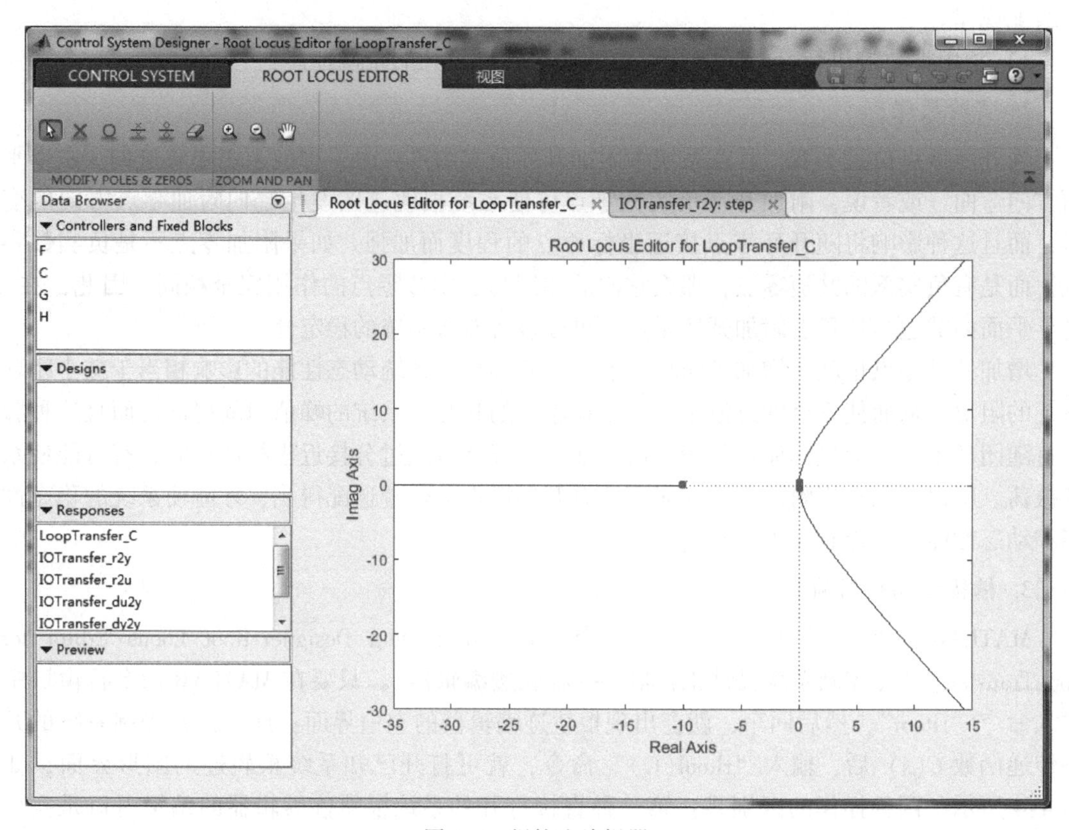

图 4-4　根轨迹编辑器

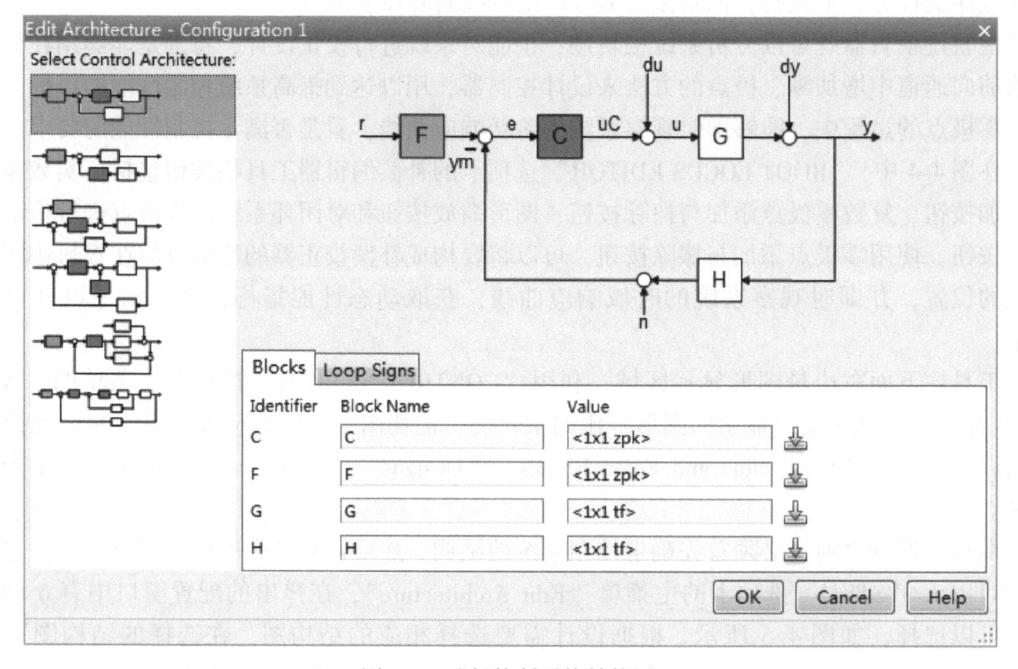

图 4-5　选择控制系统结构图

系统控制结构图确定后，在“CONTROL SYSTEM”选项卡的控制模块设计区的“Controllers and Fixed Blocks”出现模块名称，C 和 F 可根据设计要求自主配置。选中待编辑的模块，单击鼠标右键出现快捷菜单，选择“Open Selection”，出现补偿器编辑窗口，如图 4-6 所示。

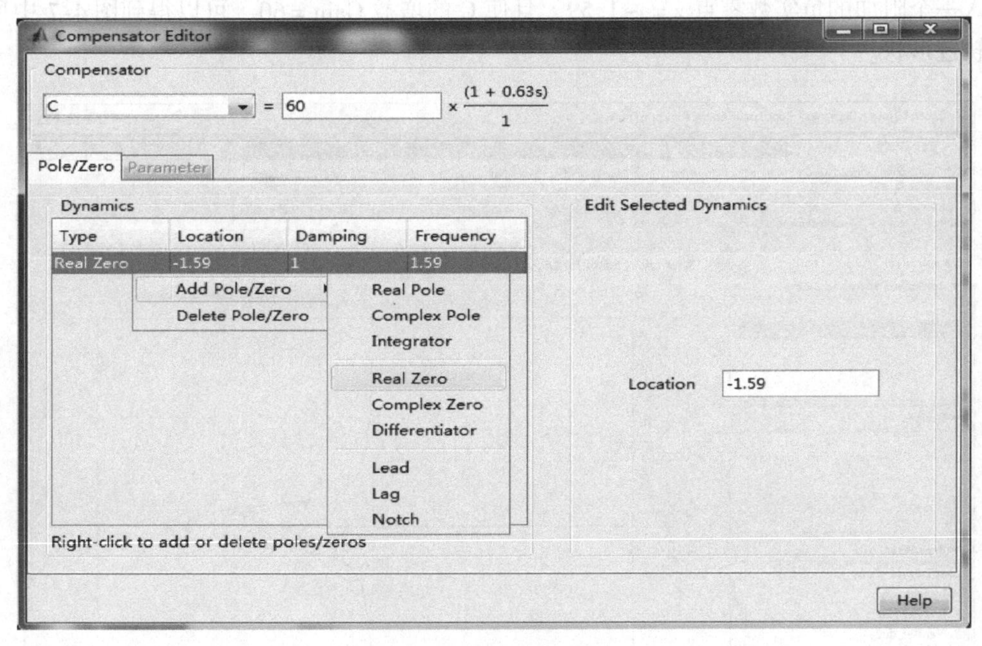

图 4-6　补偿器编辑窗口

在补偿器编辑窗口的上方可以编辑 $C(s)$ 的增益，在其右边的编辑框内进行修改。在补偿器编辑窗口的“Dynamics”（动态参数）区域，单击鼠标右键出现快捷菜单“Add Pole/Zero”，在其子菜单中可以选择添加“Real Pole”（实数极点）、“Complex Pole”（复数极点）、“Integrator”（积分器）、“Real Zero”（实数零点）、“Complex Zero”（复数零点）、“Differentiator”（微分器），然后就会生成默认值为 1 的零点或极点，单击默认值，在“Edit Selected Dynamics”区域，可以编辑零极点的位置和大小。

4. 实验内容及步骤

【例 4-4】 已知系统的开环传递函数为 $G(s)=\dfrac{1}{s^2(s+10)}$，试用根轨迹编辑器对系统进行补偿设计，使系统的单位阶跃给定响应一次超调后就衰减，并在根轨迹编辑器中观察根轨迹图以及系统的阶跃响应曲线。

解：具体步骤如下：

1）根据题意，调用 rltool( ) 函数编写 MATLAB 程序。

```
num = 1; den = conv(conv([1 0],[1 0]),[1 10]);
G = tf(num,den);
rltool(G)
```

函数执行后，打开带系统 G 的根轨迹编辑器，如图 4-4 所示。

从根轨迹图可以看出，系统有一条根轨迹在虚轴的右边，系统处于不稳定状态。从阶跃响应曲线可以看出系统是发散状态。

2）在根轨迹编辑器窗口中的“Controllers and Fixed Blocks”区域中选择“C”，单击鼠标右键，选择快捷菜单“Open Selection”，出现补偿器编辑窗口，输入图4-6所示的数据，即引入一个附加的负实数零点 z = -1.59，且使C的增益Gain = 60，可以得到图4-7中所示的根轨迹形状。

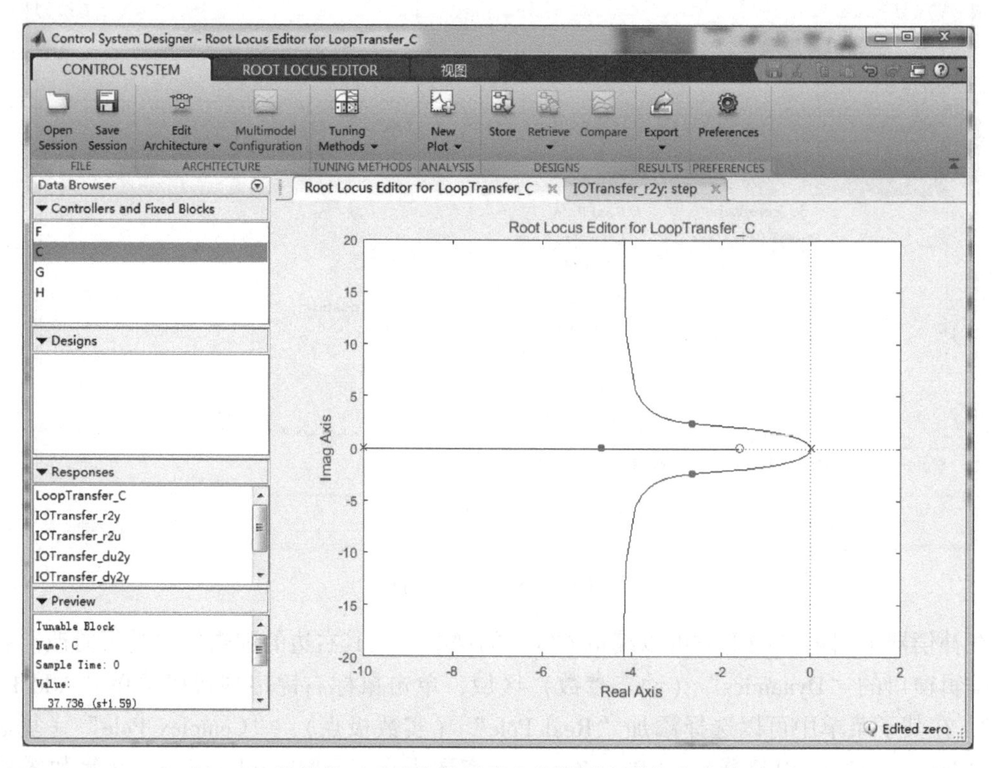

图4-7　补偿校正后系统的根轨迹编辑器（附加负实数零点）

3）在根轨迹编辑器窗口中观察系统根轨迹和阶跃响应曲线。

从根轨迹图中可以看出，补偿校正后的根轨迹全部都在虚轴的左边，系统是一个稳定的闭环系统。

从系统阶跃响应曲线（见图4-8）中可以看出，系统的超调量为 $M_p = 32\%$，调节时间 $t_s = 1.66\text{s}$，并且一次超调后就衰减到稳定状态，满足题意要求。

4）重复进行步骤1）~3），可以设计出符合题意要求的系统。多次尝试，可以掌握补偿增益和附加实数（或复数）零极点之间的匹配规律。

【例4-5】　已知系统的开环传递函数为 $G(s) = \dfrac{10}{0.5s^2 + s}$，用根轨迹法设计超前校正装置 G_{c1}，要求 $K_v > 20$，希望该单位负反馈系统的时域性能指标 $M_p < 15\%$，$t_s < 1.5\text{s}$。

解：具体步骤如下：

1）编写MATLAB程序，在根轨迹编辑器中绘制原系统的根轨迹图，记录原系统的闭环零极点，并做时域响应，记录未校正前原系统的时域性能指标 M_p 和 t_s。

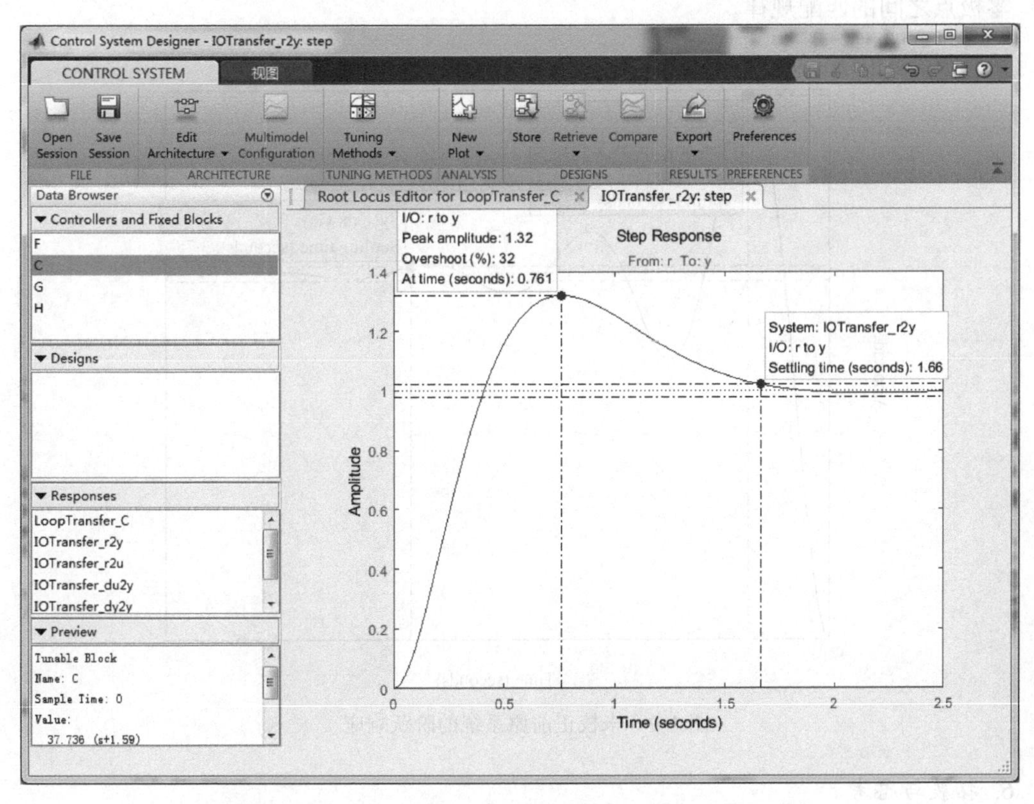

图 4-8 系统闭环后的单位阶跃响应曲线（附加负实数零点）

```
% MATLAB PROGRAM
  s = tf('s'); G = 10/(0.5 * s^2 + s);
  Gc = feedback(G,1);
  roots(Gc.den{1})
  step(Gc)
  rltool(G)
```

程序运行后，得到未校正前原系统的闭环零极点为 $-1-j\,4.3589$ 和 $-1+j\,4.3589$。

由阶跃响应曲线（见图 4-9）可测得未校正前原系统的时域性能指标：$M_p=48.6\%$，$t_s=3.78\mathrm{s}$。

2）在根轨迹编辑器中，打开补偿器编辑窗口，设置 C 的参数。

根据所测得的原系统时域性能指标与期望指标比较，发现相差甚远，为了实现超前校正可以添加附加零点进行校正。请自行设置合适的值来修改补偿器参数。

3）观察校正后系统的时域响应曲线及其动态性能指标，与期望的动态性能指标比较，若不够理想，返回步骤 2）重复进行，直到满意为止。

5. 实验数据记录

记录例 4-5 中相关的数据和图形（根轨迹图、伯德图和单位阶跃响应曲线），要求至少 3 组数据（包括补偿增益、附加实数零点和复数零点），并总结补偿增益和附加实数（或复数）零极点之间的匹配规律。

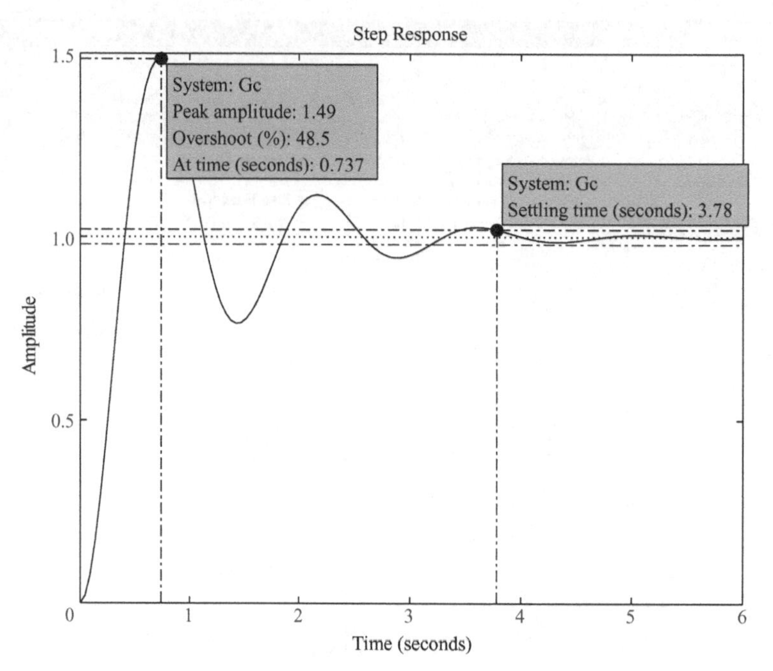

图 4-9　未校正前原系统的阶跃响应

6. 拓展与思考

1）如何用主导极点校正系统？在补偿器编辑窗口中如何设置？

2）如何运用偶极子去消除系统中的不稳定因素？在补偿器编辑窗口中应该怎样配置？

4.3　基于 MATLAB 的控制系统根轨迹主导极点法校正的设计

1. 实验目的

1）掌握用根轨迹法进行系统串联超前校正和滞后校正设计的方法。

2）掌握用根轨迹法进行系统校正中补偿增益和附加实数（或复数）零极点之间的匹配规律。

3）利用根轨迹分析增加零点、极点对控制系统的影响，并用时域响应来验证设计的正确性。

4）掌握利用主导极点校正系统和零极点对消的校正技术。

2. 实验原理

主导极点对系统整个时间响应起主要作用，只有既接近虚轴又不十分接近闭环零点的闭环极点，才能成为主导极点。

如果闭环零点、极点相距很近，而且闭环零点、极点的距离比它们本身的模值小一个数量级，这样的闭环零点、极点称为偶极子。只要偶极子不十分接近坐标原点，它们对系统动态性能的影响就甚微，可以忽略它们的存在，它们不影响主导极点的地位。

主导极点法：在全部闭环极点中，选留最靠近虚轴而又不十分靠近闭环零点的一个或几个闭环极点作为主导极点，略去不十分接近原点的偶极子，以及比主导极点距虚轴远6倍以上（在许多实际运用中，常取2～3倍）的闭环零、极点。选留的主导零点数不要超过主导极点数。

主导极点法常用于估算高阶系统的性能。用主导极点代替全部闭环极点绘制系统时间响应曲线时，形状误差仅出现在曲线的起始段，而主要决定性能指标的曲线中、后段，其形状基本不变。

闭环实数主导极点对系统性能的影响是：相当于增大系统的阻尼比，使峰值时间延后，超调量下降。如果实数极点比共轭复数极点更接近坐标原点，动态过程可以变成非振荡过程。

3. 实验内容

（1）增加极点对控制系统的影响

一般情况下，增加开环系统的极点，使系统根轨迹向 s 右半平面移动，或者说极点有排斥根轨迹的能力，从而降低控制系统的稳定性，增加系统响应的调节时间。

【例 4-6】 已知开环系统传递函数为 $G(s)=\dfrac{K}{s(s+1)(s+2)}$，增加一个开环极点 $s=-3$ 后变为 $G_1(s)=\dfrac{K}{s(s+1)(s+2)(s+3)}$，观察根轨迹及其闭环单位阶跃响应的变化。

解：MATLAB 程序如下：

```
k=1; z=[ ]; p=[0 -1 -2]; G=zpk(z,p,k); rlocus(G); hold on,
k1=1; z1=[ ]; p1=[0 -1 -2 -3]; G1=zpk(z1,p1,k1); rlocus(G1); hold off
figure(2); sys=feedback(G,1); step(sys); hold on,
sys1=feedback(G1,1); step(sys1); hold off
```

程序运行后，观察根轨迹及其闭环单位阶跃响应的变化，如图 4-10 所示。

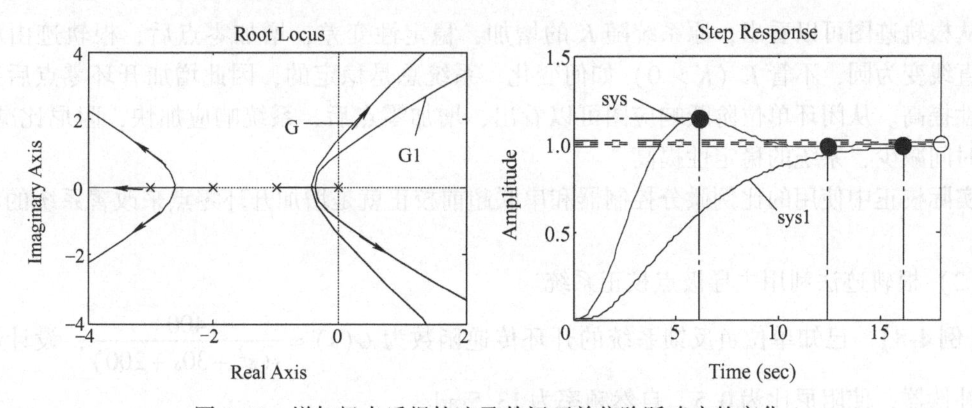

图 4-10 增加极点后根轨迹及其闭环单位阶跃响应的变化

从根轨迹图可以看出，增加极点后，根轨迹的渐近线与实轴的夹角变小，与实轴的分离点也向右平面移动，相同阻尼比情况下，振荡频率降低。从闭环单位阶跃响应图可以看出，增加极点后，系统响应减缓，阻尼比增大，过渡过程延长，调节时间增加，系统的稳定性降低。实际校正中使用的比例积分控制器和串联滞后校正就是增加了开环极点，但静态性能得到了提高。

(2) 增加零点对控制系统的影响

一般情况下，增加开环系统的零点，使系统根轨迹向 s 左半平面移动，或者说零点有吸引根轨迹的能力，从而提高控制系统的稳定性，减小系统响应的调节时间。

【例 4-7】 已知开环系统传递函数为 $G(s)=\dfrac{K}{s(s+1)}$，增加一个开环零点 $z=-2$ 后变为 $G_1(s)=\dfrac{K(s+2)}{s(s+1)}$，观察根轨迹及其闭环单位阶跃响应的变化。

解：MATLAB 程序如下：

```
k=1; z=[ ]; p=[0 -1]; G=zpk(z,p,k); rlocus(G); hold on,
k1=1; z1=[-2]; p1=[0 -1]; G1=zpk(z1,p1,k1); rlocus(G1); hold off
figure(2); sys=feedback(G,1); step(sys); hold on,
sys1=feedback(G1,1); step(sys1); hold off
```

程序运行后，观察根轨迹及其闭环单位阶跃响应的变化，如图 4-11 所示。

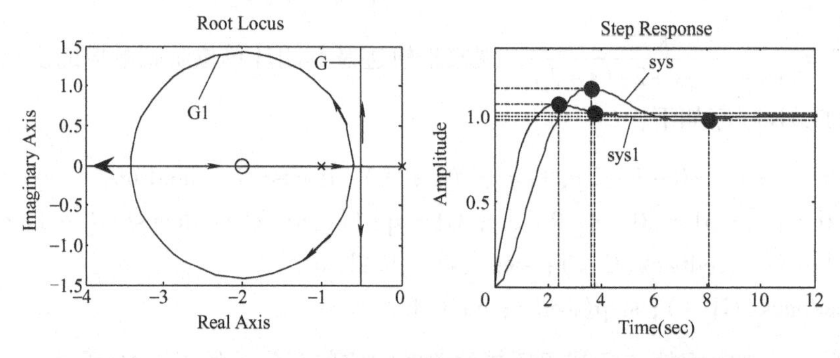

图 4-11 增加零点后根轨迹及其闭环单位阶跃响应的变化

从根轨迹图可以看出，原系统随 K 的增加，稳定性变差，增加零点后，根轨迹由原来的竖直线变为圆，不管 K ($K>0$) 如何变化，系统总是稳定的，因此增加开环零点后系统稳定性提高。从闭环单位阶跃响应图可以看出，增加零点后，系统响应加快，阻尼比减小，调节时间减少，系统的稳定性提高。

实际校正中使用的比例微分控制器和串联超前校正就是增加开环零点来改善系统的动态性能。

(3) 根轨迹法利用主导极点校正系统

【例 4-8】 已知单位负反馈系统的开环传递函数为 $G(s)=\dfrac{400}{s(s^2+30s+200)}$，设计超前校正补偿器，使阻尼比为 0.5，自然频率为 13.5rad/s。

解：使用控制系统设计器，选择超前校正装置的零极点，使系统的根轨迹通过期望的系统闭环主导极点。由于期望的系统闭环主导极点为 $s=-\zeta\omega_n\pm j\omega_n\sqrt{1-\zeta^2}$，主导极点由系统的阻尼比 ζ 和自然频率 ω_n 决定，因此在判断系统的根轨迹是否通过了期望的系统闭环主导极点时，实质上是判断根轨迹是否通过等频率线与等阻尼比线的交点。以下是设计步骤：

（1）建立未校正系统传递函数，打开控制系统设计器窗口。

```
>> G = tf(400,[1 30 200 0]); rltool(G)
```

（2）设置校正约束条件。在打开的根轨迹区域单击鼠标右键，打开快捷菜单，选择“Design Requirements”→“New”，打开设计要求设置对话框，如图4-12所示，在“Design requirement type”下拉列表中选择“Damping ratio”，设置阻尼比为“0.5”，单击“OK”按钮确认。同样方式设置自然频率“Natural frequency”为“13.5”。

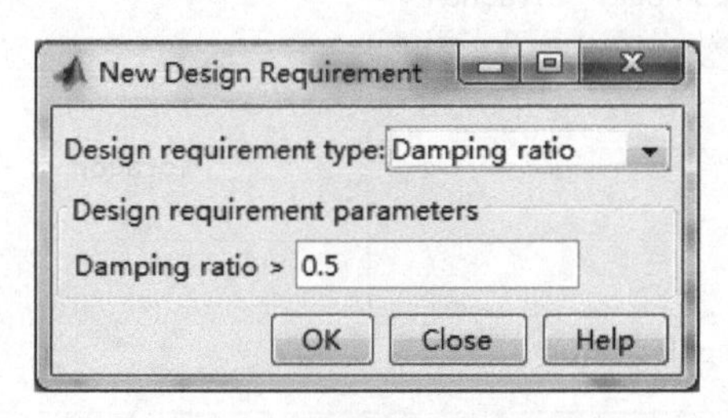

图4-12　设置校正约束条件

（3）设置补偿器传递函数的形式。在“CONTROL SYSTEM”选项卡中，单击主菜单“Preference”，弹出如图4-13所示的对话框，在“Options”选项卡选择零极点形式。

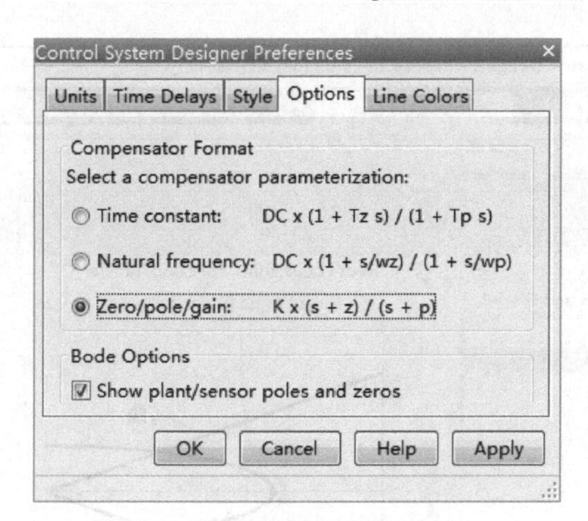

图4-13　设置补偿器传递函数的形式

（4）添加补偿器的零极点。由于使用超前校正，因此添加的零点位于极点的右边。在控制器模块“Controllers and Fixed Blocks”选择“C”选项，单击鼠标右键弹出快捷菜单，选择“Open Selection”，出现如图4-14所示补偿器C编辑器对话框，在“Compensator”部分设置补偿器增益为“0.143”，然后在“Pole/Zero”部分的“Dynamics”的空白区域单击鼠标右键，选择快捷菜单“Add Pole/Zero”→“Real Zero”选项，并在“Location”中输入零点位置“-7”，确认后在图4-15中显示了添加零点后的根轨迹图。该图中清楚地显示了ζ线和ω线，它们的交点处就是系统要求的校正参数，即$\zeta=0.5$，$\omega=13.5$。

（5）为了使校正后的根轨迹通过ζ线和ω线的交点，也就是使校正后系统的根轨迹通过期望的系统闭环主导极点，可以增加一个实数极点。

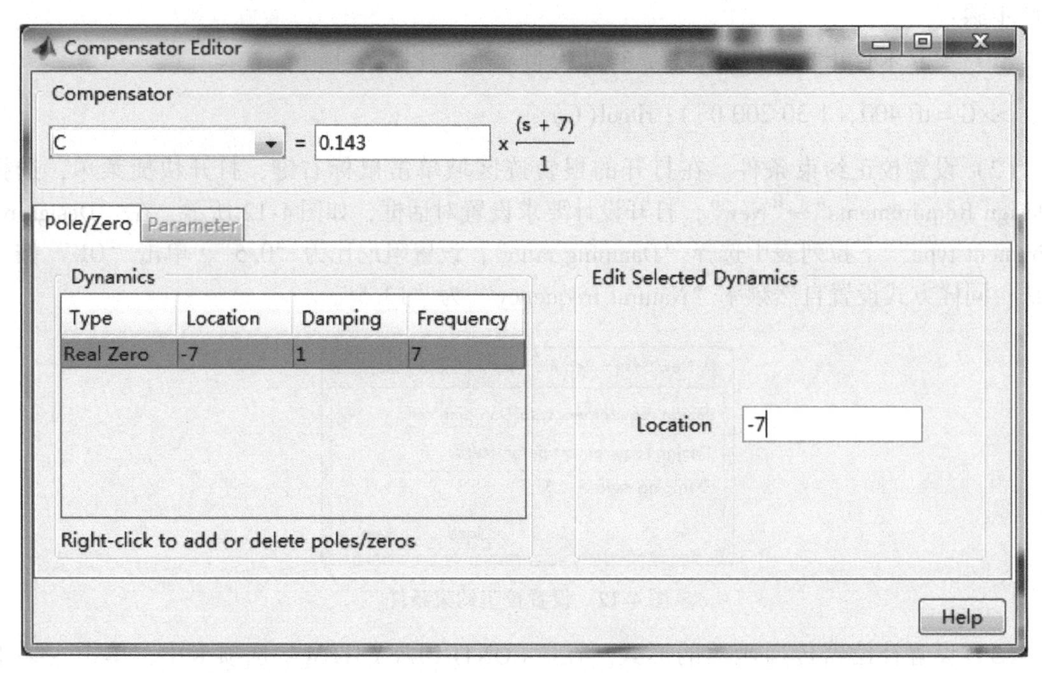

图 4-14　设置补偿器 C

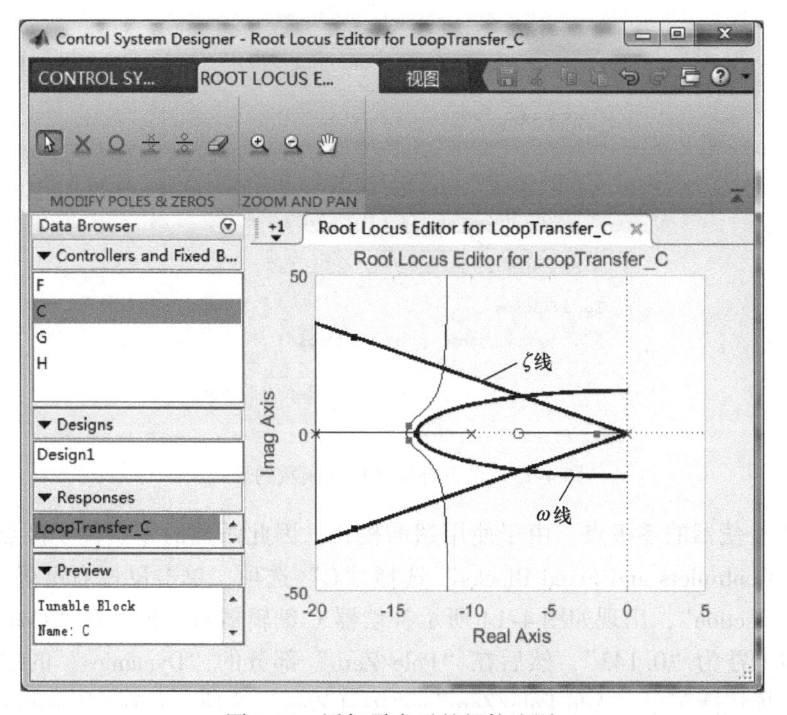

图 4-15　添加零点后的根轨迹图

单击工具栏中的第二个按钮 × 添加实数极点。由于使用超前校正，因此添加的极点位于零点的左边，将鼠标移动到根轨迹图中的负实轴上，并单击鼠标添加实数极点“-15”。选择工具栏中的放大按钮，使用鼠标局部放大操作区域后，再次移动鼠标到极点 -15 附近，出现手形光标，拖动极点并观察根轨迹的变化，直到根轨迹通过期望的位置——等频率线与等阻尼比线的交点。这时，在窗口左下角的“Preview”区就显示了补偿器的传递函数 $C(s)=\dfrac{3.5442(s+7)}{s+24.78}$，如图4-16所示。

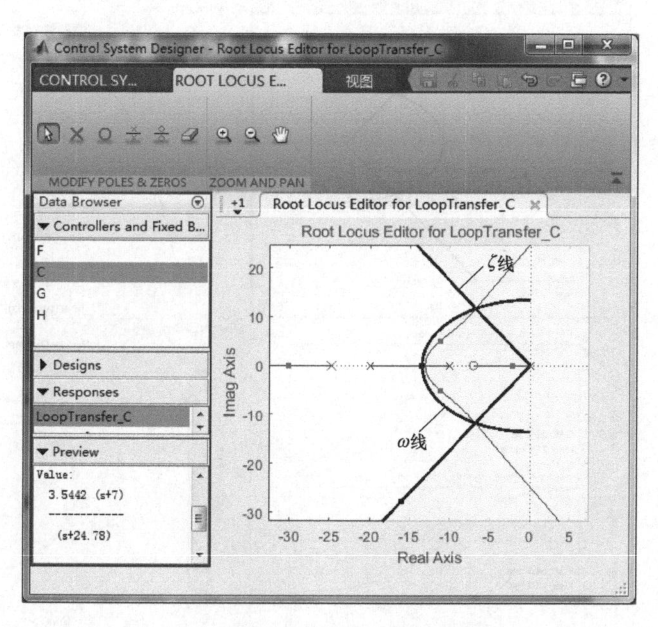

图4-16　通过期望的系统闭环主导极点的根轨迹图

（6）检查校正后观察系统其他性能指标。单击主菜单“ANALYSIS”→“New Plot”命令，有多个选项，根据需要选择待观察性能的图形。

图4-17显示了4幅响应图形，分别是闭环系统阶跃响应图、闭环系统脉冲响应图、总开环系统的伯德图和总开环系统的尼科尔斯图。

本例校正产生的补偿器Z、P、K的值并不是唯一的，也可以添加其他的零点位置，通过拖动零点使期望的根轨迹通过等频率线与等阻尼比线的交点，然后观察校正后系统的时域和频域指标，满足设计要求即可。

【例4-9】 已知单位负反馈系统的开环传递函数为 $G(s)=\dfrac{K}{s(s+2)(s+40)}$，设计一个校正装置，要求校正后系统的超调量 $M_p\leqslant 20\%$，上升时间 $t_r\leqslant 1.0\mathrm{s}$，当输入信号是单位斜坡函数时，系统的误差 $e_{ss}\leqslant 0.05$。

解：（1）根据要求的速度稳态误差，确定系统的开环增益：

$$K_v=\lim_{s\to 0}sG(s)=\lim_{s\to 0}s\frac{K}{s(s+2)(s+40)}=\frac{K}{80}$$

又 $K_v=\dfrac{1}{e_{ss}}\geqslant\dfrac{1}{0.05}$，于是得出，当 $K\geqslant 1600$ 时，可以满足系统稳态误差的要求。

（2）分析未校正系统的性能指标。

```
>> G = tf(1600,[1  42  80  0]); rltool(G)
```

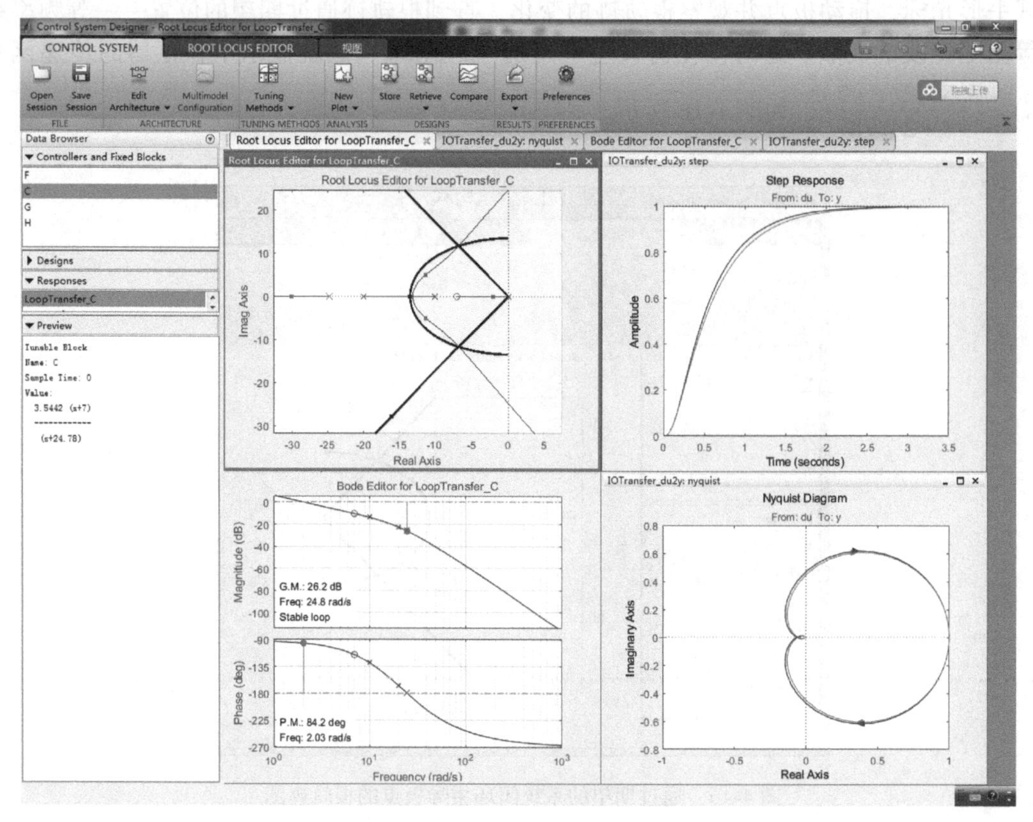

图 4-17　4 幅响应图形

做系统的单位阶跃响应得出系统的动态性能指标为：超调量 $M_p=75.9\%$，上升时间 $t_r=0.18\mathrm{s}$，峰值时间 $t_p=0.553\mathrm{s}$，调节时间 $t_s=7.67\mathrm{s}$。超调量过大，需要对系统进行校正。

（3）根据系统要求的性能指标（超调量 $M_p\leqslant20\%$，上升时间 $t_r\leqslant1.0\mathrm{s}$），取 $M_p=15\%$，$t_r=1.0\mathrm{s}$，转换成希望的系统的闭环主导极点或相应的阻尼比 ζ 和自然频率 ω_n。根据 $M_p=\mathrm{e}^{-\frac{\zeta\pi}{\sqrt{1-\zeta^2}}}\times100\%=15\%$，$t_r=\dfrac{\pi-\beta}{\omega_n\sqrt{1-\zeta^2}}=1$，$\beta=\arctan\dfrac{\sqrt{1-\zeta^2}}{\zeta}$，求得 $\zeta=0.517$，$\omega_n=2.47$。则希望的系统的闭环主导极点为 $s_{1,2}=-\zeta\omega_n\pm\mathrm{j}\omega_n\sqrt{1-\zeta^2}=-1.277\pm\mathrm{j}2.1143$。

（4）利用根轨迹编辑器完成校正装置的设计，设计步骤参考例 4-8。

经过不断修正后，得到串联超前校正补偿器的传递函数为

$$G_c(s)=\frac{1.2(1+0.47s)}{1+0.32s}$$

（5）检验校正后系统的性能指标是否满足要求。

加入此超前校正后闭环系统的 $\zeta=0.536$，$\omega_n=2.47$，$M_p=14\%$，$t_r=0.667\mathrm{s}$。动态性能指标基本满足要求，但是系统的稳态误差不满足要求，而且无论怎样调整超前校正装置的零极点位置，都无法完全满足系统所有的性能指标要求，因此要加入滞后校正装置。

（6）加入滞后校正装置，设计步骤参考例 4-8。

经过不断修正后，得到超前-滞后校正补偿器的传递函数为

$$G_c(s)=\frac{0.146(s+2.21)(s+0.1)}{(s+3.11)(s+0.01)}\text{(非唯一解)}$$

（7）再次检验校正后系统的性能指标是否满足要求。

4. 实验能力要求

1）学会使用根轨迹编辑器校验系统的动态性能和稳态性能。

2）掌握超前校正、滞后校正及超前-滞后校正的原理，合理地添加零极点。

3）掌握根轨迹主导极点法校正系统的方法。

4）熟练运用各种性能响应图，提高分析系统各项性能指标的能力。

5. 实验数据记录

记录实验内容中相关的数据和图形，并总结增加零极点校正系统的方法。

6. 拓展与思考

1）已知单位负反馈系统的开环传递函数为 $G(s)=\frac{4}{s(s+2)}$，设计串联滞后校正装置，使闭环系统的阻尼比为0.707，单位阶跃输入下的静态误差 $e_{ss}\leqslant5\%$。

2）已知单位负反馈系统的开环传递函数为 $G(s)=\frac{10}{s(s+1)(0.5s+1)}$，设计串联滞后校正装置，使闭环系统单位阶跃输入下的静态误差 $e_{ss}\leqslant10\%$，相位裕度大于40°，幅值交角频率为0.5rad/s。

3）已知单位负反馈系统的开环传递函数为 $G(s)=\frac{10}{s(s+1)(0.5s+1)}$，设计串联超前-滞后校正装置，使闭环系统的阻尼比为0.707，自然频率为5rad/s，相位滞后50°。

第 5 章　线性系统的频域分析法

本章导读

本章的主要内容是采用频域分析法进行控制系统的性能分析。频域分析法是应用频率特性研究线性系统的经典方法。频率分析法的特点有：频域性能指标和时域性能指标有确定的对应关系；控制系统及其元部件的频率特性可以用实验的方法来确定；通过开环频率特性的图形对系统进行分析，控制器设计可以运用图解法进行，形象直观且计算量少。

5.1 节、5.2 节的主要内容是采用频域法测试对象的频率特性，然后建立数学模型。关键是能够正确选择输入信号的测试频率范围，在测试过程中，能够根据测试数据的变化判断系统的转折频率点。

5.3 节的主要内容是运用 MATLAB 命令绘制控制系统奈奎斯特（Nyquist）图，利用奈奎斯特稳定性判据分析系统的稳定性。

5.4 节的主要内容是运用 MATLAB 命令绘制控制系统的伯德（Bode）图，根据伯德图分析控制系统的稳定性及系统稳定裕度的获取方法和实际应用分析。

5.1　典型环节频率特性的测试

1. 实验目的

1）加深了解模拟典型环节频率特性的物理概念。

2）掌握模拟典型环节频率特性的测试方法。

3）学会根据频率特性建立系统的传递函数。

4）了解模拟典型环节的伯德图与理想环节的不同，并确定近似条件。

2. 实验原理

1）频域法测试系统或环节的频率特性

利用频域法测试系统的频率特性，也是建立系统数学模型的一种常用方法。频域测试法是由正弦信号源提供不同频率的正弦信号，作用于被测对象，测取在不同频率时被测对象的稳态输出信号与正弦输入信号的幅值比和相位差，从而求得被测对象的频率特性曲线。其原理如图 5-1 所示，测试过程中要注意频率范围的选取。

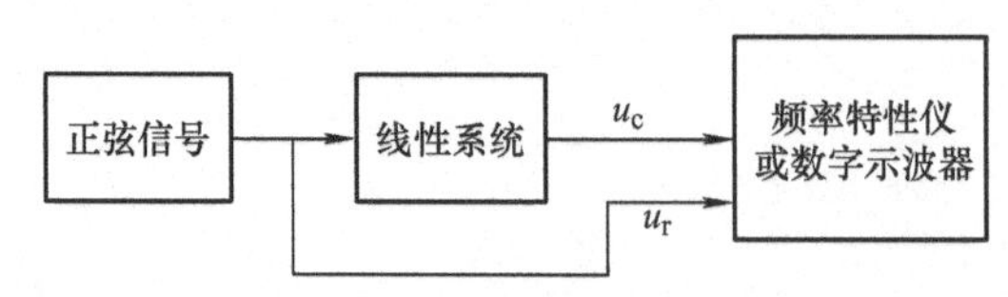

图 5-1　频域法测试系统的频率特性原理图

首先根据环节理想的对数幅频特性渐近线的转折频率和谐振峰值，确定输入正弦信号的频率变化范围和测试点，通常取转折频率 1/10 左右的频率作为开始测试的最低频率，取 10 倍转折频率左右的频率为终止测试的最高频率。在峰值频率和转折频率附近，应多测几个点。对于大时间常数的系统，宜选取较低频的正弦信号，一般取的频率范围为 0.01 ~ 10Hz；对于小时间常数的系统，宜选取频率较高的正弦信号[4]。

由于物理系统可能有某些非线性元件存在，测试输入正弦信号幅值的大小也应正确选取。如果输入信号的幅值过大，将使系统饱和；如果输入信号的幅值过小，假如系统中含有死区非线性特性时，就会使实验结果有误差，导致频率响应实验数据错误。因此在实验时，应认真观察输出信号的波形是否失真，保证实验过程系统工作在线性范围内。

（2）由实验频率特性确定最小相位传递函数

根据实验测试数据绘制系统开环频率特性，然后确定系统开环传递函数，步骤如下：

1）将用实验方法取得的伯德图用斜率为 $\pm 20\nu$dB/dec（$\nu=0,1,2,\cdots$）的直线段近似，得到对数幅频渐近特性曲线。

2）根据低频段对数幅频特性的斜率确定系统开环传递函数中含有串联积分环节的个数。若有 ν 个积分环节，则低频段渐近线的斜率为 $\pm 20\nu$dB/dec。

3）根据在 0dB 轴以上部分的对象幅频特性的形状与相应的分贝值、频率值确定系统的开环增益 K。

4）根据对数幅频渐近特性曲线在转折频率处的斜率变化，确定系统的串联环节。

惯性环节在转折频率处斜率减小 20dB/dec；一阶微分环节在转折频率处斜率增加 20dB/dec；振荡环节在转折频率处斜率减小 40dB/dec；二阶振荡环节在转折频率处斜率增加 40dB/dec。

5）进一步根据最小相位系统对数幅频特性的斜率与相频特性之间的单值对应关系，检验系统是否串联有滞后环节，或修正渐近线。

6）根据以上步骤得到的传递函数使用 MATLAB 软件绘制伯德图，与实验所得的频率特性曲线比较，若能较好地吻合，说明实验成功，否则分析实验误差原因后再重测。

3. 实验内容与步骤

（1）比例环节的频率特性测试

最小相位系统的比例环节 $G(s)=K(K>0)$ 的对数幅频特性 $L(\omega)$ 和对数相频特性 $\varphi(\omega)$ 为

$$L(\omega)=20\lg K,\varphi(\omega)=0°$$

式中，$L(\omega)$ 为水平直线，其高度为 $20\lg K$；$\varphi(\omega)$ 为与横轴重合的水平直线。

比例环节的模拟电路如图 5-2 所示。

在输入端接上高频正弦发生器，设定正弦波信号幅值为 0.05V，用双踪示波器观察并记录输出与输入幅值的比和相位差。测试正弦信号从低频开始，开始频率可随着比例系数的增高而降低。当 R 配置 10MΩ、1MΩ 或 100kΩ 不同值时，开始频率可分别为 1kHz、10kHz 或 100kHz。然后逐步提高测试正弦信号的频率，在伯德图上转折频率处，输出振幅减小或相位滞后，此时应多测试几组数据。然后增大测试信号频率间距，直到输出滞后于输入的相位约为 180°为止。每次测试读取输出响应波形的峰值和与输入波形的相位差，将每组数据记录在表 5-1 中。

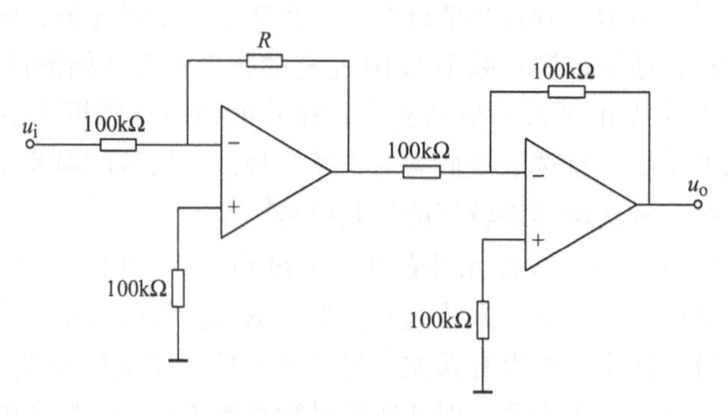

图 5-2 比例环节的模拟电路

表 5-1 比例环节频率特性测试数据记录表

比例环节（U_{im} = 0.05V，R = 100kΩ，K = 1）										
f/Hz	100×10^3									
U_{om}/V										
$20\lg(U_{om}/U_{im})$/dB										
相位差 φ/(°)										
比例环节（U_{im} = 0.05V，R = 1MΩ，K = 10）										
f/Hz	10×10^3									
U_{om}/V										
$20\lg(U_{om}/U_{im})$/dB										
相位差 φ/(°)										

（2）惯性环节的频率特性测试

惯性环节 $G(s)=\dfrac{1}{Ts+1}(T>0)$ 的对数幅频特性 $L(\omega)$ 和对数相频特性 $\varphi(\omega)$ 为

$$L(\omega)=-20\lg\sqrt{1+T^2\omega^2},\quad \varphi(\omega)=-\arctan T\omega$$

惯性环节的对数幅频特性 $L(\omega)$ 是一条曲线，在控制工程中，为简化对数幅频曲线的作图，常用低频和高频渐近线近似表示对数幅频曲线。

惯性环节的对数幅频渐近特性为

$$L_a(\omega)=\begin{cases}0 & \omega<\dfrac{1}{T}\\ -20\lg\omega T & \omega>\dfrac{1}{T}\end{cases}$$

惯性环节的对数幅频渐近特性曲线的低频部分是 0dB 线，高频部分是斜率为 −20dB/dec 的直线，转折频率为 $\omega=\dfrac{1}{T}$。

惯性环节的模拟电路如图 5-3 所示。惯性环节模拟电路中增益 $K=1$，惯性时间常数 $T=1$ms。因此，设置正弦输入信号的幅值为 1V，频率从 1Hz 开始逐步提高，到 16Hz 附近须仔细测定，一直测试到频率约为 300Hz 为止，或到难于检测出输出信号时为止。每次测试读取输出响应波形的峰值和与输入波形的相位差，将每组数据记录在表 5-2 中。

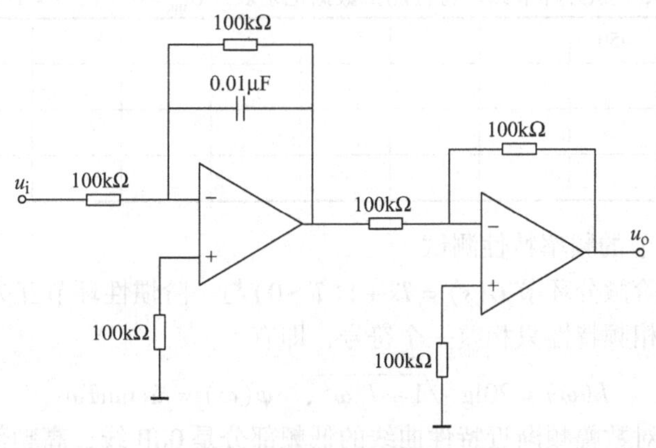

图 5-3　惯性环节的模拟电路

表 5-2　惯性环节频率特性测试数据记录表（$U_{im}=1V$，$K=1$，$T=1ms$）

f/Hz	1				16					300
U_{om}/V										
$20\lg(U_{om}/U_{im})$/dB										
相位差 φ/(°)										

（3）积分环节的频率特性测试

积分环节 $G(s)=\dfrac{1}{Ts}=\dfrac{K}{s}$的对数幅频特性 $L(\omega)$ 和对数相频特性 $\varphi(\omega)$ 为

$$L(\omega) = -20\lg T\omega, \quad \varphi(\omega) = -90°$$

积分环节的幅频特性是一条斜率为 -20dB/dec 的直线，其通过 0dB 轴的频率为 $\omega=K=1/T$。

积分环节的模拟电路如图 5-4 所示。积分环节模拟电路中积分时间常数 $T=1ms$。由于积分的作用，测试时须从高频向低频测试，选定 450Hz 频率开始，逐步降低频率测试。输入正弦信号的幅值可分别整定为 0.1V、0.5V 和 2.5V，最低测试频率分别为 0.5Hz、2Hz 和 10Hz。在降低输入正弦信号频率过程中，输出正弦波开始出现“平顶”现象时，须仔细测试。每次测试读取输出响应波形的峰值和与输入波形的相位差，将每组数据记录在表 5-3 中。

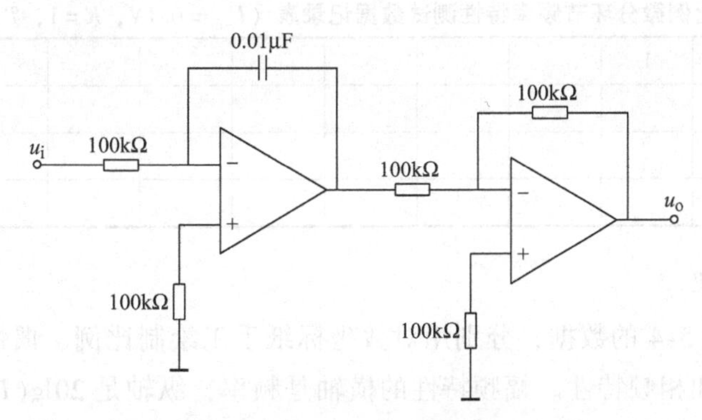

图 5-4　积分环节的模拟电路

表 5-3　积分环节频率特性测试数据记录表（$U_{im}=0.1V$，$T=1ms$）

f/Hz	450									0.5
U_{om}/V										
$20\lg(U_{om}/U_{im})$/dB										
相位差 φ/(°)										

（4）比例微分环节的频率特性测试

最小相位系统一阶微分环节 $G(s)=Ts+1(T>0)$ 与一阶惯性环节互为倒数，因而它们的对数幅频特性和对数相频特性只相差一个符号，即有

$$L(\omega)=20\lg\sqrt{1+T^2\omega^2},\quad \varphi(\omega)=\arctan T\omega$$

比例微分环节的对数幅频渐近特性曲线的低频部分是0dB线，高频部分是斜率为20dB/dec的直线，转折频率为 $\omega=\frac{1}{T}$。

比例微分环节的模拟电路如图5-5所示，比例 $K=1$，微分时间常数 $T=0.01s$。输入正弦波测试信号的频率可从1Hz开始，直到大于1MHz为止。在幅值变化方向或相位差变化较大时刻处，频率变化要小一些，多测几组。用双踪示波器观察并记录输出与输入正弦波的幅值比及相位差，将每组数据记录在表5-4中。

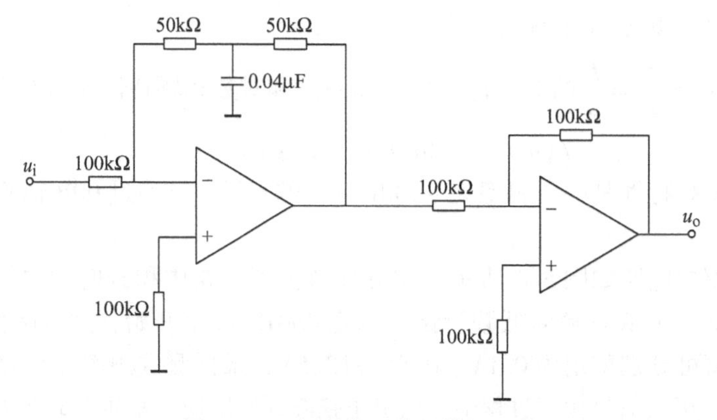

图5-5　比例微分环节的模拟电路

表 5-4　比例微分环节频率特性测试数据记录表（$U_{im}=0.1V$，$K=1$，$T=10ms$）

f/Hz	1									1×10^6
U_{om}/V										
$20\lg(U_{om}/U_{im})$/dB										
相位差 φ/(°)										

4. 实验数据处理

根据表5-1～表5-4的数据，分别用对数坐标纸手工绘制比例、惯性、积分和比例微分环节的幅频特性和相频特性。幅频特性的横轴是频率，纵轴是 $20\lg(U_{om}/U_{im})$，相频特性的横轴是频率，纵轴是相位差，单位是度（°），记录测试数据时注意单位转换。每个环节的幅频特性和相频特性坐标轴要上下对齐，根据绘制的曲线，估读出转折频率。也

可以把这几组数据分别输入到 Excel 表格或用 MATLAB 编程绘制出幅频特性和相频特性曲线。

5. 实验能力要求

1）学会典型环节频率特性的测试方法，能够根据不同环节、不同特征参数确定测试信号的幅值和频率。

2）在测试过程中能够抓住关键区域测试，通过输出信号幅值和相位变化确定转折频率。

3）能够根据实际测量数据绘制伯德图。

4）根据实测伯德图做渐近处理，推算传递函数。

5）与理想环节相比，确定用理想环节数学模型近似描述模拟环节的条件。

6. 拓展与思考

1）对数频率特性为什么采用 ω 的对数分度？

2）如何根据输出信号幅值和相位变化确定转折频率？

3）如何根据环节的理想对数幅频特性渐近线的转折频率、谐振峰值确定输入正弦信号的频率变化范围和测试点？

5.2 控制系统频率特性的测试

1. 实验目的

1）加深理解控制系统频率特性的物理概念。

2）熟练掌握控制系统频率特性的测量方法。

3）巩固根据系统频率特性建立系统数学模型的方法。

4）了解实际频率特性与理想特性的差异，确定近似条件。

2. 实验原理

（1）系统频率特性的测试

根据系统理想的对数幅频特性渐近线的转折频率和谐振峰值，确定输入正弦信号的频率变化范围和测试点，通常取转折频率 1/10 左右的频率作为开始测试的最低频率，取转折频率 10 倍左右的频率为终止测试的最高频率。在峰值频率和转折频率附近，应多测几个点。

测试频率与幅值的选取、由实验曲线推算传递函数的方法可参考 5.1 节。

（2）典型二阶控制系统的频率特性

典型二阶控制系统的闭环传递函数为

$$\Phi(s)=\frac{1}{(s/\omega_n)^2+2\zeta(s/\omega_n)+1}$$

则典型二阶控制系统的频率特性为

$$L(\omega)=20\lg A(\omega)=-20\lg\sqrt{\left(1-\frac{\omega^2}{\omega_n^2}\right)^2+4\zeta^2\frac{\omega^2}{\omega_n^2}}$$

$$\varphi(\omega) = -\arctan\left(\frac{2\zeta\dfrac{\omega}{\omega_n}}{1-\dfrac{\omega^2}{\omega_n^2}}\right)$$

因此可以得到二阶控制系统的对数幅频渐近特性为

$$L_a(\omega) = \begin{cases} 0 & \omega < \omega_n \\ -40\lg\dfrac{\omega}{\omega_n} & \omega > \omega_n \end{cases}$$

二阶控制系统的对数幅频渐近特性曲线的低频部分是0dB线，高频部分是斜率为-40dB/dec的直线，转折频率为$\omega=\omega_n$。

谐振频率为　　$\omega_r=\omega_n\sqrt{1-2\zeta^2}$，$0<\zeta\leqslant 0.707$

谐振峰值为　　$M_r=L(\omega_r)=\dfrac{1}{2\zeta\sqrt{1-\zeta^2}}$，$0<\zeta\leqslant 0.707$

（3）由实验测试所得的伯德图估算系统的传递函数[4]

由实验数据绘制的系统伯德图如图5-6所示。

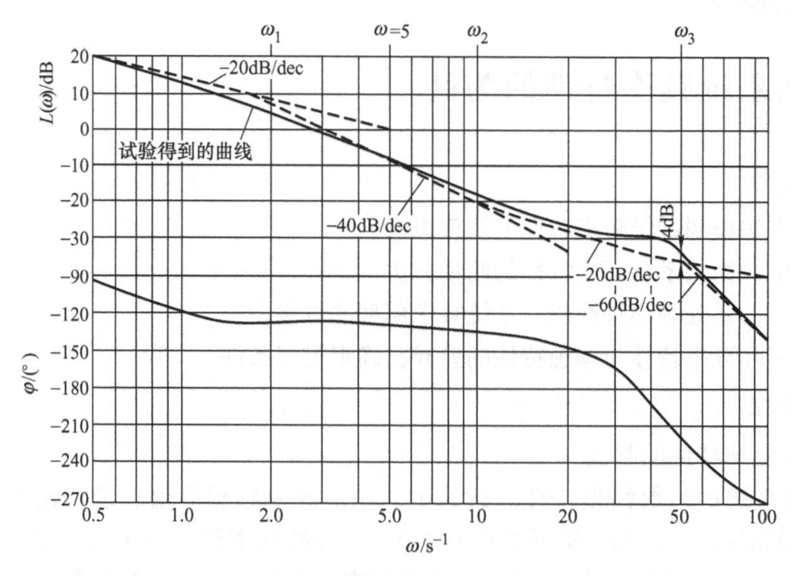

图5-6　实验所得的系统伯德图

1）以标准斜率的直线段与实验所得的曲线相比拟，求得对数幅频特性的渐近线，如图中的虚线所示。由图5-6可见，低频渐近线的斜率为-20dB/dec，将其延长与0dB线相交，交点处的频率为$\omega=5\text{s}^{-1}$。由此可得，系统含有一个积分环节$\dfrac{K}{s}$，且系统开环增益$K=\omega=5$。

2）根据图5-6中渐近线的交点，可得到各点处的转折频率。在第1个转折频率处$\omega_1=2\text{s}^{-1}$，渐近线斜率减小了20dB/dec，这表明系统含有1个一阶惯性环节，且惯性时间常数$T=1/\omega_1=0.5\text{s}$，那么此惯性环节为$\dfrac{1}{1+0.5s}$。在第2个转折频率处$\omega_2=10\text{s}^{-1}$，渐近线斜率增大了20dB/dec，这表明系统含有1个一阶微分环节，且微分时间常数 $T=1/\omega_2=0.1\text{s}$，那么此一阶微分环节为 $1+0.1s$。在第3个转折频率处 $\omega_3=50\text{s}^{-1}$，渐近线斜率减小了40dB/dec，系统出现振荡，振荡峰值与渐近线相距4dB，这表明系统含有1个二阶振荡环节，且无阻尼振荡频率 $\omega_n=\omega_3=50\text{s}^{-1}$，查振荡环节对数幅频特性的误差曲线可得振荡环节的阻尼比为 $\zeta=0.3$，那么此振荡环节为 $\dfrac{1}{1+2\times0.3\times\dfrac{1}{50}s+\left(\dfrac{s}{50}\right)^2}=\dfrac{1}{1+0.012s+0.0004s^2}$。

Tips：借助MATLAB软件，由 $M_r=\dfrac{1}{2\zeta\sqrt{1-\zeta^2}}$，可通过解方程得出振荡环节的阻尼比。注意，4dB一定要转化成非对数的值，$\lg^{-1}(4/20)=1.585=M_r$。MATLAB程序如下：

```
syms zeta;
[zeta] = solve('1/(2 * zeta * sqrt(1 - zeta ^2)) = 1.585')
```

运行后得到 zeta = 0.33477，近似后阻尼比为 $\zeta=0.3$。

3）写出被测系统的传递函数为

$$G(s)=\frac{5(0.1s+1)}{s(0.5s+1)(0.0004s^2+0.012s+1)}$$

4）借助MATLAB软件验证系统的对数幅频特性。MATLAB程序如下：

```
s = tf('s');
Gs = 5 * (0.1 * s + 1)/(s * (0.5 * s + 1) * (0.0004 * s^2 + 0.012 * s + 1));
bode(Gs)
```

运行程序后得到的伯德图如图5-7所示，与实验测试所得的实验曲线比较，误差很小，说明实验测试结果正确。

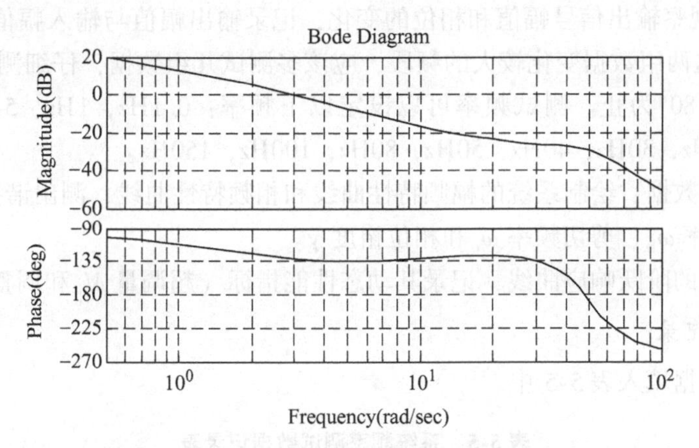

图5-7 利用MATLAB绘制的系统伯德图

3. 实验内容

二阶控制系统的模拟电路如图5-8所示，系统结构如图5-9所示。

若取 $R_3=500\text{k}\Omega$，则系统的传递函数为

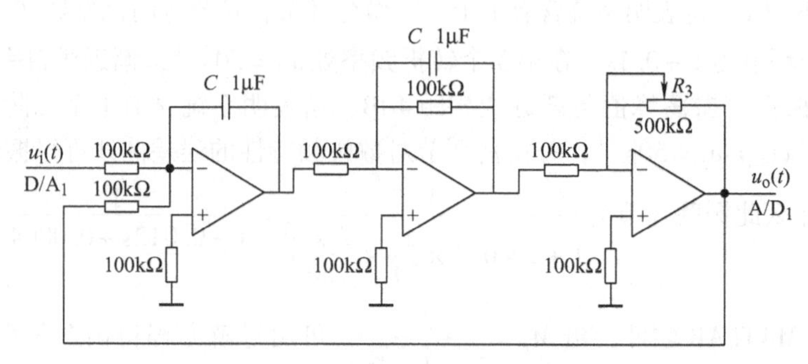

图 5-8　二阶控制系统的模拟电路

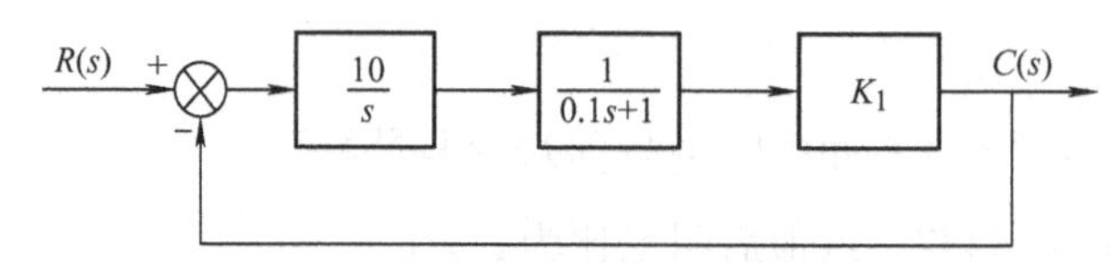

图 5-9　二阶控制系统的结构图

$$\Phi(s)=\frac{C(s)}{R(s)}=\frac{50}{s(0.1s+1)+50}=\frac{500}{s^2+10s+500}$$

若输入信号 $r(t)=U_{im}\sin\omega t$，则在稳态时其输出信号为 $c(t)=U_{om}\sin(\omega t+\varphi)$。改变输入信号角频率 ω 的值，便可测得 U_{om}/U_{im} 和 φ 随 ω 变化的两组数值，然后根据这些数据绘制系统的幅频特性曲线和相频特性曲线。

4. 实验步骤

1）连接被测系统的模拟电路，进行计算机通信测试。

2）打开测试软件，选择正弦波输入测试信号，设置其幅值为 1.0V，频率从低频开始，然后逐步提高。观察输出信号幅值和相位的变化，记录输出幅值与输入幅值的比 U_{om}/U_{im} 及其相位差 φ。在这两组数据变化较大的频段，应该多测试几组数据，仔细测定，直到输出滞后输入的相位为 180°为止。测试频率可以设定以下频率：0.1Hz，1Hz，5Hz，8Hz，10Hz，15Hz，20Hz，25Hz，30Hz，40Hz，50Hz，80Hz，100Hz，150Hz。

3）处理测试数据，绘制系统的幅频特性曲线和相频特性曲线，测出谐振峰值 M_r、峰值频率 ω_r、带宽频率 ω_b、剪切频率 ω_c 和相位裕度 γ。

4）测量系统的阶跃响应曲线，记录其动态性能指标（超调量 M_p 和调整时间 t_s）。

5. 实验数据记录

1）将测试数据填入表 5-5 中。

表 5-5　系统频率测试数据记录表

f/Hz	0.1	1	5	8	10	15	20	25	30	40	50	80	100	150
U_{om}/V														
$20\lg(U_{om}/U_{im})$/dB														
相位差 φ/(°)														

2）绘制系统的幅频特性曲线和相频特性曲线，记录系统的频域指标：谐振峰值 M_r、峰值频率 ω_r、带宽频率 ω_b、剪切频率 ω_c 和相位裕度 γ。

6. 实验能力要求

1）熟练掌握控制系统频率特性的测量方法，能够正确选择测试频率，在测试过程中，能够根据测试数据的变化判断系统的转折频率点。

2）根据原始测量数据进行必要的数据转换，绘制伯德图。

3）根据系统幅频特性，做渐近处理，建立系统的数学模型。

4）比较实测频率特性与理想频率特性，分析测量误差。

5）分析二阶系统的频域指标与动态性能指标之间的关系。

7. 拓展与思考

1）改变系统模拟测试电路中 R_3 的值，即更改了系统开环增益 K，系统的自然频率将发生变化，重新测试系统的频率特性，比较后得出结论。

2）利用 Simulink 仿真环境如何测试系统的频率特性？

5.3 基于 MATLAB 的控制系统奈氏图及其稳定性分析

1. 实验目的

1）熟练掌握使用 MATLAB 命令绘制控制系统奈氏图的方法。

2）能够分析控制系统奈氏图的基本规律。

3）加深理解控制系统奈奎斯特稳定性判据的实际应用。

4）学会利用奈氏图设计控制系统。

2. 实验原理

（1）幅相频率特性曲线

以角频率 ω 为参变量，当 ω 从 $0\to\infty$ 变化时，频率特性构成的向量在复平面上描绘出的曲线称为幅相频率特性曲线，也称为极坐标图或幅相曲线，又名奈奎斯特（Nyquist）曲线（或奈奎斯特图），简称奈氏图。

（2）对数幅相曲线

对数幅相曲线又称为尼科尔斯曲线或尼科尔斯图，其特点是：纵坐标为 $L(\omega)$，单位是 dB，横坐标是 $\varphi(\omega)$，单位为（°），均按线性分度，以角频率 ω 为参变量。在尼科尔斯曲线对应的坐标系中，可以绘制关于闭环幅频特性的等 M 簇线和闭环相频特性的等 α 簇线。

（3）奈奎斯特稳定性判据

奈奎斯特稳定性判据（简称为奈氏判据）是利用系统开环频率特性来判断闭环系统稳定性的一个判据，用于研究系统结构参数改变时对系统稳定性的影响。其内容是：反馈控制系统稳定的充分必要条件是当 ω 从 $-\infty$ 变到 $+\infty$ 时，开环系统的奈氏曲线 $G(\mathrm{j}\omega)H(\mathrm{j}\omega)$ 不穿过点（-1，j0）且逆时针包围临界点（-1，j0）的圈数 R 等于开环传递函数的正实部极点数 P。

1）对于开环稳定的系统，闭环系统稳定的充分必要条件是开环系统的奈氏曲线 $G(\mathrm{j}\omega)H(\mathrm{j}\omega)$ 不包围点（-1，j0），反之，则闭环系统是不稳定的。

2）对于开环不稳定的系统，有 p 个开环极点位于 s 右半平面，则闭环系统稳定的充分必要条件是：当 ω 从 $-\infty$ 变到 ∞ 时，开环系统的奈氏曲线 $G(\mathrm{j}\omega)H(\mathrm{j}\omega)$ 逆时针包围点（-1，j0）p 次。

3. 实验内容

（1）绘制控制系统的奈氏图

给定系统开环传递函数的分子系数多项式num和分母系数多项式den，在MATLAB软件中函数nyquist( )用来绘制系统的奈氏曲线，函数调用格式有以下两种。

格式一：nyquist(num，den)

作奈氏图，角频率向量的范围自动设定，默认 ω 的范围为（$-\infty$，$+\infty$）。

Tips：在自动控制理论中，幅频特性 $L(\omega)$ 为 ω 的偶函数，相频特性 $\varphi(\omega)$ 为 ω 的奇函数，则 ω 从0变化至 $+\infty$ 与从0变化至 $-\infty$ 的奈氏曲线是关于实轴对称的，即曲线在范围（$-\infty$ ~0）与（0 ~ $+\infty$）内是以横轴为镜像的。因此，一般只绘制 ω 从0变化至 $+\infty$ 的奈氏曲线，这仅是MATLAB中的函数nyquist( )执行后绘制的关于横轴对称的奈氏曲线，即 ω 范围在（0 ~ $+\infty$）的部分。

格式二：nyquist(num，den，w)

作开环系统的奈氏曲线，角频率向量 ω 的范围可以人工给定。ω 为对数等分，用对数等分函数logspace( )完成，其调用格式为logspace(d1，d2，n)，表示将变量 ω 进行对数等分，命令中d1、d2为 10^{d1} ~ 10^{d2} 之间的变量范围，n为等分点数。

【例5-1】 系统的开环传递函数为 $G(s)=\dfrac{10}{s^2+2s+10}$，绘制其奈氏图。

解：MATLAB程序如下：

```
num = 10; den = [1 2 10];
w = 0:0.1:100;                    % 给定角频率变量
axis([-1,1.5,-2,2]);              % 改变坐标显示范围
nyquist(num,den,w)
```

程序运行后，奈氏图如图5-10所示。

Tips：如果显示的奈氏曲线只有 ω 范围在（0 ~ $+\infty$）的部分，可以通过改变坐标显示范围或给定角频率变量的范围，绘制出 ω 从 $-\infty$ 变化至0与从0变化至 $+\infty$ 的奈氏曲线。

（2）根据奈氏曲线判定系统的稳定性

【例5-2】 已知 $G(s)H(s)=\dfrac{0.5}{s^3+2s^2+s+0.5}$，绘制其奈氏图，判定系统的稳定性。

解：MATLAB程序如下：

```
num = 0.5; den = [1  2  1  0.5];
nyquist(num,den)
```

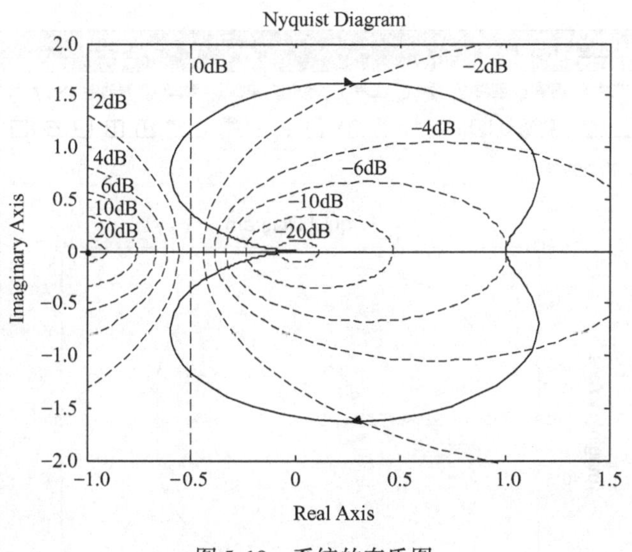

图5-10　系统的奈氏图

为了应用奈氏判据对闭环系统判稳，必须知道 $G(s)H(s)$ 不稳定根个数 p 是否为 0，可以通过 roots( ) 函数求其特征方程的根得到。

```
p=[1 2 1 0.5]; roots(p)
```

结果显示，系统有 3 个特征根：−1.5652，−0.2174+j0.5217，−0.2174−j0.5217。特征根的实部全为负数，都在 s 左半平面，是稳定根，故 $p=0$。

由于系统奈氏曲线没有包围且远离点（−1，j0），而且 $p=0$，因此系统闭环稳定。

Tips：如果横坐标角频率的范围不够，从图中很难看出 ω 从 $-\infty$ 变化至 $+\infty$ 时的相角，通过重新设置坐标范围可以显示全部范围的曲线。在当前图形窗口 Figure 1 中选择“编辑”→“坐标区属性”选项，在图形的下方会增加一个“属性编辑器”对话框，如图 5-11 所示。根据实际需要更改该对话框的参数，使图形完全显示 ω 从 $-\infty$ 变化至 $+\infty$ 时系统奈氏曲线的形状。

【自我实践 5-1】 已知系统的开环传递函数为 $G(s)=\dfrac{k(T_1s+1)}{s(T_2s+1)}$。

要求：分别作出 $T_1>T_2$ 和 $T_1<T_2$ 时的奈氏图，比较两图的区别与特点。如果该系统变成Ⅱ型系统，即 $G(s)=\dfrac{k(T_1s+1)}{s^2(T_2s+1)}$，情况又发生怎么样的变化？

4. 实验数据记录

将各次实验的曲线保存在 Word 文档中，以备写实验报告使用。要求每条曲线注明传递函数，分析后得出实验结论。

5. 实验能力要求

1）熟练使用 MATLAB 绘制控制系统的奈氏图，掌握函数 nyquist( ) 的调用格式并能灵活运用。

2）学会处理奈氏图，使曲线完全显示 ω 从 $-\infty$ 变化至 $+\infty$ 的形状。

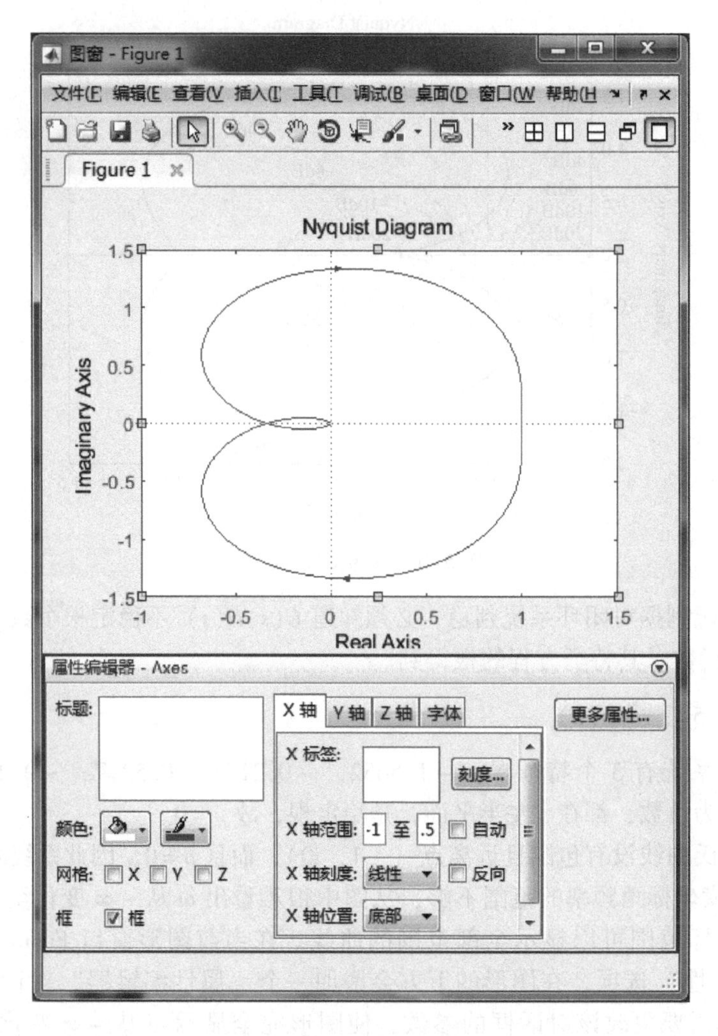

图 5-11　图形窗口的坐标设置对话框

3）熟练应用奈氏判据，根据奈氏图分析控制系统的稳定性。

4）改变系统开环增益或零极点，观察系统奈氏图发生的变化以及对系统稳定性的影响。

6. 拓展与思考

1）若 $G(s)H(s)=\dfrac{k}{s^{\nu}(s+1)(s+2)}$：

① 令 $\nu=1$，分别绘制 $k=1$，2，10 时系统的奈氏图并保持，比较分析系统开环增益 k 不同时，系统奈氏图的差异，并得出结论。

② 令 $k=1$，分别绘制 $\nu=1$，2，3，4 时系统的奈氏图并保持，比较分析 ν 不同时，系统奈氏图的差异，并得出结论。

2）函数 nichols( ) 可以绘制尼科尔斯曲线，与函数 ngrid（'new'）同时使用，能够读出系统的闭环谐振峰值，判断系统的稳定性。

5.4 基于 MATLAB 的控制系统伯德图及其频域分析

1. 实验目的

1）熟练掌握运用 MATLAB 命令绘制控制系统伯德图的方法。

2）了解系统伯德图的一般规律及其频域指标的获取方法。

3）熟练掌握运用伯德图分析控制系统稳定性的方法。

2. 实验原理

(1) 对数频率特性曲线

对数频率特性曲线又称为频率特性的对数坐标图或伯德图，由两张图组成：一张是对数幅频特性，它的纵坐标为 $20\lg|G(j\omega)|$，单位是 dB，$20\lg|G(j\omega)|$ 常用 $L(\omega)$ 表示；另一张是相频特性图，它的纵坐标单位为（°）。两张图的纵坐标均按线性分度，横坐标是角频率 ω，采用 $\lg(\omega)$ 分度（为了能在一张图上同时展示出频率特性的低频和高频部分）。故坐标点 ω 不得为 0。1～10 的距离等于 10～100 的距离，这个距离表示十倍频程，用 dec 表示。

用对数频率特性曲线表示系统频率特性的优点是：

1）幅频特性的乘除运算转变为加减运算。

2）对系统做近似分析时，只需画出对数幅频特性曲线的渐近线，大大简化了图形的绘制。

3）可以用实验方法将测得的系统（或环节）频率响应（ω 从 0 变化到 ∞）的数据画在半对数坐标纸上，根据所作出的曲线，估算被测系统的传递函数。

(2) 对数频率稳定性判据

对数频率特性曲线是奈氏判据移植于对数频率坐标的结果。若 $G(j\omega)H(j\omega)$ 包围点（-1，j0），即 $G(j\omega)H(j\omega)$ 在点（-1，j0）左边有交点，在伯德图中表现为：在 $L(\omega)>$ 0dB 所在的频段范围内，$\varphi(\omega)$ 与 $-180°$线有交点。

对数频率稳定性判据的内容为：闭环系统稳定的充分必要条件是当 ω 从 0 变化到 ∞ 时，在开环系统对数幅频特性曲线 $L(\omega)>0$dB 的频段内，相频特性 $\varphi(\omega)$ 穿越 $(2k+1)\pi$（$k=0$，±1，±2，…）的次数 $N=\dfrac{P}{2}$。其中 $N=N_+-N_-$，N_+ 为正穿越次数，N_- 为负穿越次数，P 为开环传递函数的正实部极点数。

(3) 稳定裕度

频域的相对稳定性即稳定裕度，常用相位裕度 γ 和幅值裕度 h 来度量。

1）相位裕度 γ。当开环奈氏曲线的幅值为 1 时，其相位角 $\varphi(\omega_c)$ 与 $-180°$（即负实轴）的相位差 γ 称为相位裕度 γ，即

$$\gamma=\varphi(\omega_c)-(-180°)=180°+\varphi(\omega_c)$$

式中，ω_c 为奈氏曲线与单位圆相交处的频率，称为幅值穿越频率、截止频率或剪切频率。

当 $\omega=\omega_c$ 时，有 $|G(j\omega)H(j\omega)|=1$。

相位裕度的含义是，对于闭环稳定系统，如果开环相频特性再滞后 γ，则系统将变为临界稳定。当 $\gamma>0$ 时，相位裕度为正，闭环系统稳定。当 $\gamma=0$ 时，表示奈氏曲线恰好

通过点（-1，j0），系统处于临界稳定状态。当 $\gamma<0$ 时，相位裕度为负，闭环系统不稳定。

2）幅值裕度 h。幅值裕度 h 定义为奈氏曲线与负实轴相交处的幅值的倒数，即

$$h=\frac{1}{|G(j\omega_x)H(j\omega_x)|}$$

式中，ω_x 为奈氏曲线与负实轴相交处的频率，称为相位穿越频率，又称为相角交界频率。

当 $\omega=\omega_x$ 时，有 $\angle G(j\omega)H(j\omega)=(2k+1)\pi$，$k=0,\ \pm1,\ \cdots$。

对数坐标下，幅值裕度定义为

$$h_{dB}=-20\lg|G(j\omega_x)H(j\omega_x)|$$

幅值裕度 h 的含义是，对于闭环稳定系统，如果系统开环幅频特性再增大为原来的 h 倍，则系统将变为临界稳定状态。当 $h>1$，即 $h_{dB}>0$ 时，闭环系统稳定。当 $h=1$ 时，系统处于临界稳定状态。当 $h<1$，即 $h_{dB}<0$ 时，闭环系统不稳定。

对于稳定的最小相位系统，幅值裕度指出了系统在不稳定之前增益能够增大多少。对于不稳定系统，幅值裕度指出了为使系统稳定增益应当减少多少。

一阶或二阶系统的幅值裕度为无穷大，因为这类系统的奈氏曲线与负实轴不相交。因此，理论上一阶或二阶系统一定是稳定的。当然，一阶或二阶系统在一定意义上说只能是近似的，因为在推导系统方程时，忽略了一些小的时间滞后，因此它们不是真正的一阶或二阶系统。如果计及这些小的滞后，则所谓的一阶或二阶系统可能是不稳定的。

3）关于相位裕度和增益裕度的几点说明如下：

控制系统的相位裕度和幅值裕度是系统的奈氏曲线对点（-1，j0）靠近程度的度量。因此，这两个裕度可以用来作为设计准则。只用幅值裕度或只用相位裕度，都不足以说明系统的相对稳定性。为了确定系统的相对稳定性，必须同时给出这两个量。

对于最小相位系统，只有当相位裕度和幅值裕度都是正值时，系统才是稳定的。负的裕度表示系统不稳定。适当的相位裕度和幅值裕度可以防止系统中组件变化造成的影响。为了得到满意的性能，相位裕度应当为30°~60°，幅值裕度应当大于6dB。

3. 实验内容

（1）绘制连续系统的伯德图

给定系统开环传递函数 $G(s)=\dfrac{num(s)}{den(s)}$ 中的分子和分母多项式系数向量 ***num***、***den***，在MATLAB 中函数 bode( ) 用来绘制连续系统的伯德图，其常用调用格式有三种。

格式一：bode(num，den)

格式一可在当前图形窗口中直接绘制系统的伯德图，角频率向量 ω 的范围自动设定。

格式二：bode(num，den，w)

格式二用于绘制的系统伯德图，ω 为输入给定角频率，用来定义绘制伯德图时的频率范围或者频率点。ω 为对数等分，用对数等分函数 logspace( ) 完成，其调用格式为 logspace(d1，d2，n)，表示将变量 ω 进行对数等分，函数中 d1、d2 为 $10^{d1}\sim10^{d2}$ 之间的变量，n 为等分点数。

格式三：[mag，phase，w] = bode(num，den)

格式三返回变量格式，不作图，计算系统伯德图的输出数据。输出变量 mag 是系统伯

德图的幅值向量，$mag=|G(\mathrm{j}\omega)|$，注意此幅值不是 dB 值，须用 magdb = 20 * log(mag) 转换。phase 是伯德图的辐角向量，$phase=\angle G(\mathrm{j}\omega)$，单位为（°）。$\omega$ 是系统伯德图的频率向量，单位为 rad/s。

【例 5-3】 已知控制系统的开环传递函数，绘制其伯德图。

$$G(s)H(s)=\frac{10}{s^2+2s+10}$$

解：MATLAB 程序为：

```
num = [10];   den = [1   2   10];
bode(num,den)                          % 显示系统的伯德图
```

程序运行后的伯德图如图 5-12 所示。

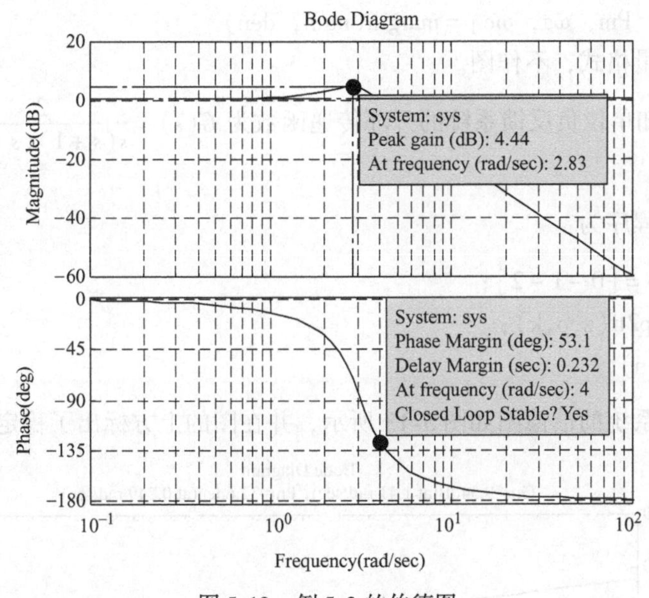

图 5-12　例 5-3 的伯德图

【例 5-4】 在上述系统伯德图中，确定谐振峰值的大小 M_r 与谐振频率 ω_r。

解：MATLAB 程序为：

```
[m,p,w] = bode(num,den);      % 返回变量格式,得到(m,p,ω)向量
mr = max(m)                   % 由最大值函数得到 m 的最大值
wr = spline(m,w,mr)           % 由插值函数 spline 求得谐振频率
```

运行结果为：谐振峰值 $M_r=1.6667$，谐振频率 $\omega_r=2.8284\text{rad/s}$。

谐振峰值 $M_r=1.6667$ 转化成对数 $20\lg M_r=20\lg 1.667\text{dB}=4.437\text{dB}$，可见由插值函数计算得到的谐振峰值 M_r、谐振频率 ω_r 与图 5-12 中的峰值点的数据吻合。

Tips：spline( ) 为 3 次样条函数插值，插值精度高，误差较小，函数格式为

```
spline(x,y,xi)
```

式中，$y=f(x)$，xi 为等分值。

【自我实践 5-2】 某单位反馈系统的闭环传递函数为 $G(s)=\dfrac{100}{s^2+6s+100}$。

1）在 $\omega=0.1\text{rad/s}$ 到 $\omega=1000\text{rad/s}$ 之间，用函数 logspace 生成系统闭环伯德图，估计系统的谐振峰值 M_r、谐振频率 ω_r 和带宽 ω_b。

2）由 M_r 和 ω_r 推算系统的阻尼比 ζ 和无阻尼自然频率 ω_n，写出闭环传递函数，并与已知传递函数做比较。

（2）计算系统的稳定裕度（包括幅值裕度 G_m 和相位裕度 P_m）

函数 margin( ) 可以从系统频率响应中计算系统的稳定裕度及其对应的频率。

格式一：margin(num, den)

格式一给定开环系统的数学模型，作伯德图，并在图上标注幅值裕度 G_m 和对应的频率 ω_g，以及相位裕度 P_m 和对应的频率 ω_c。

格式二：[Gm, Pm, ωg, ωc] = margin(num, den)

格式二返回变量格式，不作图。

【例 5-5】 已知单位负反馈系统的开环传递函数为 $G(s)=\dfrac{2}{s(s+1)(s+2)}$，求系统的稳定裕度。

解：MATLAB 程序为：

```
k=2;z=[ ];p=[0 -1 -2];
[num,den]=zp2tf(z,p,k);
margin(num,den)
```

程序运行后，系统的伯德图如图 5-13 所示，并在图的上方标出了稳定裕度。

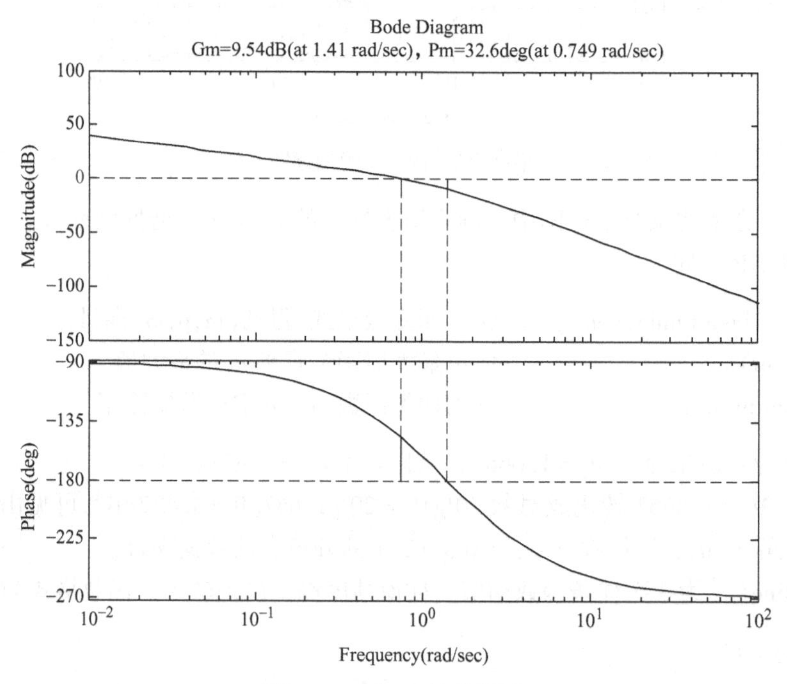

图 5-13　例 5-5 的伯德图

【自我实践5-3】 某单位负反馈系统的传递函数为 $G(s)=\dfrac{k}{s(s+1)(s+2)}$。

1）当 $k=4$ 时，计算系统的增益裕度、相位裕度，在伯德图上标注低频段斜率、高频段斜率及低频段、高频段的渐进相位角。

2）如果希望幅值裕度为16dB，求出对应的 k 值，并验证。

（3）系统对数频率稳定性分析

【例5-6】 系统开环传递函数为 $G(s)=\dfrac{k}{s(0.5s+1)(0.1s+1)}$，尝试 k 取不同的值时，分析系统的稳定性，找出系统临界稳定时的增益 K_c。

解：令 $k=1$，程序为：

```
num = 1; d1 = [1 0]; d2 = [0.5 1]; d3 = [0.1 1];
den = conv(d1,conv(d2,d3));
margin(num,den)
```

程序运行后，系统的伯德图如图5-14所示，可以看出，当 $k=1$ 时系统是稳定的。

由图5-14可知，$G_m=21.6\text{dB}$，$\omega_g=4.47\text{rad/s}$，$P_m=60.4°$，$\omega_c=0.9076\text{rad/s}$。

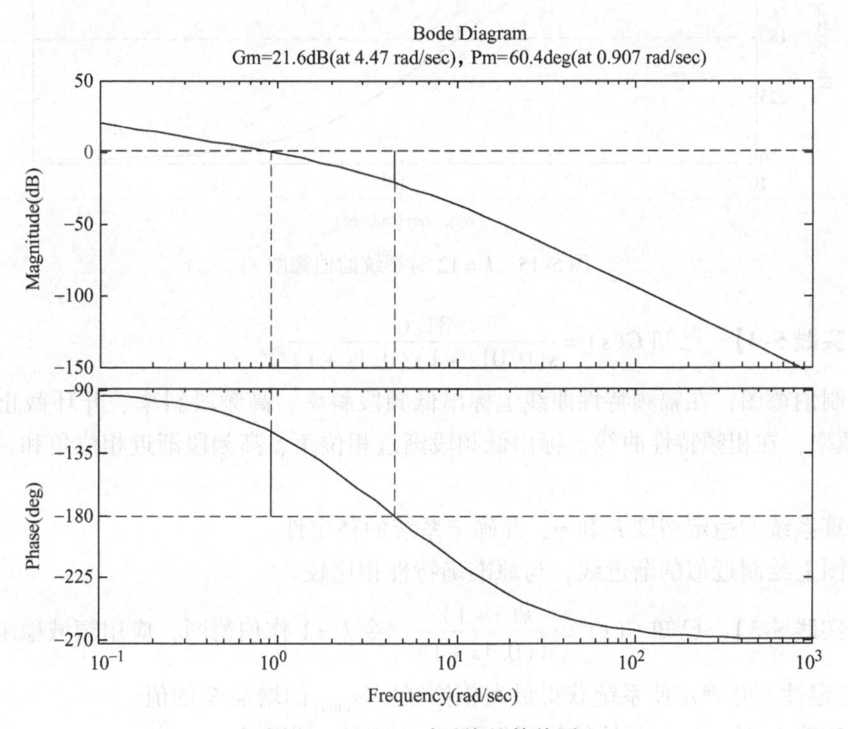

图5-14　$k=1$ 时系统的伯德图

由插值函数spline()确定系统稳定的临界增益，程序如下：

```
[m,p,w] = bode(num,den);
wi = spline(p,w, -180);
mi = spline(w,m,wi);
k = 1/mi
```

运行程序后，得到系统的临界增益为 $K_c = 11.9988 \approx 12$，对应的伯德图如图 5-15 所示。由图可知，$G_m = 0\text{dB}$，$\omega_g = 4.47\text{rad/s}$，$P_m \approx 0°$，$\omega_c = 4.47\text{rad/s}$，此时系统处于临界稳定状态，阶跃响应做等幅振荡，属于不稳定状态。因此，当 $K < 12$ 时系统的幅值裕度 $G_m > 0\text{dB}$，相位裕度 $P_m > 0°$，系统是稳定的；当 $K > 12$ 时，系统不稳定。

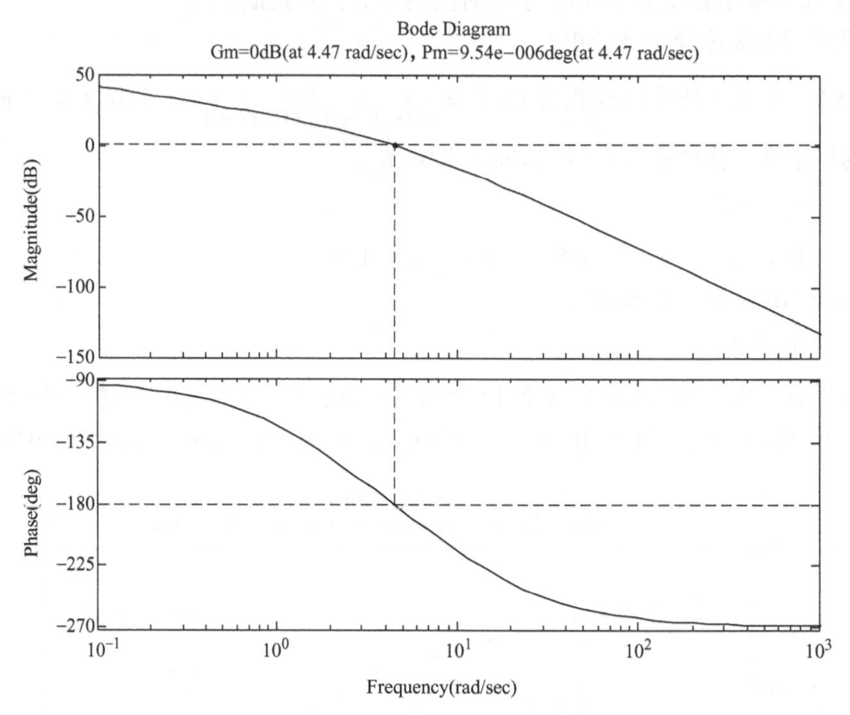

图 5-15　$k = 12$ 时系统的伯德图

【自我实践 5-4】　已知 $G(s) = \dfrac{31.6}{s(0.01s+1)(0.1s+1)}$。

1）绘制伯德图，在幅频特性曲线上标出低频段斜率、高频段斜率、开环截止频率和中频段穿越频率，在相频特性曲线上标出低频段渐近相位角、高频段渐近相位角和 −180°线的穿越频率。

2）计算系统的稳定裕度 h 和 γ，并确定系统的稳定性。

3）在图上绘制近似的渐近线，与原准确特性相比较。

【自我实践 5-5】　已知 $G(s) = \dfrac{k(s+1)}{s^2(0.1s+1)}$，令 $k = 1$ 作伯德图，应用频域稳定性判据确定系统的稳定性，并确定使系统获得最大相位裕度 γ_{cmax} 的增益 K 的值。

【自我实践 5-6】　已知系统结构图如图 5-16 所示，分别令

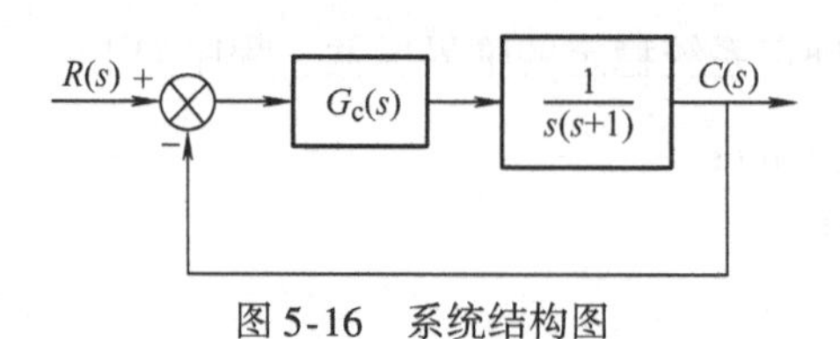

图 5-16　系统结构图

1）$G_c(s)=1$

2）$G_c(s)=\dfrac{0.5s+1}{0.1s+1}$

作伯德图，分别计算两个系统的稳定裕度值，然后进行性能比较及时域仿真验证。

4. 实验数据记录

将各次实验的曲线保存在 Word 文档中，以备写实验报告使用，稳定裕度数据记录在曲线图的下方。要求每条曲线注明传递函数，分析后得出实验结论。

5. 实验能力要求

1）熟练使用 MATLAB 绘制控制系统的伯德图，掌握函数 bode( ) 和 margin( ) 的三种调用格式，并灵活运用。

2）学会根据系统伯德图做渐近处理，建立系统的数学模型。

3）熟练应用对数频率稳定性判据，根据伯德图分析控制系统的稳定性。

4）分析系统开环增益、零极点的变化对系统稳定裕度指标的影响。

6. 拓展与思考

1）若 $G(s)H(s)=\dfrac{1}{T^2s^2+2\zeta Ts+1}$，令 $T=0.1$、$\zeta=2$、1、0.5、0.1、0.01，分别作伯德图并保持，比较不同阻尼比时系统频率特性的差异，并得出结论。

2）利用 Simulink 仿真环境，验证二阶系统的频域指标与动态性能指标之间的关系。

第 6 章　线性系统的校正与设计

本章导读

本章的主要内容是采用频率法设计校正装置来提高系统性能，工程设计中常用的三种校正方式是串联校正、反馈校正和复合校正。

6.1 节的主要内容是使用模拟电路装置实现连续系统串联超前、滞后、超前-滞后校正，分析三种校正网络对系统过渡过程的影响。

6.2 节～6.4 节主要介绍对给定系统设计满足频域（或时域）性能指标的串联校正装置的方法，重点是频率法设计串联有源和无源校正网络的步骤。

6.5 节的主要内容是对给定系统设计反馈校正装置，重点是综合法设计反馈校正环节，以及使用 Simulink 观察反馈校正环节对系统稳定性及过渡过程的影响。

6.6 节主要介绍使用 Ziegler-Nichols 整定法（反应曲线法和临界比例度法）、衰减曲线法为给定系统设计 PID 控制器，重点是 PID 控制器参数在线实验工程整定。

6.1　连续系统串联校正装置模拟电路的实现

1. 实验目的

1）加深理解串联校正装置对系统动态性能的校正作用。

2）对给定系统进行串联校正设计，并使用模拟电路装置实现校正网络。

3）比较串联超前校正、串联滞后校正及串联超前-滞后校正的特点。

2. 实验原理

（1）串联校正装置的分类

串联校正装置分为无源和有源两类。无源串联校正装置通常由 *RC* 无源网络构成；有源串联校正装置通常由运算放大器加 *RC* 网络组成，其参数可根据需要调整。串联校正装置一般接在系统误差测量点之后和放大器之前，串联于系统前向通道之中，可设计成为超前校正、滞后校正或滞后-超前校正装置。

（2）串联校正原理

1）串联超前校正：实质是利用相位超前，通过选择适当参数使出现最大超前角时的频率接近系统幅值穿越频率，使截止频率后移，相位角超前，从而有效地增加系统的相位裕度，提高系统的相对稳定性。当系统有满意的稳态性能而动态响应不符合要求时，可采用超前校正。

2）串联滞后校正：利用校正后系统的幅值穿越频率左移，使截止频率前移，增大幅值裕量，改善动态性能。如果使校正环节的最大滞后相角的频率远离校正后的幅值穿越频率，而且处于相当低的频率上，就可以使校正环节的相位滞后对相位裕度的影响尽可能小。特别当系统满足静态要求，不满足幅值裕度和相位裕度，而且相频特性在幅值穿越频率附近相位变化明显时，采用滞后校正能够收到较好的效果。

3）串联超前-滞后校正：如果单用超前校正相位不够大，不足以使相位裕度满足要求，而单用滞后校正幅值穿越频率又太小，保证不了响应速度时，则需用超前-滞后校正，可改善幅频特性，使截止频率前移，增大幅值裕量，改善动态性能。

3. 实验内容与步骤

（1）串联超前校正

系统模拟电路如图6-1所示，图中开关S断开对应未校正，接通对应超前校正。系统结构图如图6-2所示。比较系统校正前后的动态响应过程，总结串联超前校正对系统产生的作用。

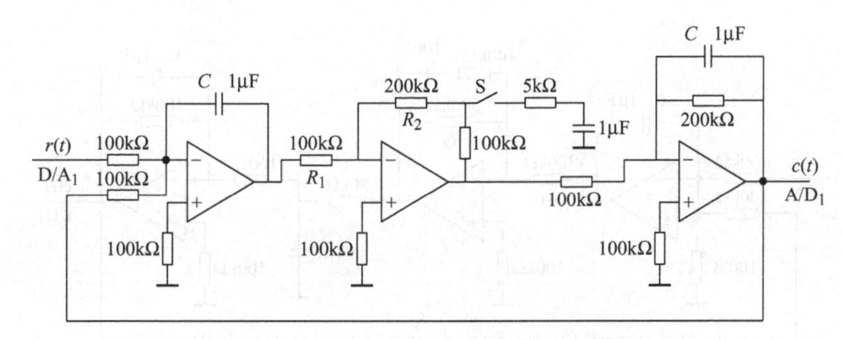

图6-1　串联超前校正系统模拟电路图

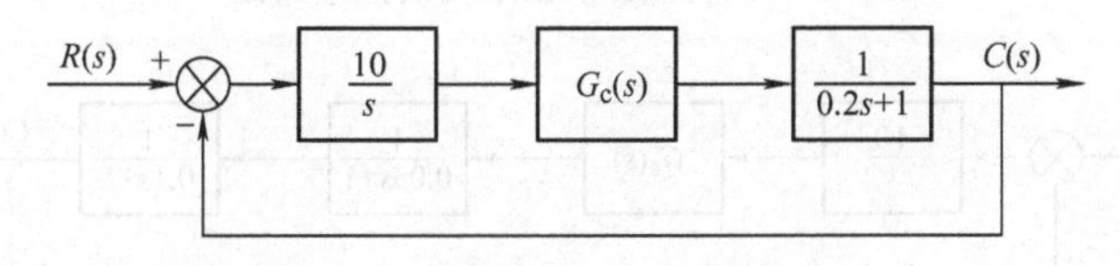

图6-2　串联超前校正系统结构图

图6-2中，$G_c(s)=\dfrac{2(0.055s+1)}{0.005s+1}$。

实验步骤如下：

1）按照图6-1所示，连接被测系统的模拟电路，开关S放在断开位置，进行计算机通信测试。

2）运行测试软件，选择菜单中“连续系统串联校正”→“超前校正”，设置弹出窗口中的参数：输入选择阶跃信号，幅值为-1。

3）观察系统的阶跃响应，测量系统的动态性能指标（超调量M_p、峰值时间t_p和调整时间t_s），并记录数据填入表6-1中。

表6-1　串联超前校正前后系统的动态响应性能指标

动态性能指标	校正前		校正后	
	理论值	实测值	理论值	实测值
超调量M_p				
峰值时间t_p/ms				

（续）

动态性能指标	校正前		校正后	
	理论值	实测值	理论值	实测值
调整时间 t_s/ms				
阶跃响应曲线				

4）开关 S 接通，重复步骤 2）~3），将两次所测得的波形和数据进行比较，总结串联超前校正对系统产生的作用。

（2）串联滞后校正

系统模拟电路如图 6-3 所示，开关 S 断开对应未校正，接通对应滞后校正。系统结构图如图 6-4 所示。比较系统校正前后的动态响应过程，总结串联滞后校正对系统产生的作用。

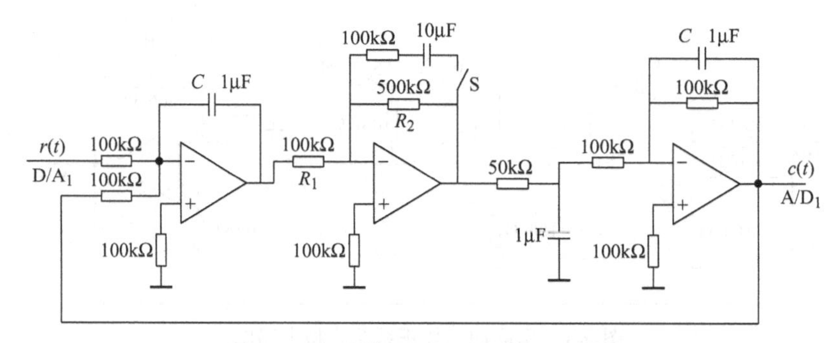

图 6-3　串联滞后校正系统模拟电路图

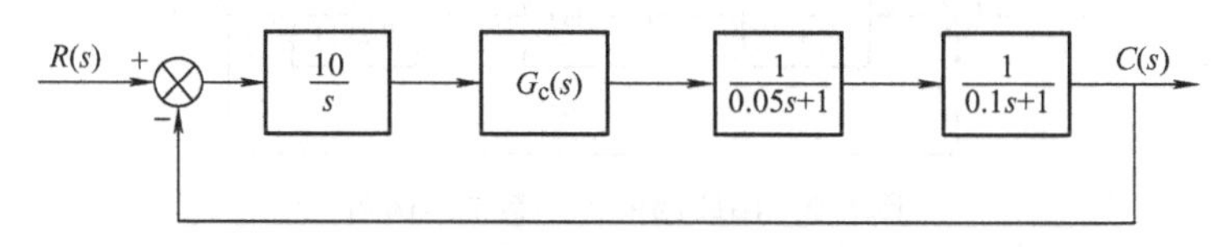

图 6-4　串联滞后校正系统结构图

图 6-4 中，$G_c(s)=\dfrac{10(s+1)}{11s+1}$。

实验步骤如下：

1）按照图 6-3 所示，连接被测系统的模拟电路，开关 S 放在断开位置，进行计算机通信测试。

2）运行测试软件，选择菜单中"连续系统串联校正"→"滞后校正"，设置弹出窗口中的参数：输入选择阶跃信号，幅值为 -1。

3）观察系统的阶跃响应，测量系统的动态性能指标（超调量 M_p、峰值时间 t_p 和调整时间 t_s），并记录数据填入表 6-2 中。

表 6-2　串联滞后校正前后系统的动态响应性能指标

动态性能指标	校正前		校正后	
	理论值	实测值	理论值	实测值
超调量 M_p				

（续）

动态性能指标	校正前		校正后	
	理论值	实测值	理论值	实测值
峰值时间 t_p/ms				
调整时间 t_s/ms				
阶跃响应曲线				

4）开关S接通，重复步骤2）~3），将两次所测得的波形和数据进行比较，总结串联滞后校正对系统产生的作用。

（3）串联超前-滞后校正

系统模拟电路如图6-5所示，双刀开关断开对应未校正，接通对应超前-滞后校正。系统结构图如图6-6所示。比较系统校正前后的动态响应过程，总结串联超前-滞后校正对系统产生的作用。

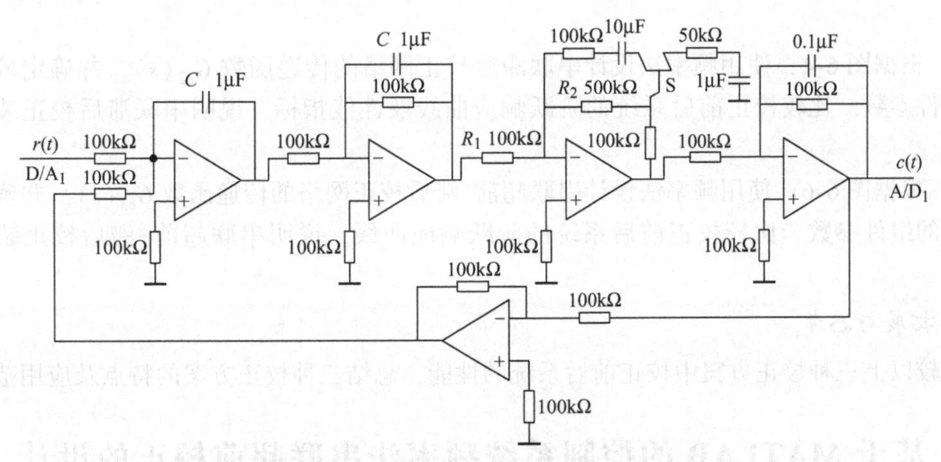

图6-5　串联超前-滞后校正系统模拟电路图

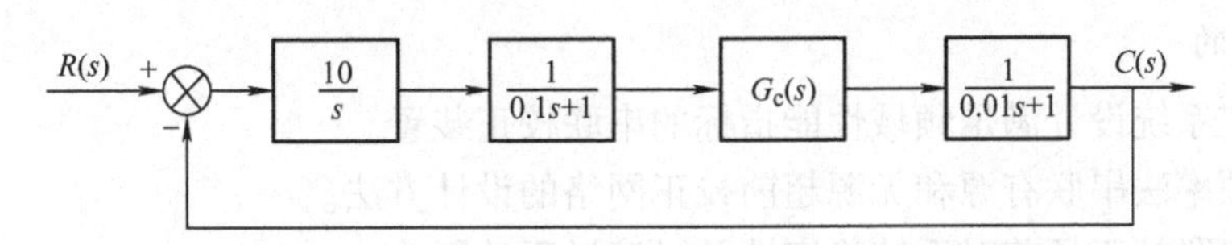

图6-6　串联超前-滞后校正系统结构图

图6-6中，$G_c(s)=\dfrac{6(1.2s+1)(0.15s+1)}{(6s+1)(0.05s+1)}$。

实验步骤如下：

1）按照图6-5所示，连接被测系统的模拟电路，开关S放在断开位置，进行计算机通信测试。

2）运行测试软件，选择菜单中“连续系统串联校正”→“超前-滞后校正”，设置弹出窗口中的参数：输入选择阶跃信号，幅值为1。

3）观察系统的阶跃响应，测量系统的动态性能指标（超调量M_p、峰值时间t_p和调整时间t_s），并记录数据填入表6-3中。

表 6-3　串联超前-滞后校正前后系统的动态响应性能指标

动态性能指标	校正前		校正后	
	理论值	实测值	理论值	实测值
超调量 M_p				
峰值时间 t_p/ms				
调整时间 t_s/ms				
阶跃响应曲线				

4）双刀开关 S 接通，重复步骤 2）~3），将两次所测得的波形和数据进行比较，总结串联超前-滞后校正对系统产生的作用。

4. 实验能力要求

1）根据图 6-2，使用频率法设计串联超前校正网络的传递函数 $G_{c1}(s)$，并确定校正装置的组件参数。比较校正前后系统的阶跃响应曲线及性能指标，说明串联超前校正装置的作用。

2）根据图 6-4，使用频率法设计串联滞后校正网络的传递函数 $G_{c2}(s)$，并确定校正装置的组件参数。比较校正前后系统的阶跃响应曲线及性能指标，说明串联滞后校正装置的作用。

3）根据图 6-6，使用频率法设计串联超前-滞后校正网络的传递函数 $G_{c3}(s)$，并确定校正装置的组件参数。比较校正前后系统的阶跃响应曲线，说明串联超前-滞后校正装置的作用。

5. 拓展与思考

比较以上三种校正方案中校正前后系统的性能，总结三种校正方案的特点及应用范围。

6.2　基于 MATLAB 的控制系统频率法串联超前校正的设计

1. 实验目的

1）对给定系统设计满足频域性能指标的串联校正装置。

2）掌握频率法串联有源和无源超前校正网络的设计方法。

3）掌握串联校正环节对系统稳定性及过渡过程的影响。

2. 实验原理

（1）频率法校正的设计思路

一般来说，开环频率特性的低频段表征了闭环系统的稳态性能，中频段表征了闭环系统的动态性能，高频段表征了闭环系统的复杂性和噪声抑制性能。因此，用频率法对系统进行校正的基本思路是，通过所加校正装置改变系统开环频率特性的形状，使校正后系统的开环频率特性具有如下特点：

1）低频段的增益充分大，满足稳态精度的要求。

2）中频段的幅频特性的斜率为 -20dB/dec，相位裕度要求在 45°左右，并具有较宽的频带，这一要求是为了使系统具有满意的动态性能。

3）高频段要求幅值迅速衰减，以较少噪声的影响。

（2）串联超前校正装置

用频率法对系统进行超前校正的基本原理是利用超前校正网络的相位超前特性来增大系统的相位裕度，以达到改善系统瞬态响应的目标。为此，要求校正网络最大的相位超前角出现在系统的截止频率（剪切频率）处。

串联超前校正的特点如下：主要对未校正系统中频段进行校正，使校正后中频段幅值的斜率为 -20dB/dec，且有足够大的相位裕度；超前校正会使系统瞬态响应的速度变快，校正后系统的截止频率增大。这表明，校正后系统的频带变宽，瞬态响应速度变快，相当于微分效应；但系统抗高频噪声的能力变差。对此，在校正装置设计时必须注意。

1）有源超前校正网络。图6-7所示为常用的有源超前网络，其传递函数为

$$G_c(s)=K\frac{1+Ts}{1+\beta Ts}$$

式中，T 为时间常数，$T=R_1C$；β 为分度系数，$\beta=\dfrac{R_2}{R_1+R_2}<1$；$K=\dfrac{R_3}{R_1+R_2}$。

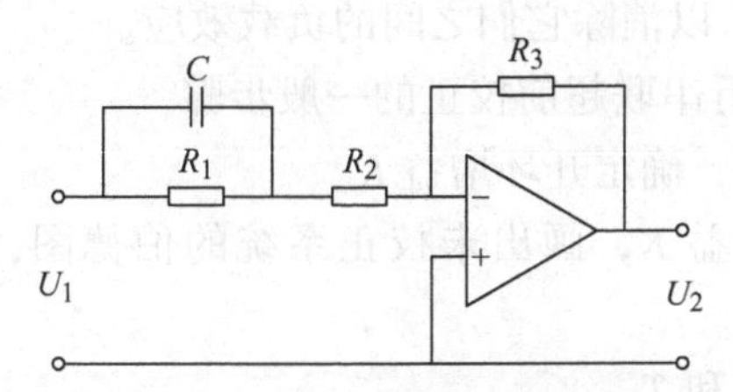

图6-7　串联有源超前校正网络

2）无源超前校正网络。图6-8a所示为常用的无源超前网络，假设该网络信号源的阻抗很小，可以忽略不计，而输出负载的阻抗为无穷大，则其传递函数为

$$G_c(s)=\frac{1}{\alpha}\cdot\frac{1+\alpha Ts}{1+Ts}$$

式中，T 为时间常数，$T=\dfrac{R_1R_2C}{R_1+R_2}$；$\alpha$ 为分度系数，$\alpha=\dfrac{R_1+R_2}{R_2}>1$。

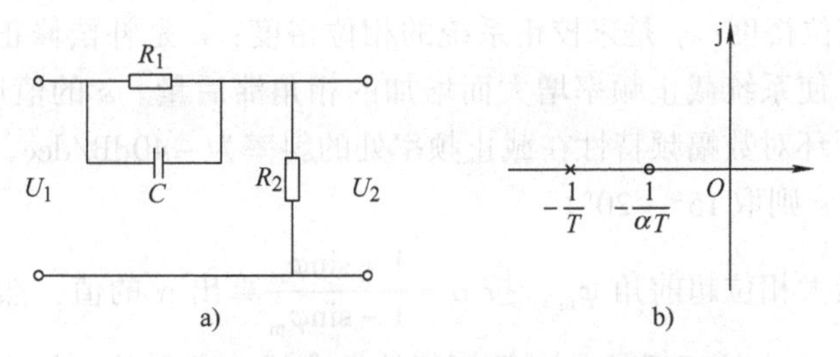

图6-8　串联无源超前校正网络及其零极点分布图

注意：采用无源超前网络进行串联校正时，整个系统的开环增益要下降到 $1/\alpha$，因此需要提高放大器增益加以补偿，此时的传递函数为 $\alpha G_c(s)=\dfrac{1+\alpha Ts}{1+Ts}$。

超前网络的零极点分布如图6-8b所示。由于 $\alpha>1$，故超前网络的负实零点总是位于

负实极点之右，两者之间的距离由常数 α 决定。由此可知，改变 α 和 T（即电路的参数 R_1、R_2、C）的数值，超前网络的零极点可在 s 平面的负实轴任意移动。无源超前网络的对数频率特性为

$$20\lg|\alpha G_c(s)| = 20\lg\sqrt{1+(\alpha T\omega)^2} - 20\lg\sqrt{1+(T\omega)^2}$$
$$\varphi_c(\omega) = \arctan\alpha T\omega - \arctan T\omega$$

可见，由于 $\alpha>1$，$\varphi_c(\omega)>0$，超前网络对频率在 $\frac{1}{\alpha T}\sim\frac{1}{T}$ 之间的输入信号有明显的微分作用，在该频率范围内输出信号相角比输入信号相角超前，超前网络的名称由此而得。在最大超前角频率 ω_m 处，具有最大相位超前角 φ_m，φ_m 正好处于频率 $\frac{1}{\alpha T}\sim\frac{1}{T}$ 的几何中心。此时最大相位超前角 $\varphi_m=\arcsin\frac{\alpha-1}{\alpha+1}$，幅值 $L_c(\omega_m)=20\lg\sqrt{\alpha}=10\lg\alpha$。

最大相位超前角 φ_m 与分度系数有关，α 增大引起 φ_m 增大，但 α 不能取得太大（为了保证较高的信噪比），α 一般不超过20，这种超前校正网络的最大相位超前角一般不大于65°。如果需要大于65°的相位超前角，则要两个超前网络相串联来实现，并在所串联的两个网络之间加一隔离放大器，以消除它们之间的负载效应。

（3）用频率法对系统进行串联超前校正的一般步骤

1）根据稳态误差的要求，确定开环增益 K。

2）根据所确定的开环增益 K，画出未校正系统的伯德图，计算未校正系统的相位裕度 γ。

3）计算超前网络参数 α 和 T。

① 根据截止频率 ω_c'' 的要求，选择最大超前角频率等于要求的系统截止频率，即 $\omega_m=\omega_c''$，以保证系统的响应速度，并充分利用网络的相角超前特性。显然，$\omega_m=\omega_c''$ 成立的条件是 $-L_o(\omega_c'')=L_c(\omega_c)=10\lg\alpha$，可以确定 α，再由 $T=\frac{1}{\omega_m\sqrt{\alpha}}$ 可以确定 T。

② 如果对截止频率没有特别要求，则可以由给定的相位裕度 γ'' 计算超前校正装置提供的相位超前量 φ，即

$$\varphi=\varphi_m=\gamma''-\gamma+\varepsilon$$

式中，γ'' 是给定的相位裕度；γ 是未校正系统的相位裕度；ε 是补偿修正量，用于补偿因超前校正装置的引入，使系统截止频率增大而增加的相角滞后量。ε 的值通常是这样估计的：如果未校正系统的开环对数幅频特性在截止频率处的斜率为 -40dB/dec，ε 一般取5°～10°；如果为 -60dB/dec，ε 则取15°～20°。

根据所确定的最大相位超前角 φ_m，按 $\alpha=\frac{1+\sin\varphi_m}{1-\sin\varphi_m}$ 算出 α 的值，然后计算校正装置在 ω_m 处的幅值 $10\lg\alpha$。由未校正系统的对数幅频特性曲线，求得其幅值为 $-10\lg\alpha$ 处的频率，该频率 ω_m 就是校正后系统的开环截止频率 ω_c''，即 $\omega_c''=\omega_m$。

4）确定校正网络的转折频率 ω_1 和 ω_2。

$$\omega_1=\frac{\omega_m}{\sqrt{\alpha}}=\frac{1}{T},\omega_2=\omega_m\sqrt{\alpha}=\frac{1}{\alpha T}$$

5）画出校正后系统的伯德图，验证已校正系统的相位裕度 γ''。如果不满足，则需增大 ε 值，从第3）步重新开始进行计算。

6）将原有开环增益增加 α 倍，补偿超前网络产生的幅值衰减，确定校正网络组件的参数。

3. 实验内容

（1）频率法有源超前校正装置的设计

【例6-1】 已知单位负反馈系统被控制对象的传递函数为

$$G_0(s)=\frac{K_0}{s(0.1s+1)(0.001s+1)}$$

试用频率法设计串联有源超前校正装置，使系统的相位裕度 $\gamma \geqslant 45°$，静态速度误差系数 $K_v=1000\text{s}^{-1}$。

解： 1）根据系统稳定态误差的要求，确定系统的开环放大系数 K_0。

由于要求 $K_v=1000$，则

$$K_v=\lim_{s\to 0}\frac{sK_0}{s(0.1s+1)(0.001s+1)}=K_0=1000$$

则未校正系统的开环传递函数为

$$G_0(s)=\frac{1000}{s(0.1s+1)(0.001s+1)}$$

2）绘制未校正系统的伯德图，确定未校正系统的幅值裕度 h 和相位裕度 γ。

MATLAB 程序为：

```
num = 1000; den = conv([1,0],conv([0.1,1],[0.001,1]));
G0 = tf(num,den); margin(G0)
```

运行结果显示，未校正系统的幅值裕度为0.0864dB，此时对应相频特性穿越 $-180°$ 线处的频率为100rad/s；相位裕度为0.0584°，剪切频率为99.486rad/s。未校正系统的幅值裕度和相位裕度几乎为零，系统处于临界稳定状态，实际上属于不稳定系统，不能正常工作。

3）设计串联超前装置，确定有源超前校正装置提供的相位超前量 φ。

由于对校正后的截止频率 ω_c 没有提出要求，由给定的相位裕度计算系统需要增加的相位超前角，$\varphi_m=45°-0.0584°+8°\approx 53°$（附加角度为8°）。

4）确定校正网络的转折频率 ω_1 和 ω_2，然后确定校正器的传递函数为

$$G_c(s)=\frac{\dfrac{s}{\omega_1}+1}{\dfrac{s}{\omega_2}+1}=\frac{Ts+1}{\beta Ts+1}$$

MATLAB 参考程序如下：

```
num = 1000; den = conv([1,0],conv([0.1,1],[0.001,1]));
G0 = tf(num,den);                    %未校正系统的开环传递函数
[Gm,Pm,Wcg,Wcp] = margin(G0);        %未校正系统的频域性能指标
```

```
w =0.1:0.1:10000;                                   % 确定频率采样的间隔值
[mag,phase] = bode(G0,w);
magdb = 20 * log(mag);                              % 计算对数幅频响应值
phim1 =45; deta =8; phim = phim1 - Pm + deta;       % 确定相位超前角 φm
bita = (1 - sin(phim * pi/180))/(1 + sin(phim * pi/180));   % 确定 β 值
n = find(magdb + 10 * log10(1/bita) <= 0.0001);
% find()函数找出满足该式的 magdb 向量所有下标值
wc = n(1);                     % 取第 1 项为 wc 是为了最大限度利用超前相位量
w1 = (wc/10) * sqrt(bita);
w2 = (wc/10)/sqrt(bita);                            % 确定校正装置的两个转折频率
numc = [1/w1,1]; denc = [1/w2,1];                   % 令 k =1,确定校正装置的传递函数
Gc = tf(numc,denc);
G = Gc * G0;                                        % 校正后系统的开环传递函数
[Gmc,Pmc,Wcgc,Wcpc] = margin(G);                    % 校正前后系统的频域性能指标
GmcdB = 20 * log10(Gmc);
disp('校正装置的传递函数和校正后系统的开环传递函数'),Gc,G,
disp('校正后系统的频域性能指标 h,γ,ωc'),[GmcdB,Pmc,Wcpc],
disp('校正装置的参数 T 和 β 值:'),T = 1/w1; [T,bita],
bode(G0,G);                                         % 绘制校正前和校正后的伯德图
hold on,margin(G)                                   % 在同一窗口显示校正后的频域指标
```

程序执行结果显示：

```
校正装置的传递函数和校正后系统的开环传递函数

Transfer function:
0.02366s + 1
------------
0.002658s + 1
Transfer function:
              23.66s + 1000
-----------------------------------------
2.658e-007 s^4 + 0.0003684 s^3 + 0.1037 s^2 + s
校正后系统的频域性能指标 h, γ, ωc
   14.1912    40.7175   206.9575
校正装置的参数 T 和 β 值:
    0.0237     0.1123
```

5）画出校正后系统的伯德图，如图 6-9 所示，验证已校正系统的相位裕度 γ''。

由以上程序运行结果可以看出：设计结果完全可以满足系统的指标要求。

6）根据超前校正的参数，确定有源超前网络组件的值。

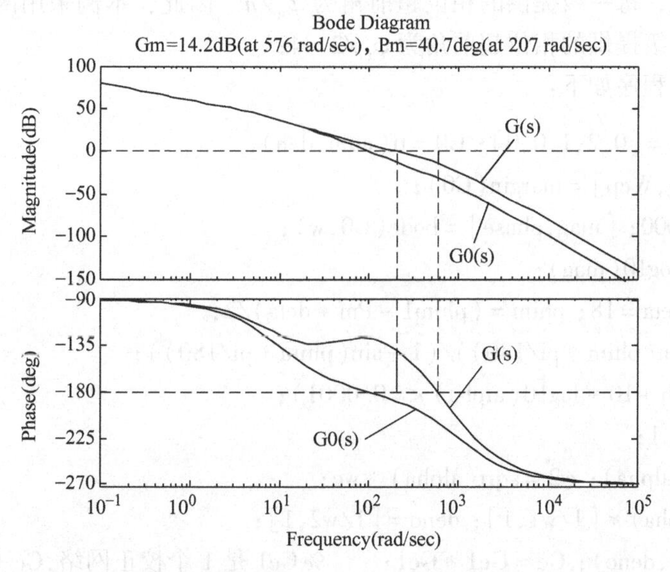

图6-9　有源超前校正前 $G_0(s)$ 和校正后 $G(s)$ 的伯德图

由 $\beta=\dfrac{R_2}{R_1+R_2}$，$T=R_1C$，取 $C=1\mu\text{F}$，则 $R_1=\dfrac{T}{C}=\dfrac{0.0174}{1\times10^{-6}}\Omega=17.4\text{k}\Omega$，$R_2=\dfrac{\beta R_1}{1-\beta}=\dfrac{0.1123\times17.4}{1-0.1123}\Omega=2.2\text{k}\Omega$。

将以上计算值标称化，取 $R_1=18\text{k}\Omega$，$R_2=2\text{k}\Omega$，则 $R_3=R_1+R_2=20\text{k}\Omega$。

【自我实践6-1】 单位负反馈传递函数为 $G_0(s)=\dfrac{K}{s(s+2)}$，试设计串联有源超前校正网络的传递函数 $G_c(s)$，使系统的静态速度误差系数 $K_v=20$，相位裕度 $\gamma>35°$，幅值裕度 $h>10\text{dB}$。

参考答案：$G_c(s)=\dfrac{0.22541s+1}{0.053537s+1}$，$G(s)=\dfrac{9.0165s+40}{0.05357s^3+1.1071s^2+2s}$。

（2）频率法无源超前校正装置的设计

【例6-2】 已知单位负反馈传递函数为 $G_0(s)=\dfrac{K}{s^2(0.2s+1)}$，试设计无源串联超前校正网络的传递函数 $G_c(s)$，使系统的静态加速度误差系数 $K_a=10$，相位裕度 $\gamma\geqslant35°$。

解：1）$K_a=\lim\limits_{s\to0}s^2G_0(s)=\lim\limits_{s\to0}s^2\dfrac{K}{s^2(0.2s+1)}=K=10$

故未校正系统的开环传递函数为

$$G_0(s)=\frac{10}{s^2(0.2s+1)}$$

2）绘制未校正系统的伯德图，可得未校正系统的相位裕度 $\gamma=-30.455°$，截止频率 $\omega_c=2.9361\text{rad/s}$，未校正系统处于不稳定状态。因此，系统需要增加的相位超前角 $\varphi_m=35°-(-30.46°)+18.54°=84°$（附加角度为18.54°）。

一般情况下，若需要校正网络提供的相位超前角 $\varphi_m>60°$，就须采用两级或 n 级串联超前校正网络来实现，每一级提供的相位超前角为 φ_m/n。因此，本例采用两级串联超前校正网络来实现，每一级提供的相位超前角为 $\varphi_m/2=42°$。

MATLAB 参考程序如下：

```
num = 10; den = [0.2,1,0,0]; G0 = tf(num,den);
[Gm,Pm,Wcg,Wcp] = margin(G0);
w = 0.1:1:10000; [mag,phase] = bode(G0,w);
magdb = 20 * log10(mag);
phim1 = 35; deta = 18; phim = (phim1 - Pm + deta)/2;
alpha = (1 + sin(phim * pi/180))/(1 - sin(phim * pi/180));
n = find(magdb + 10 * log10(alpha) <= 0.0001);
wc = n(1) + 0.1;
w1 = wc/sqrt(alpha); w2 = sqrt(alpha) * wc;
numc = (1/alpha) * [1/w1,1]; denc = [1/w2,1];
Gc1 = tf(numc,denc); Gc = Gc1 * Gc1;      % Gc1 是 1 个校正网络,Gc 是 2 个网络串联
G = (alpha)^2 * Gc * G0;
% G 是校正后的开环传递函数,α² 是校正网络的放大倍数
disp('显示单级校正网络传递函数,2 级串联校正网络传递函数及 α,T 值'),
T = 1/w2; Gc1,Gc,[alpha,T],
bode(G0,G); hold on,margin(G),figure(2);
sys0 = feedback(G0,1); step(sys0); hold on,
sys = feedback(G,1); step(sys)
```

执行程序后，得到校正网络的传递函数及校正后的伯德图和单位阶跃响应曲线，如图 6-10 和图 6-11 所示。

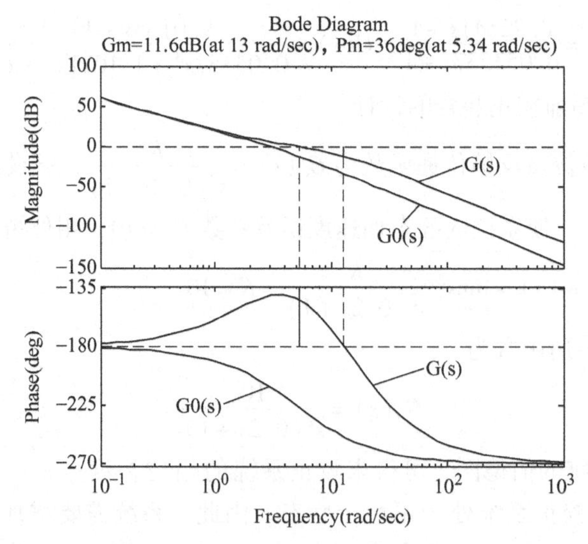

图 6-10　无源超前校正前 $G_0(s)$ 和校正后 $G(s)$ 的伯德图

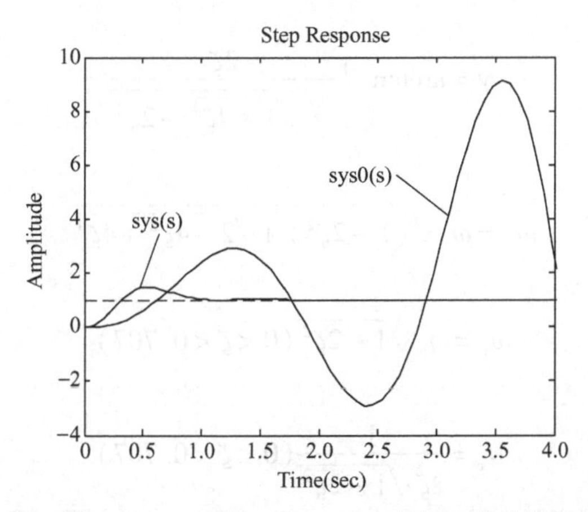

图6-11 校正前 $sys_0(s)$ 和校正后 $sys(s)$ 的闭环单位阶跃响应曲线

可见，校正后系统的幅值宽度 $h=11.598$，$\omega_x=12.976$，相位裕度 $\gamma=36.039°$，$\omega_c=5.3395\text{rad/s}$。设计结果满足要求，且校正后系统的单位阶跃响应稳定。

通过上例得出结论：采用串联超前校正的效果是中频段的 ω_c 和 γ 两项指标得以改善，动态指标 t_s 和 M_p 变好了；但是 $G_c(s)$ 幅值增加，使高频段 $L_c(\omega)$ 抬高，系统抗高频噪声能力降低。

【自我实践 6-2】 已知 $G_0(s)=\dfrac{K}{s\left(\dfrac{1}{2}s+1\right)\left(\dfrac{1}{30}s+1\right)}$，要求设计串联超前校正装置，使系统的稳态速度误差 $e_{ss}\leqslant 0.1$，$M_p\leqslant 27.5\%$，$t_s\leqslant 1.7\text{s}$，试确定 $G_c(s)$。

（提示：先将时域指标转化成频域指标。）

4. 实验数据记录

将实验的曲线保存在 Word 文档中，以备写实验报告使用，稳定裕度数据记录在曲线图的下方。要求每条曲线注明传递函数，分析后得出实验结论。

5. 实验能力要求

1）熟练掌握频率法设计控制系统串联有源和无源超前校正网络的方法。

2）熟练使用 MATLAB 编程完成控制系统串联超前校正设计，掌握函数 find( ) 的作用并灵活运用。

3）比较分析控制系统校正前后的各项性能指标，明确串联超前校正的作用。

4）了解串联超前校正环节对系统稳定性及过渡过程的影响。

6. 拓展与思考

比较串联有源和无源超前校正网络的异同，在实际应用中如何选择组件参数？

【补充】频域指标与时域指标之间的关系

1. 典型二阶系统频域与时域指标间的关系

（1）截止频率

$$\omega_c=\omega_n\sqrt{\sqrt{1+4\zeta^4}-2\zeta^2}$$

（2）相位裕度

$$\gamma = \arctan^{-1}\frac{2\zeta}{\sqrt{\sqrt{1+4\zeta^4}-2\zeta^2}}$$

（3）带宽频率

$$\omega_b = \omega_n\sqrt{(1-2\zeta^2)+\sqrt{2-4\zeta^2+4\zeta^4}}$$

（4）谐振频率

$$\omega_r = \omega_n\sqrt{1-2\zeta^2}\,(0<\zeta<0.707)$$

（5）谐振峰值

$$M_r = \frac{1}{2\zeta\sqrt{1-2\zeta^2}}(0<\zeta<0.707)$$

（6）超调量

$$M_p = e^{-\pi\zeta/\sqrt{1-\zeta^2}}\times 100\%$$

（7）调整时间

$$t_s = \frac{3.5}{\zeta\omega_n}(\Delta=5\%)\text{或}\,t_s = \frac{4.4}{\zeta\omega_n}(\Delta=2\%)$$

2. 高阶系统频域与时域指标之间的近似关系

（1）谐振峰值

$$M_r \approx \frac{1}{\sin\gamma}$$

（2）超调量

$$M_p = [0.16+0.4(M_r-1)]\times 100\% \quad (1\leqslant M_r\leqslant 1.8)$$

（3）调整时间

$$t_s = \frac{k\pi}{\omega_c}$$

式中，$k=2+1.5(M_r-1)+2.5(M_r-1)^2, 1\leqslant M_r\leqslant 1.8$。

6.3 基于MATLAB的控制系统频率法串联滞后校正的设计

1. 实验目的

1）为给定系统设计满足频域或时域指标的串联滞后校正装置。

2）掌握频率法设计串联滞后校正的方法。

3）掌握串联滞后校正对控制系统稳定性和过渡过程的影响。

2. 实验原理

（1）滞后校正的特点

由于滞后校正网络具有低通滤波器的特性，因而当它与系统的不可变部分串联时，会使系统开环频率特性的中频和高频段增益降低、截止频率 ω_c 减小，从而有可能使系统获得足够大的相位裕度。它不影响频率特性的低频段。由此可见，滞后校正在一定的条件下，也能使系统同时满足动态和静态的要求。

滞后校正的不足之处是：校正后系统的截止频率会减小，瞬态响应的速度要变慢；在截止频率 ω_c 处，滞后校正网络会产生一定的相角滞后量，相当于积分作用。为了使这个滞后角尽可能小，理论上总希望 $G_c(s)$ 的两个转折频率 ω_1、ω_2 比 ω_c 越小越好，但考虑物理实现上的可行性，一般取 $\omega_2 = 1/T = (0.1 \sim 0.25)\omega_c$ 为宜。

采用串联滞后校正可应用在系统响应速度要求不高而抑制噪声电平性能要求较高的情况下，或者要求保持原有的已满足要求的动态性能不变，而用以提高系统的开环增益、减小系统的稳态误差的场合。

(2) 滞后校正装置

1) 有源滞后校正网络。图6-12所示为常用的有源滞后网络，其传递函数为

$$G_c(s) = K \cdot \frac{1+\beta Ts}{1+Ts}$$

式中，T 为时间常数，$T = R_2C$；β 为分度系数，$\beta = \dfrac{R_3}{R_3+R_2} < 1$；$K = \dfrac{R_3}{R_1\beta}$。

2) 无源滞后校正网络。图6-13所示为无源滞后网络，如果信号源的内部阻抗为零，负载阻抗为无穷大，则其传递函数为

$$G_c(s) = \frac{1+bTs}{1+Ts}$$

式中，T 为时间常数，$T = (R_1+R_2)C$；b 为分度系数，$b = \dfrac{R_2}{R_1+R_2} < 1$。

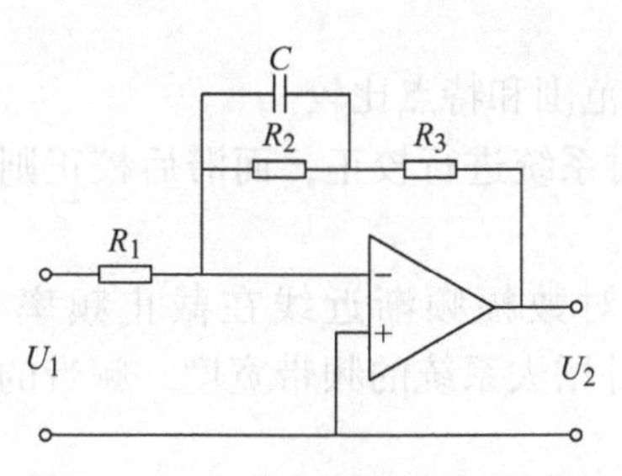

图6-12 串联有源滞后校正网络

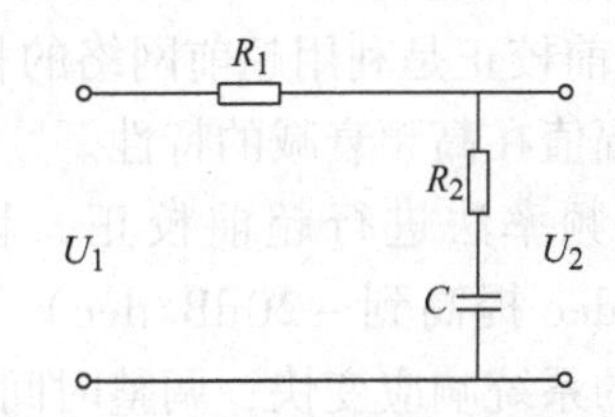

图6-13 串联无源滞后校正网络

滞后网络在 $\omega < \dfrac{1}{T}$ 时，对信号没有衰减作用；在 $\dfrac{1}{T} < \omega < \dfrac{1}{bT}$ 时，对信号有积分作用，呈滞后特性；在 $\omega > \dfrac{1}{T}$ 时，对信号的衰减量为 $20\lg b$，b 越小，这种衰减作用越强。最大滞后角发生在 $\dfrac{1}{T}$ 与 $\dfrac{1}{bT}$ 的几何中心。无源滞后网络进行串联校正时，主要利用其高频幅值衰减的特性，以降低系统的开环截止频率，提高系统的相位裕度。在设计中应力求避免最大滞后角发生在已校正系统的开环截止频率 ω_c'' 附近。选择滞后网络参数时，通常使网络的交接频率 $\dfrac{1}{bT} \ll \omega_c''$，一般取 $\dfrac{1}{bT} = \dfrac{\omega_c''}{10}$，则

$$\varphi_c(\omega_c'')=\arctan\frac{(b-1)\frac{10}{b}}{1+b\left(\frac{10}{b}\right)^2}=\arctan\frac{10(b-1)}{100+b}\approx\arctan(0.1(b-1))$$

（3）单位反馈最小相位系统频率法设计串联滞后校正网络的步骤

1）根据稳态性能要求，确定开环增益 K。

2）利用已确定的开环增益，画出未校正系统的对数频率特性曲线，确定未校正系统的截止频率 ω_c、相位裕度 γ 和幅值裕度 h_{dB}。

3）选择不同的 ω_c''，计算或查出不同的 γ 值，在伯德图上绘制 $\gamma(\omega_c'')$ 曲线。

4）根据相位裕度 γ''的要求，选择已校正系统的截止频率 ω_c''。考虑到滞后网络在新的截止频率 ω_c'' 处会产生一定的相角滞后 $\varphi_c(\omega_c'')$（一般取 5° ~ 10°），因此 $\gamma(\omega_c'')=\gamma''+\varphi_c(\omega_c'')$，在 $\gamma(\omega_c'')$ 曲线上可查出相应的 ω_c'' 值。

5）根据下述关系确定滞后网络的参数 b 和 T：

$$20\lg b+L'(\omega_c'')=0,\quad \frac{1}{bT}=0.1\omega_c''$$

要保证已校正系统的截止频率为新的截止频率 ω_c''，就必须使滞后网络的衰减量 $20\lg b$ 在数值上等于未校正系统在新截止频率 ω_c'' 上的对数幅频值 $L'(\omega_c'')$，该值在未校正系统的对数幅频曲线上可以查出，于是可以算出 b 值。

6）由已确定的 b 值可以算出滞后网络的 T 值。如果求得的 T 值过大难以实现，则可适当增大上面式子中的系数“0.1”，如在 0.1 ~ 0.25 范围内选取，而 $\varphi_c(\omega_c'')$ 的估计值应在 6° ~ 14°范围内确定。确定滞后校正装置的第二个转角频率 ω_2，通常 ω_2 为 ω_c'' 的 0.1 ~ 0.25 倍频程。由 $\omega_1=1/T=b\omega_2$，确定校正装置的第一个转角频率 ω_1。

7）验算已校正系统的相位裕度和幅值裕度。

（4）串联超前校正和串联滞后校正方法的适用范围和特点比较

1）超前校正是利用超前网络的相角超前特性对系统进行校正，而滞后校正则是利用滞后网络的幅值在高频衰减的特性。

2）用频率法进行超前校正，旨在提高开环对数幅频渐近线在截止频率处的斜率（-40dB/dec 提高到 -20dB/dec）和相位裕度，并增大系统的频带宽度。频带的变宽意味着校正后的系统响应变快，调整时间缩短。

3）对于同一系统，超前校正系统的频带宽度一般总大于滞后校正系统，因此，如果要求校正后的系统具有宽的频带和良好的瞬态响应，则采用超前校正。当噪声电平较高时，显然频带越宽的系统抗噪声干扰的能力也越差，对于这种情况，宜采用滞后校正。

4）超前校正需要增加一个附加的放大器，以补偿超前校正网络对系统增益的衰减。

5）滞后校正虽然能改善系统的静态精度，但它使系统的频带变窄，瞬态响应速度变慢。在有些应用方面，采用滞后校正可能得出时间常数大到不能实现的结果。如果要求校正后的系统既有快速的瞬态响应又有高的静态精度，则应采用滞后-超前校正。

3. 实验内容

【例 6-3】 已知单位负反馈系统 $G_0(s)=\dfrac{K}{s(0.0625s+1)(0.2s+1)}$，设计要求该系统的

相位裕度满足：$\gamma \geqslant 50°$，幅值裕度 $h \geqslant 17\mathrm{dB}$，静态速度误差 $K_v = 40\mathrm{s}^{-1}$。求串联滞后校正装置的传递函数 $G_c(s)$。

解：1）根据稳态误差要求，确定系统的开环放大系数 K。

$$K_v = \lim_{s \to 0} s \frac{K}{s(0.0625s+1)(0.2s+1)} = K = 40$$

则未校正系统的开环传递函数为

$$G_0(s) = \frac{40}{s(0.0625s+1)(0.2s+1)}$$

2）绘制其伯德图，可得其频域性能指标：未校正前系统的幅值宽度 $h = -5.5968\mathrm{dB}$，穿越频率 $\omega_x = 8.9443\mathrm{rad/s}$，相位裕度 $\gamma = -14.782°$，截止频率 $\omega_c = 12.134\mathrm{rad/s}$。

3）确定 ω_c' 的值。根据系统要求，可得 $\gamma(\omega_c') = \gamma' + \Delta = 50° + 6° = 56°$

应用 [mag, phase] = bode(sys, w) 求出 phase 向量，用函数 find( ) 求出 $\gamma(\omega_c')$ 的频率 ω_c'。

4）求 β 值。找出未校正系统的频率特性在 ω_c' 处的 $L(\omega_c')$，则 $L(\omega_c') + 20\lg\beta = 0$，故 $\beta = 10^{-L(\omega_c')/20}$。

5）确定校正装置的传递函数。选择校正网络的转折频率 $\omega_2 = \frac{1}{10}\omega_c'$，$\omega_1 = \beta\omega_2$，则校正装置的传递函数为

$$G_c(s) = \frac{1 + \frac{s}{\omega_2}}{1 + \frac{s}{\omega_1}}$$

MATLAB 程序如下：

```
num=40; den=conv([1,0],[0.0625,1]); den=conv(den,[0.2,1]);
G0=tf(num,den); margin(G0);
gamma0=50; delta=6; gamma=gamma0+delta;
w=0.01:0.01:1000; [mag,phase]=bode(G0,w);
n=find(180+phase-gamma<=0.1); wgamma=n(1)/100;
[mag,phase]=bode(G0,wgamma);
Lhc=-20*log10(mag); beta=10^(Lhc/20);
w2=wgamma/10; w1=beta*w2;
numc=[1/w2,1]; denc=[1/w1,1]; Gc=tf(numc,denc)
G=G0*Gc
bode(G0,G),hold on,margin(G),beta
```

程序执行后，显示校正网络的传递函数、校正后系统的开环传递函数、β 值及校正前后的伯德图，如图6-14所示。

$$G_c(s) = \frac{4.202s+1}{63.07s+1}, G(s) = \frac{168.1s+40}{0.7883s^4+16.575s^3+63.33s^2+s}, \beta = 0.0666$$

校正后系统的幅值裕度 $h = 17.409\mathrm{dB}$，穿越频率 $\omega_x = 8.6796\mathrm{rad/s}$；相位裕度 $\gamma =$

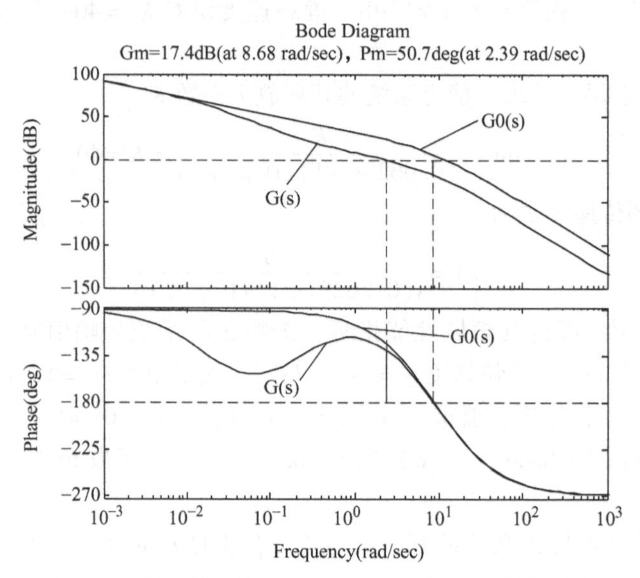

图6-14 滞后校正前 $G_0(s)$ 和校正后 $G(s)$ 的伯德图

50.653°，截止频率 $\omega_c=2.3897\text{rad/s}$，故串联滞后校正满足系统要求。

6）由滞后网络的参数 $T=63.07\text{s}$，$\beta=0.0666$，确定无源滞后网络的组件值。

$$\beta=\frac{R_2}{R_1+R_2}<1, T=(R_1+R_2)C$$

取 $C=100\mu\text{F}$，可计算出 $R_2=42\text{k}\Omega$，$R_1=588.7\text{k}\Omega$。然后将 C、R_1、R_2 的数值标称化，C 取 $100\mu\text{F}$，R_2 取 $47\text{k}\Omega$，R_1 取 $560\text{k}\Omega$。

【例6-4】 设单位反馈系统的开环传递函数为

$$G_0(s)=\frac{7}{s\left(\frac{1}{2}s+1\right)\left(\frac{1}{6}s+1\right)}$$

设计一个串联滞后校正网络，使校正后系统的相位裕度为40°±2°，幅值裕度不低于10dB，开环增益保持不变，截止频率不低于1rad/s。

解： 1）未校正系统的频域性能指标为：幅值宽度 $h=1.1598\text{dB}$，穿越频率为3.4641rad/s，相位裕度 $\gamma=3.3565°$，截止频率 $\omega_c=3.2376\text{rad/s}$。可见未校正系统几乎处于临界稳定状态。

2）编程计算滞后校正网络的传递函数（请读者自编程序）。

3）程序运行后得到校正网络的传递函数 $G_c(s)=\dfrac{7.937s+1}{36.51s+1}$，校正后系统的开环传递函数为 $G(s)=\dfrac{55.56s+7}{3.042s^4+24.42s^3+37.18s^2+s}$。

由伯德图可得校正后系统的幅值宽度 $h=13.823\text{dB}$，穿越频率为3.3483rad/s，相位裕度 $\gamma=41.347°$，截止频率 $\omega_c=1.2645\text{rad/s}>1\text{rad/s}$，故校正满足要求。

【自我实践6-3】 原系统的开环传递函数为 $G_0(s)=\dfrac{K(0.5s+1)}{s(s+1)(0.2s+1)(0.1s+1)}$，要求校正后系统的开环增益 $K=8$，相位裕度 $\gamma\geqslant35°$，幅值裕度≥6dB。设计串联滞后校正装置，

考虑能否用超前校正，若能，设计串联超前校正装置。

4. 实验数据记录

将实验的曲线保存在 Word 文档中，以备写实验报告使用，稳定裕度数据记录在曲线图的下方。要求每条曲线注明传递函数，分析后得出实验结论。

5. 实验能力要求

1）熟练掌握频率法设计控制系统串联有源和无源滞后校正网络的方法。

2）熟练使用 MATLAB 编程完成系统串联滞后校正的设计，明确滞后校正的效果。

6. 拓展与思考

了解串联滞后校正环节对系统稳定性及过渡过程的影响。

6.4　基于 MATLAB 的控制系统频率法串联滞后-超前校正的设计

1. 实验目的

1）掌握串联滞后-超前校正装置的作用和用途。

2）掌握频率法串联滞后-超前校正设计的方法。

3）熟练运用 MATLAB 求解校正装置传递函数的程序设计。

2. 实验原理

（1）滞后-超前校正的原理

串联滞后-超前校正实质上综合应用了滞后校正和超前校正各自的特点，即利用校正装置的超前部分来增大系统的相位裕度，以改善其动态性能，利用滞后部分来改善系统的静态性能，两者分工明确，相辅相成。这种校正方法兼有滞后校正和超前校正的优点，即已校正系统响应速度快，超调量小，抑制高频噪声的性能也较好。当未校正系统不稳定且对校正后的系统的动态和静态性能（响应速度、相位裕度和稳态误差）均有较高要求时，宜采用串联滞后-超前校正。

（2）滞后-超前校正网络

1）无源滞后-超前校正网络。图 6-15 所示为常用的无源滞后-超前校正网络，其传递函数为

$$G_c(s)=\frac{T_1s+1}{\alpha T_1s+1}\cdot\frac{T_2s+1}{\dfrac{T_2}{\alpha}s+1},R_1C_1+R_2C_2+R_1C_2=\alpha T_1+\frac{T_2}{\alpha}\text{且 }\alpha>1$$

式中，$T_1=R_1C_1$，$T_2=R_2C_2$，且 $T_1>T_2$；$\omega_1=\dfrac{1}{\sqrt{T_1T_2}}$；$\dfrac{T_1s+1}{\alpha T_1s+1}$ 为滞后网络部分；$\dfrac{T_2s+1}{\dfrac{T_2}{\alpha}s+1}$ 为超前网络部分。

在 $\omega<\omega_1$ 的频段，校正网络具有相位滞后特性；在 $\omega>\omega_1$ 的频段，校正网络具有相位超前特性。

2）有源滞后–超前校正网络。图 6-16 所示为常用的有源滞后–超前校正网络，其传递函数为

$$G_c(s)=K\frac{T_2s+1}{\alpha T_2s+1}\cdot\frac{T_1s+1}{\frac{T_1}{\alpha}s+1},\alpha=\frac{R_3+R_4}{R_3}>1$$

式中，$T_1=(R_1+R_2)C_1$，$T_2=R_3C_2$，$K=\frac{R_4}{R_2}$，且 $R_2R_3=R_1R_4$；$\frac{T_2s+1}{\alpha T_2s+1}$ 为滞后网络部分；$\frac{T_1s+1}{\frac{T_1}{\alpha}s+1}$为超前网络部分。

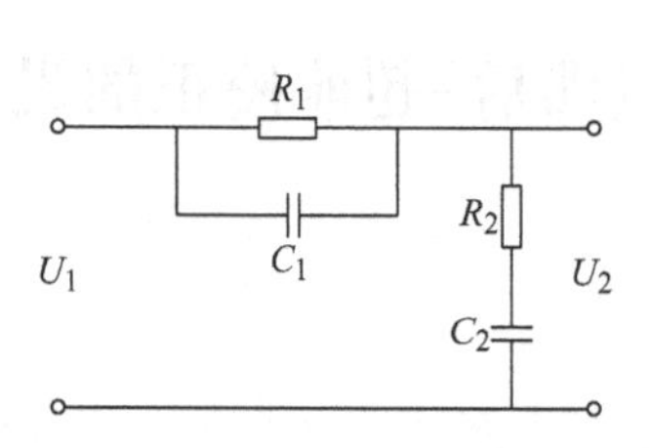

图 6-15　串联无源滞后–超前校正网络

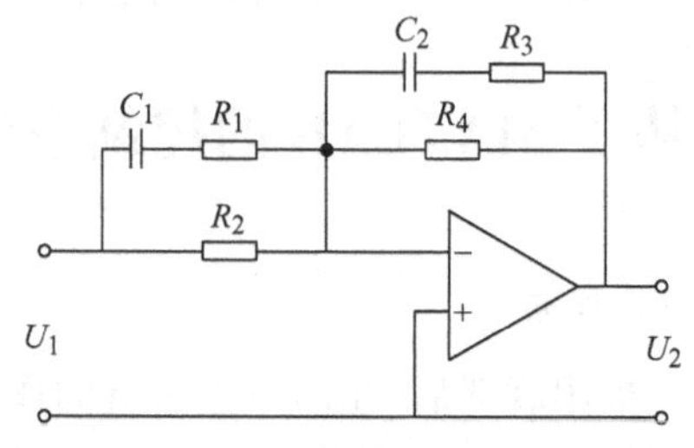

图 6-16　串联有源滞后–超前校正网络

（3）串联滞后–超前校正的设计步骤

1）根据稳态性能要求，确定开环增益 K。

2）绘制未校正系统的对数幅频特性，求出未校正系统的截止频率 ω_c、相位裕度 γ 及幅值裕度 h_{dB} 等。

3）在未校正系统对数幅频特性上，选择斜率从 -20dB/dec 变为 -40dB/dec 的转折频率处作为校正网络超前部分的转折频率 ω_b。滞后–超前校正网络的零极点如图 6-17 所示。这种选法可以降低已校正系统的阶次，保证中频区斜率为 -20dB/dec 并占据较宽的频带。

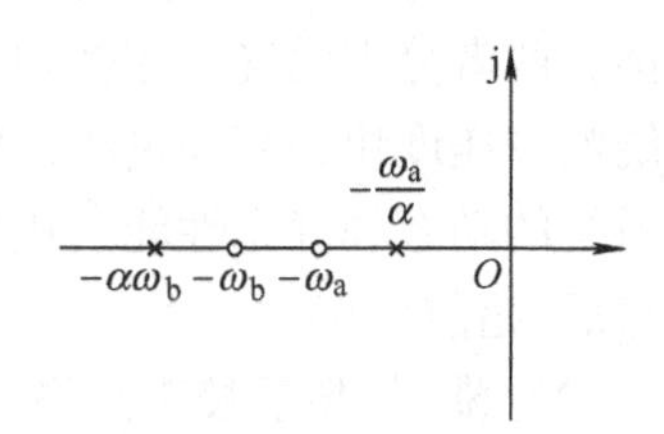

图 6-17　滞后–超前校正网络的零极点

4）根据响应速度要求，选择系统的截止频率 ω_c'' 和校正网络的衰减因子 $1/\alpha$。要保证已校正系统的截止频率为所选的 ω_c''，下式应成立：

$$-20\lg\alpha+L'(\omega_c'')+20\lg T_b\omega_c''=0$$

$-20\lg\alpha$ 为滞后–超前网络幅值衰减的最大值，$L'(\omega_c'')$ 为未校正系统的幅值量，$20\lg T_b\omega_c''$ 为滞后–超前网络超前部分在 ω_c'' 处的幅值。

$L'(\omega_c'')+20\lg T_b\omega_c''$ 可由未校正系统对数幅频特性的 -20dB/dec 延长线在 ω_c'' 处的数值确定，因此可以求出 α 值。

5）根据相位裕度要求，估算校正网络滞后部分的转折频率 ω_a。

6）校验已校正系统开环系统的各项性能指标。

3. 实验内容

【例6-5】 已知一个控制系统的开环传递函数为 $G_0(s)=\dfrac{1600}{s(s+2)(s+40)}$，设计要求控制系统的相位裕度 $\gamma'\geqslant 40°$，求串联超前-滞后装置的传递函数 $G_c(s)$。

解：1）先分析未校正系统的频域指标。使用函数 margin( ) 求出未校正系统的频域性能指标：幅值裕度 $h=6.4444\text{dB}$，穿越频率 $\omega_x=8.9443\text{rad/sec}$，相位裕度 $\gamma=9.3528°$，截止频率 $\omega_c=6.131\text{rad/s}$。

2）确定系统要增加的相位超前角 φ_m，$\varphi_m=\gamma'-\gamma+\Delta=40°-9.35°+6°=36.65°$

3）编写 MATLAB 程序确定超前校正部分的传递函数。

4）确定滞后校正部分的两个转折频率 ω_1 和 ω_2，求出滞后部分的传递函数。

5）校验校正后系统的性能指标是否满足要求。

MATLAB 参考程序如下：

```
num=1600; den=conv([1,0],conv([1,2],[1,40])); G0=tf(num,den);
[h,gamma,wg,wc]=margin(G0); h=20*log10(h);
w=0.001:0.001:100;
[mag,phase]=bode(G0,w);
disp('未校正系统的参数:h,ωc,γ'); [h,wc,gamma],
gamma1=40; delta=6; phim=gamma1-gamma+delta;           %确定φm
alpha=(1+sin(phim*pi/180))/(1-sin(phim*pi/180));       %确定α值
magdb=20*log10(mag);
n=find(magdb+10*log10(alpha)<=0.0001);                 %找出magdb向量的所有下标值
wc=n(1); wcc=wc/1000;                                  %ω'c的值与ωc相差1000倍
w3=wcc/sqrt(alpha); w4=sqrt(alpha)*wcc;
numc1=[1/w3,1]; denc1=[1/w4, 1];                       %确定超前校正部分的传递函数
Gc1=tf(numc1,denc1);
w1=wcc/10; w2=w1/alpha;                                %取ω1=(1/10)ω'c,ω2=ω1/α
numc2=[1/w1,1]; denc2=[1/w2,1];
Gc2=tf(numc2,denc2);                                   %确定滞后校正部分的传递函数
Gc=Gc1*Gc2;                                            %确定串联超前-滞后校正网络的传递函数
G=Gc*G0;                                               %校正后系统的开环传递函数
[Gmc,Pmc,Wcgc,Wcpc]=margin(G); GmcdB=20*log10(Gmc);
disp('超前校正部分的传递函数'),Gc1,
disp('滞后校正部分的传递函数'),Gc2,
disp('串联超前-滞后校正网络的传递函数'),Gc,
disp('校正后系统的开环传递函数'),G,
disp('校正后系统的性能参数:h,ωc,γ及α值'),[GmcdB,Wcpc,Pmc,alpha],
bode(G0,G)
```

执行程序后，得到校正前后的伯德图，如图 6-18 所示。

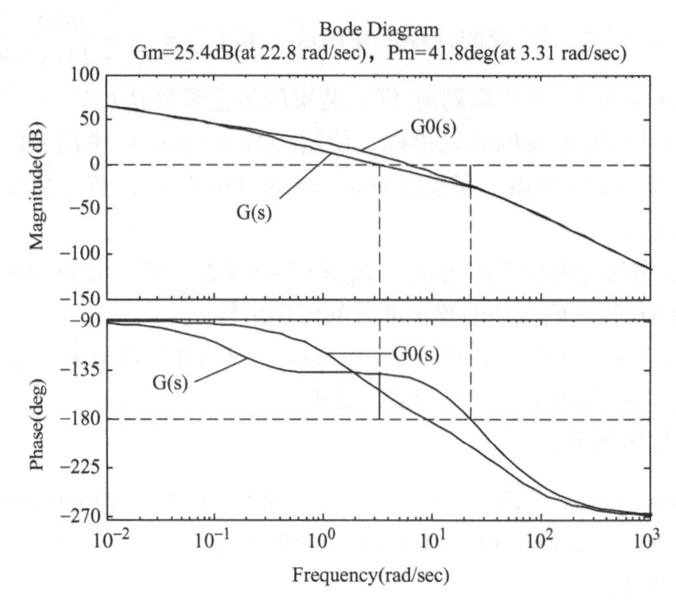

图 6-18　校正前后的伯德图

超前校正部分的传递函数为　$G_{c1}(s)=\dfrac{0.2286s+1}{0.0577s+1}$

滞后校正部分的传递函数为　$G_{c2}(s)=\dfrac{1.148s+1}{4.549s+1}$

串联超前-滞后校正装置的传递函数为　$G_c(s)=\dfrac{0.2625s^2+1.377s+1}{0.2625s^2+4.607s+1}$

校正后整个系统的传递函数为

$$G(s)=\frac{420s^2+2203s+1600}{0.2625s^5+15.63s^4+215.5s^3+410.5s^2+80s}$$

校正后系统的幅值裕度 $h=25.379\text{dB}$，穿越频率 $\omega_x=22.8372\text{rad/s}$，相位裕度 $\gamma=41.77°$，截止频率 $\omega_c=3.9614\text{rad/s}$。设计结果满足系统要求。

6）确定超前-滞后校正网络的组件值：$T_1=1.148\text{s}$，$T_2=0.2286\text{s}$，$\alpha=3.9614$。

由 $R_1C_1+R_2C_2+R_1C_2=\alpha T_1+\dfrac{T_2}{\alpha}$，$T_1=R_1C_1$，$T_2=R_2C_2$，可推导出

$R_1=\dfrac{T_1}{C_1}$，$C_2=\left[(\alpha-1)+\dfrac{1-\alpha}{\alpha}\dfrac{T_2}{T_1}\right]C_1$，$R_2=\dfrac{T_2}{C_2}$ 现取 $C_1=10\mu\text{F}$，则可计算出 $R_1=114.8\text{k}\Omega$，$R_2=8.128\text{k}\Omega$，$C_2=28.125\mu\text{F}$。最后将组件值标称化，R_1 取 $120\text{k}\Omega$，R_2 取 $8.2\text{k}\Omega$，C_2 取 $30\mu\text{F}$。

【自我实践 6-4】 有一个单位负反馈控制系统，如果控制对象的传递函数为

$$G_p(s)=\frac{K}{s(s+4)}$$

试设计一个串联超前-滞后校正装置，设计要求如下：

1）相位裕度 $\gamma \geqslant 45°$。

2）当系统的输入信号是单位斜坡信号时，稳态误差 $e_{ss} \leqslant 0.04$。

3）要求校正后的系统和未校正的系统在高频段的伯德图曲线形状基本一致。

4）确定该串联超前-滞后校正装置的组件数据。

5）要求绘制出校正前、后系统的伯德图及其闭环系统的单位阶跃响应曲线，并进行对比。

【自我实践6-5】 已知单位负反馈系统被控对象的传递函数为 $G_0(s)=\dfrac{K_0}{s(s+1)(s+2)}$，试设计超前-滞后串联校正装置，使之满足：

（1）在单位斜坡信号 $r(t)=t$ 作用下，系统的速度误差系数 $K_v = 10\text{s}^{-1}$。

（2）系统校正后的截止频率 $\omega_c \geqslant 1.5\text{rad/s}$，相位裕度 $\gamma \geqslant 45°$。

4. 实验数据记录

将实验的曲线保存在Word文档中，以备写实验报告使用，稳定裕度数据记录在曲线图的下方。要求每条曲线注明传递函数，分析后得出实验结论。

5. 实验能力要求

1）熟练掌握频率法设计控制系统串联超前-滞后校正网络的方法。

2）熟练使用MATLAB编程完成系统串联超前-滞后校正的设计。

3）比较串联超前校正、串联滞后校正及串联超前-滞后校正的效果，要求分别从时域和频域两个方面论证它们的优缺点。

6. 拓展与思考

运用MATLAB编程进行根轨迹超前、滞后校正设计。

6.5　控制系统速度反馈校正的设计

1. 实验目的

1）对给定系统设计反馈校正装置。

2）掌握综合法反馈校正的设计方法。

3）使用Simulink观察反馈校正环节对系统稳定性及过渡过程的影响。

2. 实验原理

（1）反馈校正的特点

反馈校正装置接在系统局部反馈通路中，校正装置 $G_c(s)$ 常设计成比例环节、微分环节或比例微分环节等形式。反馈校正除了能改善系统的性能外，还能削弱系统非线性特性的影响、减弱或消除系统参数变化对系统性能的影响、抑制噪声的干扰等。

反馈校正装置不需要放大器，可消除系统原有部分参数波动对系统性能的影响，在性能指标要求较高的控制系统中，常常兼用串联校正和反馈校正。

（2）反馈校正的原理

设反馈校正系统如图6-19所示，其开环传递函数为 $G(s)=G_1(s)\dfrac{G_2(s)}{1+G_2(s)G_c(s)}$。如果

在对系统动态性能起主要影响的频率范围内，满足 $|G_2(j\omega)G_c(j\omega)|\gg 1$，则系统的开环传递函数可近似表示为

$$G(s)\approx\frac{G_1(s)}{G_c(s)}$$

上式表明，反馈校正后系统的特性几乎与被反馈装置包围的环节无关。

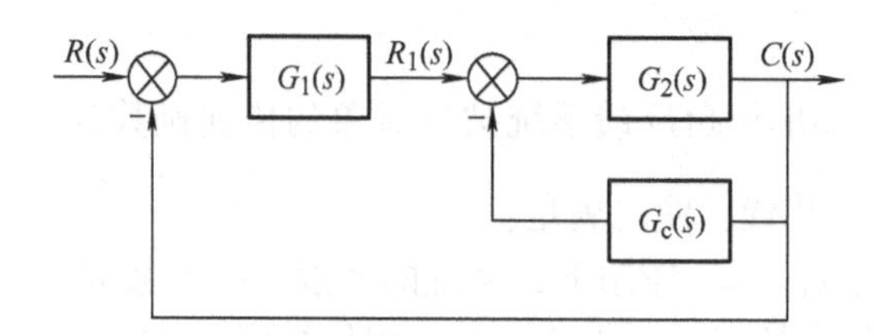

图 6-19　反馈校正系统

反馈校正的基本原理是：用反馈装置包围待校正系统中对动态性能改善有重大妨碍作用的某些环节，形成一个局部反馈回路（内回路，或称为副回路），在局部反馈回路的开环幅值远大于 1 的条件下，局部反馈回路的特性主要取决于反馈校正装置，而与被包围部分无关；适当选择反馈校正装置的形式和参数，可以使已校正系统的性能满足给定指标的要求。但需要注意内回路的稳定性。

通常，低频时，幅值 $|G_2(j\omega)G_c(j\omega)|\gg 1$，则 $G(s)\approx\dfrac{G_1(s)}{G_c(s)}$；高频时，幅值 $|G_2(j\omega)G_c(j\omega)|\ll 1$，则 $G(s)\approx G_1(s)G_2(s)$。因此，加入反馈校正环节后，低频段主要取决于反馈校正装置的特性，高频段时仍然保留原系统本身的特性。

（3）综合法反馈校正设计（仅适用于最小相位系统）的步骤

1）按稳态性能指标要求，绘制待校正系统的开环对数幅频特性

$$L_0(\omega)=20\lg|G_0(j\omega)|$$

2）根据给定性能指标要求，绘制期望的开环对数幅频特性

$$L(\omega)=20\lg|G(j\omega)|$$

3）确定传递函数 $G_2(s)G_c(s)$。

$$20\lg|G_2(j\omega)G_c(j\omega)|=L_0(\omega)-L(\omega),\forall[L_0(\omega)-L(\omega)]>0\text{dB}$$

4）检验局部反馈回路的稳定性，并检查期望的开环截止频率 ω_c 附近 $|G_2(j\omega)G_c(j\omega)|>0$ 的程度。

5）由 $G_2(s)G_c(s)$ 求出 $G_c(s)$。

6）检验校正后系统的性能指标是否满足要求。

7）考虑 $G_c(s)$ 的工程实现。

3. 实验内容

（1）综合法设计反馈校正环节

【例 6-6】 已知系统结构图如图 6-20 所示，其中

$$G_1(s)=K_1,G_2(s)=\frac{10}{(0.1s+1)(0.01s+1)},G_3(s)=\frac{0.1}{s}$$

试用综合法设计反馈校正装置，使系统的静态速度误差系数 $K_v > 200s^{-1}$，单位阶跃响应时，超调量 $M_p < 20\%$，调整时间 $t_s < 0.6s$。

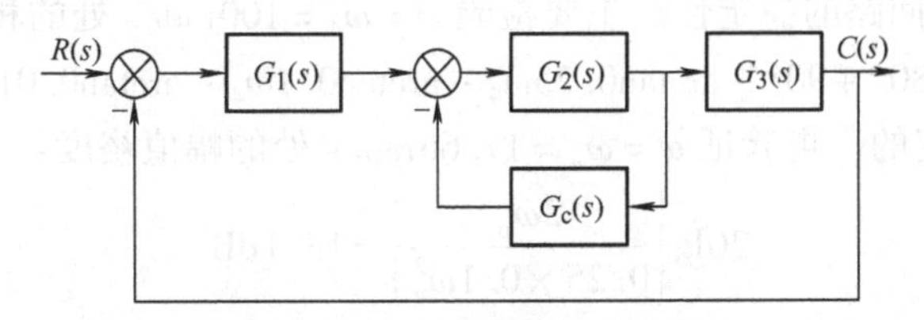

图6-20 反馈校正系统结构图

解：1）根据系统稳态误差的要求，确定系统的开环放大系数 K_0。

系统未校正前的开环传递函数为 $G_0(s) = \dfrac{K_1}{s(0.1s+1)(0.01s+1)}$，由于要求 $K_v > 200$，可以取最小值 $K_v = 200$，则取 $K_v = \lim\limits_{s\to 0} \dfrac{sK_1}{s(0.1s+1)(0.01s+1)} = K_1 = 200$，则未校正系统的开环传递函数为 $G_0(s) = \dfrac{200}{s(0.1s+1)(0.01s+1)}$。

2）绘制未校正系统的伯德图，确定未校正系统的幅值裕度 h 和相位裕度 γ。

MATLAB 程序为：

```
num = 200; den = conv([1,0],conv([0.1,1],[0.01,1]));
G0 = tf(num,den); margin(G0)
```

运行结果显示，未校正系统的幅值裕度为 -5.19dB，此时对应相频特性穿越 $-180°$线处的频率为31.6rad/s；相位裕度为 $-9.66°$，截止频率为42.3rad/s。未校正系统的幅值裕度和相位裕度小于零，系统处于不稳定状态，不能正常工作。

3）由时域指标换算成频域指标，确定系统期望的截止频率 ω_c。

取超调量为18%，则 $M_p = [0.16 + 0.4(M_r - 1)] \times 100\% = 18\%$，可计算出谐振峰值 $M_r = 1.5$，那么 $k = 2 + 1.5(M_r - 1) + 2.5(M_r - 1)^2 = 3.375$，又调整时间 $t_s = \dfrac{k\pi}{\omega_c}$，则系统期望的截止频率 $\omega_c = \dfrac{k\pi}{t_s} = 17.66$rad/s。

4）绘制期望的对数幅频特性。

为使校正装置简单，取低频段交点频率 $\omega_1 = 0.5$rad/s，中频段交点频率 $\omega_2 = 4$rad/s，由于高频段特性保持不变，故取高频段交点频率 $\omega_4 = 100$rad/s。因此，得出系统期望的对数幅频特性为

$$G(s) = \frac{200(0.25s+1)}{s(2s+1)(0.01s+1)^2}$$

5）确定传递函数 $G_2(s)G_c(s)$。

$$20\lg|G_2(j\omega)G_c(j\omega)| = L_0(\omega) - L(\omega)$$

$$G_2(s)G_c(s) = \frac{G_0(s)}{G(s)} = \frac{(2s+1)(0.01s+1)}{(0.1s+1)(0.25s+1)}$$

为使 $G_2(s)G_c(s)$ 的特性简单，取

$$G_2(s)G_c(s)=\frac{G_0(s)}{G(s)}=\frac{2s}{(0.25s+1)(0.1s+1)(0.01s+1)}$$

6）检验局部反馈回路的稳定性。主要检验 $\omega=\omega_4=100\text{rad/s}$ 处的相位裕度：

$$\gamma(\omega_4)=180°+90°-\arctan0.25\omega_4-\arctan0.1\omega_4-\arctan0.01\omega_4=53°$$

故局部反馈回路是稳定的。再验证 $\omega=\omega_c=17.66\text{rad/s}$ 处的幅值裕度：

$$20\lg\left|\frac{2\omega_c}{0.25\times0.1\omega_c^2}\right|=13.1\text{dB}$$

基本满足 $vG_2(j\omega)G_c(j\omega)|\gg1$ 的要求，表明近似程度较高。

7）由 $G_2(s)G_c(s)$ 求出 $G_c(s)$。

$$G_c(s)=\frac{G_2(s)G_c(s)}{G_2(s)}=\frac{s}{5(0.25s+1)}=\frac{4s}{5s+20}$$

8）检验校正后系统的性能指标是否满足要求。作校正后系统的开环和闭环伯德图，记录频域性能指标，再进行已校正系统的单位阶跃响应，记录时域指标。

MATLAB 程序如下：

```
s=tf('s'); G1=200;
G2=10/((0.1*s+1)*(0.01*s+1)); G3=0.1/s;
Gc=4*s/(5*s+20); G2c=feedback(G2,Gc);
G=series(series(G1,G2c),G3); margin(G),hold on,
CloseG=feedback(G,1); bode(CloseG),
figure(2),step(CloseG)
```

程序运行后，反馈校正后系统的开环和闭环伯德图如图 6-21 所示，可以得出频域性能指标：$h=14.2\text{dB}$，$\gamma=65.1°$，$\omega_c=22\text{rad/s}$，$M_r=1.03\text{dB}$，$\omega_b=37.5\text{rad/s}$。

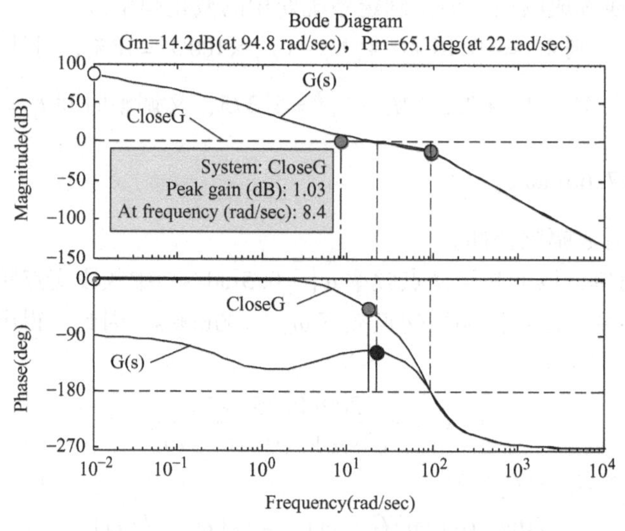

图 6-21 反馈校正后系统的开环和闭环伯德图

反馈校正后系统的单位阶跃响应曲线如图 6-22 所示，可以得出时域性能指标：$M_p=11.5\%$，$t_p=0.171\text{s}$，$t_s=0.568\text{s}$。

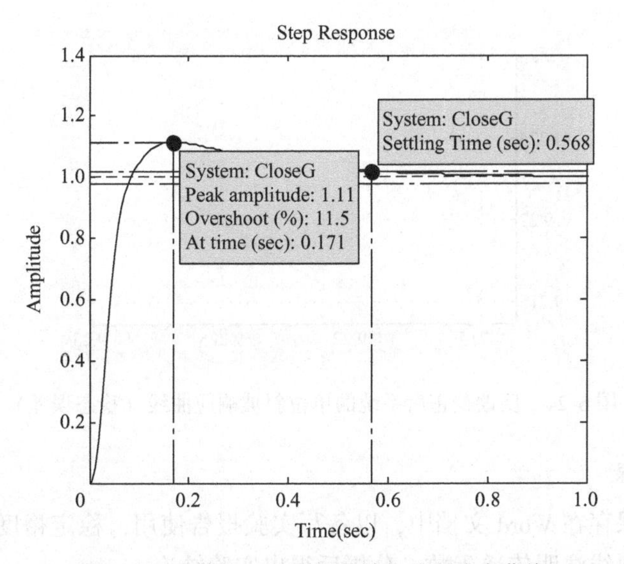

图 6-22　反馈校正后系统的单位阶跃响应曲线

使用 Simulink 观察反馈校正后系统斜坡响应的稳态误差，如图 6-23 所示。运行后得到反馈校正后系统的单位斜坡响应曲线，测得斜坡稳态误差为 0.005，如图 6-24 所示。

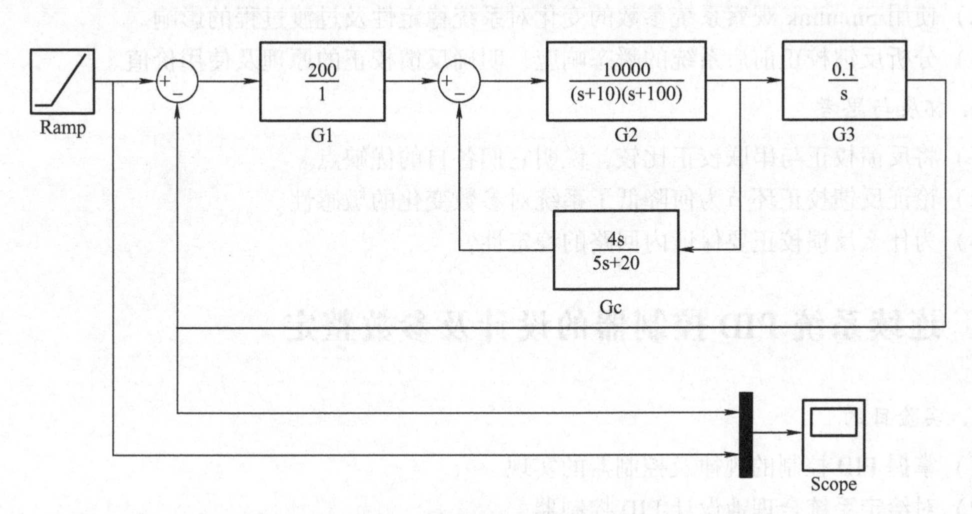

图 6-23　反馈校正后系统的单位斜坡响应 Simulink 图

由以上检验可知，反馈校正后系统全部满足设计要求。

（2）改变系统参数并使用 Simulink 观察反馈校正环节对系统稳定性及过渡过程的影响

【自我实践 6-6】（1）改变反馈内环 $G_2(s)$ 的极点大小，系统稳定性不受影响，因为反馈内环的特性主要由 $G_c(s)$ 决定，但是改变 $G_2(s)$ 的增益，系统的稳态误差将发生变化。

（2）改变反馈环节外 $G_3(s)$ 的参数，系统稳定性将受到较大影响，如 $G_3(s)$ 的增益变为 0.6 后，系统将发散、不稳定。这说明反馈校正对系统参数变化较敏感。

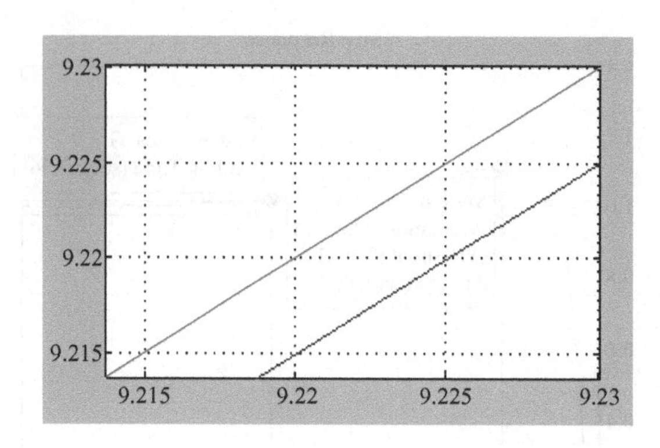

图6-24 反馈校正后系统的单位斜坡响应曲线（稳态误差）

4. 实验数据记录

将实验的曲线保存在Word文档中，以备写实验报告使用，稳定裕度数据记录在曲线图的上方。要求每条曲线注明传递函数，分析后得出实验结论。

5. 实验能力要求

1）熟练掌握综合法设计控制系统反馈校正环节的方法。

2）使用Simulink观察系统参数的变化对系统稳定性及过渡过程的影响。

3）分析反馈校正前后系统的瞬态响应，明确反馈校正的原理及使用价值。

6. 拓展与思考

1）将反馈校正与串联校正比较，说明它们各自的优缺点。

2）论证反馈校正环节为何降低了系统对参数变化的敏感性。

3）为什么反馈校正要保证内回路的稳定性？

6.6 连续系统PID控制器的设计及参数整定

1. 实验目的

1）掌握PID控制的规律及控制器的实现。

2）对给定系统合理地设计PID控制器。

3）掌握对给定控制系统进行PID控制器参数在线实验工程整定的方法。

2. 实验原理

在串联校正中，比例控制可提高系统开环增益，减小系统稳态误差，提高系统的控制精度，但会降低系统的相对稳定性，甚至可能造成闭环系统不稳定。积分控制可以提高系统的型别（无差度），有利于提高系统的稳态性能，但积分控制增加了一个位于原点的开环极点，使信号产生90°的相角滞后，于系统的稳定不利，故不宜采用单一的积分控制器。微分控制规律能反映输入信号的变化趋势，产生有效的早期修正信号，以增加系统的阻尼程度，从而改善系统的稳定性，但微分控制增加了一个$-1/\tau$的开环零点，使系统的相位裕度提高，因此有助于系统动态性能的改善。

在串联校正中，PI 控制器增加了一个位于原点的开环极点，同时也增加了一个位于 s 左半平面的开环零点。位于原点的开环极点可以提高系统的型别（无差度），减小稳态误差，有利于提高系统的稳态性能；负的开环零点可以减小系统的阻尼，缓和 PI 极点对系统产生的不利影响。只要积分时间常数 T_i 足够大，PI 控制器对系统的不利影响可大为减小。PI 控制器主要用来改善控制系统的稳态性能。

在串联校正中，PID 控制器增加了一个位于原点的开环极点和两个位于 s 左半平面的开环零点，除了具有 PI 控制器的优点外，还多了一个负实零点，动态性能比 PI 控制器更具优越性。通常应使积分发生在低频段，以提高系统的稳态性能；使微分发生在中频段，以改善系统的动态性能。

PID 控制器的传递函数为 $G_c(s)=K_p\left(1+\frac{1}{T_i s}+T_d s\right)$，工程 PID 控制器仪表中比例参数整定常用比例度 δ，$\delta=\frac{1}{K_p}\times100\%$。

3. 实验内容

(1) Ziegler-Nichols 整定——反应曲线法

反应曲线法适用于对象传递函数可近似为 $\frac{K}{Ts+1}e^{-Ls}$ 的场合。先测出系统处于开环状态下的对象动态特性（即先输入阶跃信号，测得控制对象输出的阶跃响应曲线），如图 6-25 所示，然后根据动态特性估算出对象特性参数（控制对象的增益 K、等效滞后时间 L 和等效时间常数 T），然后根据表 6-4 中的经验值选取控制器参数。

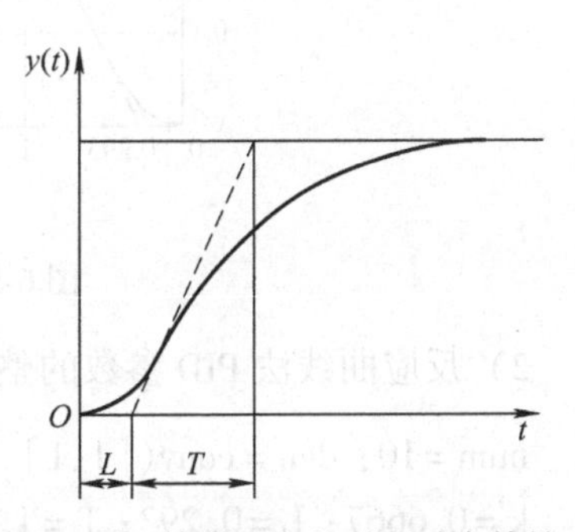

图 6-25　控制对象的开环动态特性

表 6-4　反应曲线法 PID 控制器参数的整定

控制器类型	比例度 δ	比例系数 K_p	积分时间 T_i	微分时间 T_d
P	KL/T	T/KL	∞	0
PI	$1.1KL/T$	$0.9T/KL$	$L/0.3$	0
PID	$0.85KL/T$	$1.2T/KL$	2L	0.5L

【例 6-7】 已知控制对象的传递函数模型为 $G(s)=\frac{10}{(s+1)(s+3)(s+5)}$，试设计 PID 控制器校正，并用反应曲线法整定 PID 控制器的 K_p、T_i 和 T_d，绘制系统校正后的单位阶跃响应曲线，记录动态性能指标。

解： 1) 求取被控制对象的动态特性参数 K、L、T。

MATLAB 程序如下：

```
num = 10; den = conv([1,1],conv([1,3],[1,5]));
G = tf(num,den); step(G);                    % 作开环阶跃响应曲线
k = dcgain(G)                                 % 求对象的增益 K
```

程序运行后，得到对象的增益 $K=0.6667$，阶跃响应曲线如图 6-26 所示，在曲线的拐点处作切线后，得到对象待定参数：等效滞后时间 $L=0.293\mathrm{s}$，等效时间常数 $T=2.24\mathrm{s}-0.293\mathrm{s}=1.947\mathrm{s}$。

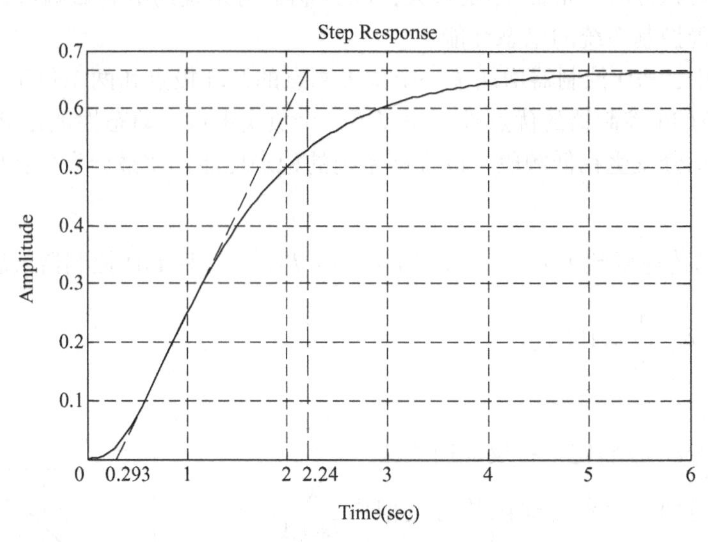

图 6-26　控制对象的开环阶跃响应曲线

2）反应曲线法 PID 参数的整定：

```
num = 10; den = conv([1,1],conv([1,3],[1,5]));
k =0.6667; L =0.293; T = 1.947;
Kp = 1.2 * T/(k * L); Ti = 2 * L; Td =0.5 * L;
Kp,Ti,Td,
s = tf('s');
Gc = Kp * (1 +1/(Ti * s) +Td * s);
GcG = feedback(Gc * G,1); step(GcG)
```

程序运行后，得到 $K_p=11.9605$，$T_i=0.586$，$T_d=0.1465$，校正后的单位阶跃响应曲线如图 6-27 所示，测出动态性能指标为：$t_r=0.294\mathrm{s}$，$t_p=0.82\mathrm{s}$，$t_s=4.97\mathrm{s}$，$M_p=55.9\%$。

【例 6-8】 已知过程控制系统的被控广义对象为一个带延迟的惯性环节，其传递函数为

$$G_0(s)=\frac{8}{360s+1}e^{-180s}$$

试分别用 P、PI、PID 三种控制器校正系统，并分别整定参数，比较三种控制器的作用效果。

解： 1）根据反应曲线法整定参数。

由传递函数可知系统的特性参数为 $K=8$，$T=360\mathrm{s}$，$L=180\mathrm{s}$，可得：

对于 P 控制器，有　$K_p=0.25$。

对于 PI 控制器，有　$K_p=0.225$，$T_i=594\mathrm{s}$。

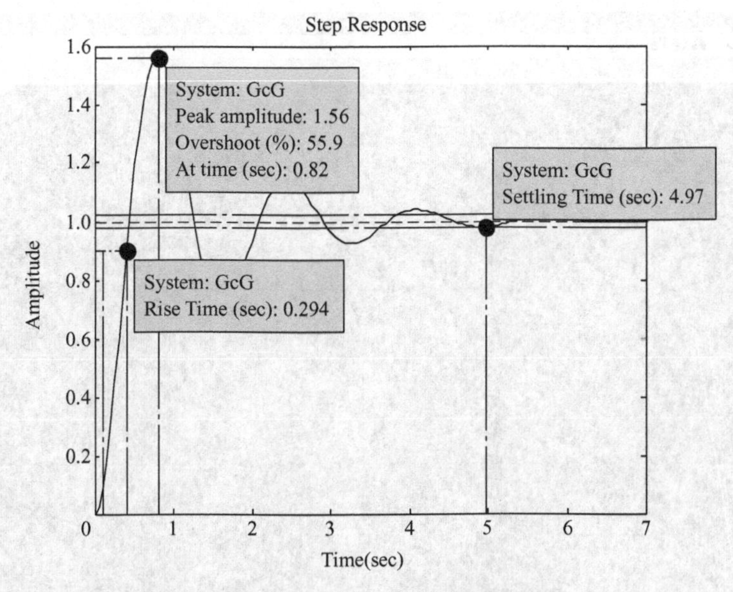

图6-27　闭环控制系统的阶跃响应曲线

对于 PID 控制器，有　$K_p=0.3$，$T_i=360s$，$T_d=90s$。

2）作出校正后系统的单位阶跃响应曲线，比较三种控制器的作用效果。

因为对于具有时滞对象的系统，不能采用 feedback 和 step 等函数进行反馈连接来组成闭环系统和计算闭环系统的阶跃响应，因此采用 Simulink 软件仿真得出单位响应曲线，系统结构如图 6-28 所示。由于本系统滞后时间较长，故仿真运行时间设置为 3000s，三种控制器分别校正后系统的单位阶跃响应曲线如图 6-29 所示。

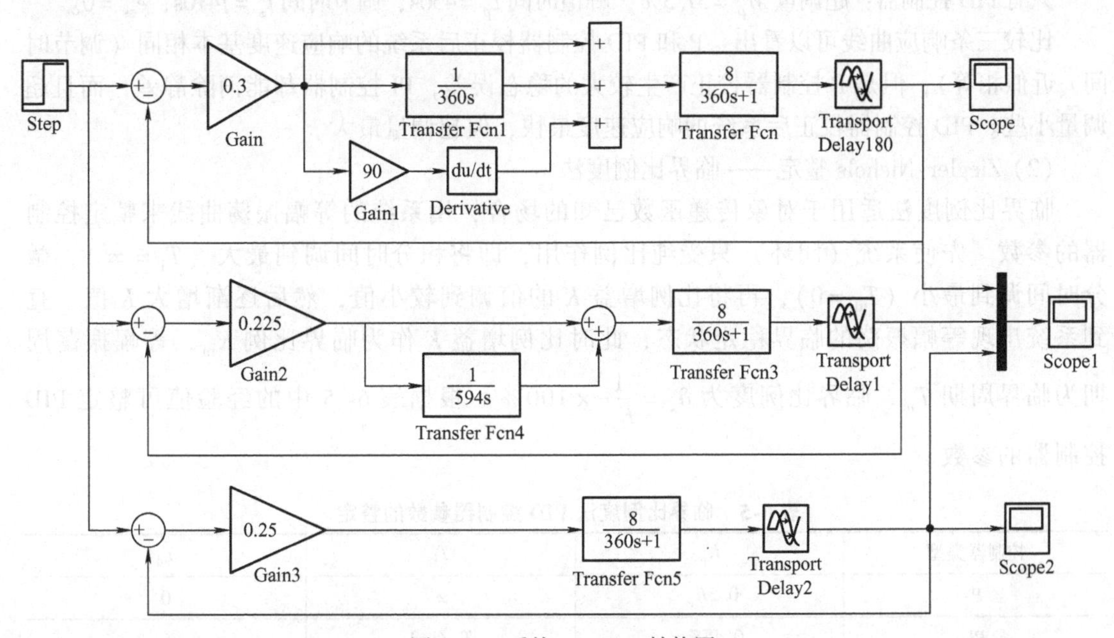

图6-28　系统 Simulink 结构图

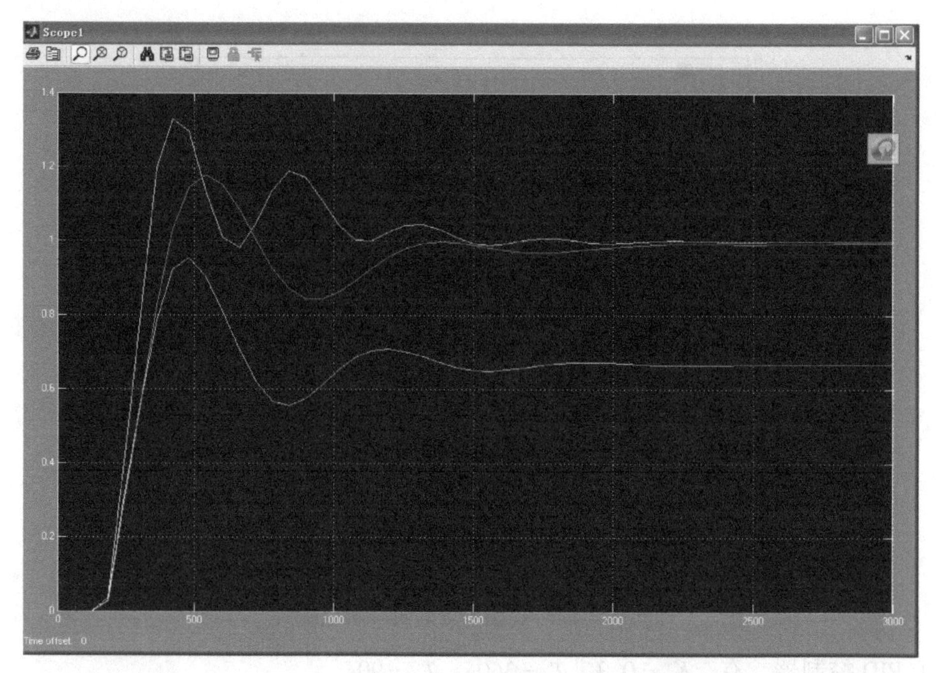

图6-29　校正后系统的单位阶跃响应曲线

测量其动态性能指标可得：

只有P控制器：超调量 $M_p=43.4\%$，调节时间 $t_s=1620\mathrm{s}$，存在稳态误差 $e_{ss}=1-0.666=0.334$。

只有PI控制器：超调量 $M_p=17.5\%$，峰值时间 $t_p=570\mathrm{s}$，调节时间 $t_s=1950\mathrm{s}$，$e_{ss}=0$。

只有PID控制器：超调量 $M_p=37.3\%$，峰值时间 $t_p=450\mathrm{s}$，调节时间 $t_s=1410\mathrm{s}$，$e_{ss}=0$。

比较三条响应曲线可以看出：P和PID控制器校正后系统的响应速度基本相同（调节时间 t_s 近似相等），但是P控制器校正产生较大的稳态误差，PI控制器却能消除静差，而且超调量小些。PID控制器校正后系统的响应速度最快，但超调量最大。

（2）Ziegler-Niehols整定——临界比例度法

临界比例度法适用于对象传递函数已知的场合，用系统的等幅振荡曲线来整定控制器的参数。先使系统（闭环）只受纯比例作用，即将积分时间调到最大（$T_i=\infty$），微分时间调到最小（$T_d=0$），再将比例增益 K 的值调到较小值，然后逐渐增大 K 值，直到系统出现等幅振荡的临界稳定状态，此时比例增益 K 作为临界比例 K_m，等幅振荡周期为临界周期 T_m，临界比例度为 $\delta_k=\frac{1}{K_m}\times100\%$。根据表6-5中的经验值可整定PID控制器的参数。

表6-5　临界比例度法PID控制器参数的整定

控制器类型	K_p	T_i	T_d
P	$0.5K_m$	∞	0
PI	$0.45K_m$	$T_m/1.2$	0
PID	$0.6K_m$	$0.5T_m$	$0.125T_m$

【例 6-9】 已知被控对象的传递函数为 $G(s)=\dfrac{10}{(s+1)(s+3)(s+5)}$，试用临界比例度法整定 PID 控制器的参数，绘制系统的单位响应曲线，并与反应曲线法比较。

解：1）先求出控制对象的等幅振荡曲线，确定 K_m 和 T_m。

MATLAB 程序如下：

```
k=10; z=[ ]; p=[ -1, -3, -5 ]; Go=zpk(z,p,k); G=tf(Go);
for Km=0:0.1:10000
Gc=Km; syso=feedback(Gc*G,1);              %纯比例作用下系统的闭环传递函数
p=roots(syso.den{1}); pr=real(p); prm=max(pr);   %求取系统特征根的实部
pr0=find(prm>=-0.001); n=length(pr0);       %判断特征根实部是否为负
if n>=1
  break
end; end                    %找到特征根为非负时的最小值,即为临界稳定状态
step(syso,0:0.001:3); Km
```

程序运行后可得 $K_m=19.2$，临界稳定状态的等幅振荡曲线如图 6-30 所示。

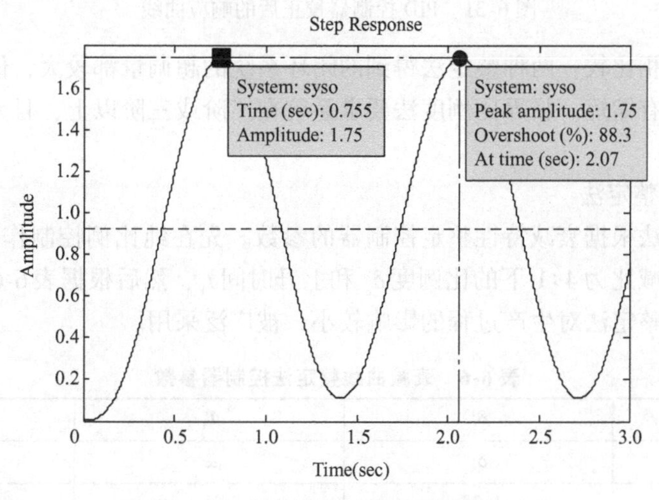

图 6-30 控制系统的等幅振荡曲线

从图中测得两峰值之间的间隔周期即为临界周期，$T_m=2.07\text{s}-0.755\text{s}=1.315\text{s}$。

2）整定 K_p、T_i、T_d，并分析结果。

MATLAB 程序如下：

```
k=10; z=[ ]; p=[ -1, -3, -5 ]; Go=zpk(z,p,k); G=tf(Go);
Km=19.2; Tm=1.315;
Kp=0.6*Km; Ti=0.5*Tm; Td=0.125*Tm;
Kp,Ti,Td,s=tf('s');
Gc=Kp*(1+1/(Ti*s)+Td*s);
sys=feedback(Gc*G,1); step(sys)
```

程序运行后可得 $K_p = 11.52$，$T_i = 0.6575\text{s}$，$T_d = 0.1644\text{s}$。

PID 控制器校正后的响应曲线如图 6-31 所示，可测出系统的动态性能参数：$t_r = 0.302\text{s}$，$t_p = 0.79\text{s}$，$t_s = 3.51\text{s}$，$M_p = 47\%$。

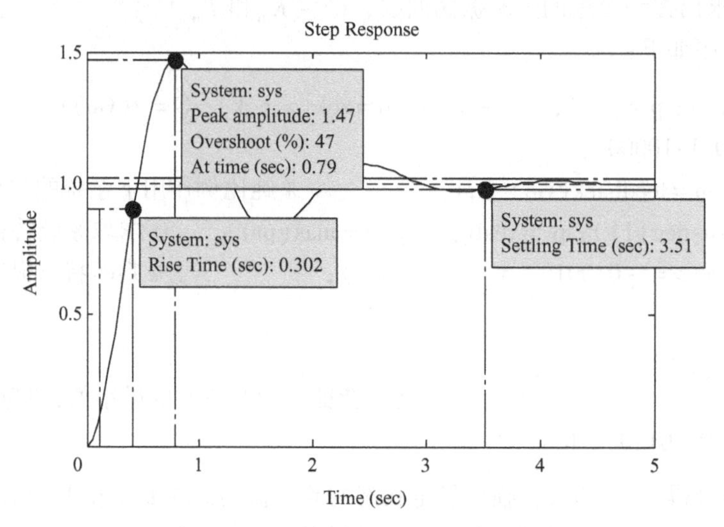

图 6-31　PID 控制器校正后的响应曲线

与反应曲线法相比较：两种整定法得到的闭环系统的超调量都较大，但临界比例度法得到的系统调节时间有缩短。临界比例度法要求系统在三阶或三阶以上，且允许处于等幅振荡的工作状态。

（3）衰减曲线整定法

衰减曲线整定法根据衰减特性整定控制器的参数。先在纯比例控制作用下调整比例度，获得闭环系统在衰减比为 4∶1 下的比例度 δ_s 和上升时间 t_r，然后根据表 6-6 确定 PID 控制器的参数。衰减曲线整定法对生产过程的影响较小，被广泛采用。

表 6-6　衰减曲线整定法控制器参数

控制器类型	δ_s	T_i	T_d
P	δ_s	∞	0
PI	$1.2\delta_s$	$2t_r$	0
PID	$0.8\delta_s$	$1.2t_r$	$0.4t_r$

【自我实践 6-7】 控制系统仍为例 6-9 中的系统，试用衰减曲线整定法整定 PID 控制器的参数，并比较。

提示：使用 Simulink 软件仿真观察系统的响应曲线。先在纯比例控制作用下调整比例度，比例度选用“Solid Gain”模块，拖动滑块，观察系统的响应曲线，当其第一峰值∶第二峰值 =4∶1 时，记录此时的比例度，然后选择控制器类型整定参数，比较控制效果。

【自我实践 6-8】 已知单位负反馈系统的开环传递函数为 $G(s)=\dfrac{1}{s(s+1)(s+20)}$，设计 1 个 PID 控制器（采用 Ziegler-Niehols 整定法确定 PID 控制器的 K_p、T_i、T_d的值），并求出系统的单位阶跃响应曲线，记录动态性能参数 M_p、t_r、t_p 和 t_s。然后再对参数 K_p、T_i、

T_d进行精细调整，使得单位阶跃响应中的最大超调量M_p为15%。

4. 实验数据记录

将实验数据记录在表6-7中，然后比较分析，得出结论。

表6-7 PID参数及动态响应指标记录表

传递函数	$G(s)=\dfrac{10}{(s+1)(s+3)(s+5)}$							
反应曲线法	K_p		临界比例度法	K_p		衰减曲线整定法	K_p	
	T_i			T_i			T_i	
	T_d			T_d			T_d	
	M_p			M_p			M_p	
	t_p			t_p			t_p	
	t_s			t_s			t_s	

5. 实验能力要求

1）掌握PID控制器的控制规律。

2）熟练运用MATLAB/Simulink软件仿真实现PID控制器参数的整定。

3）学会利用反应曲线法、临界比例度法、衰减曲线整定法进行PID控制器参数的整定。

6. 拓展与思考

1）比较P、PI和PID三种控制器对系统的校正效果，总结它们的优缺点及应用场合。

2）如何动态地改进PID控制器参数的整定？

第7章　非线性控制系统分析

本章导读

本章的主要内容是典型非线性环节的特性分析及运用相平面法和描述函数法进行非线性系统的分析。

7.1 节介绍如何使用模拟电路装置构造非线性继电特性环节、饱和特性环节和死区特性环节，并对其进行特性测试，分析其特点。

7.2 节的主要内容是利用 MATLAB 编程绘制系统相平面图，分析二阶系统的奇点在不同平衡点的性质，利用相平面图分析系统的稳定性。

7.3 节的主要内容是利用 Simulink 构造非线性系统结构图，研究非线性环节对线性系统输出响应的影响及速度反馈在改善非线性系统性能方面的作用。

7.4 节的主要内容是利用 MATLAB 绘制系统负倒描述函数曲线，运用非线性系统稳定性判据进行稳定性分析，同时分析交点处系统的运动状态，确定自振点。

7.1　典型非线性环节静态特性的测试

1. 实验目的

1）掌握典型非线性环节的模拟电路，学会运用模拟电子组件设计非线性环节。

2）加深理解典型非线性环节的输出特性。

2. 实验内容

（1）设计继电特性的模拟电路并观测其输出特性曲线

继电器、接触器和晶闸管等电器组件的特性通常表现为继电特性，其特点是：输出与输入的比值为等效增益 k，当输入趋于零时，k 趋于无穷大；当输入增大时，输出幅值保持不变，k 减小。由于实际的继电特性总是有一定的开关速度，因此继电特性常使系统产生振荡现象。有死区的继电特性模拟电路及其特性如图 7-1 所示，有滞环的继电特性模拟电路及其特性如图 7-2 所示。

（2）设计饱和特性的模拟电路并观测其输出特性曲线

运算放大器具有饱和特性，在饱和区系统的增益下降，系统振荡性减弱，超调量降低，稳态误差减小。饱和特性模拟电路及其特性如图 7-3 和图 7-4 所示。

（3）分析死区特性的模拟电路并观测其输出特性曲线

死区特性一般由测量组件、放大组件及执行机构的不灵敏区所造成。在死区区间，能滤去小幅值噪声，提高抗干扰能力，则系统振荡性减弱，超调量降低。死区特性模拟电路及其特性如图 7-5 所示。

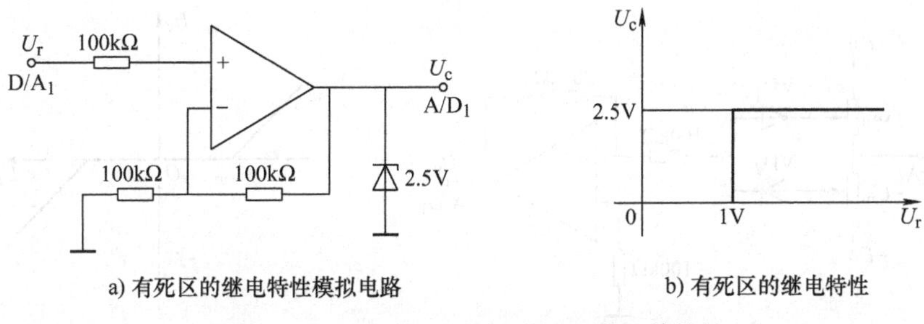

图 7-1 有死区的继电特性模拟电路及其特性

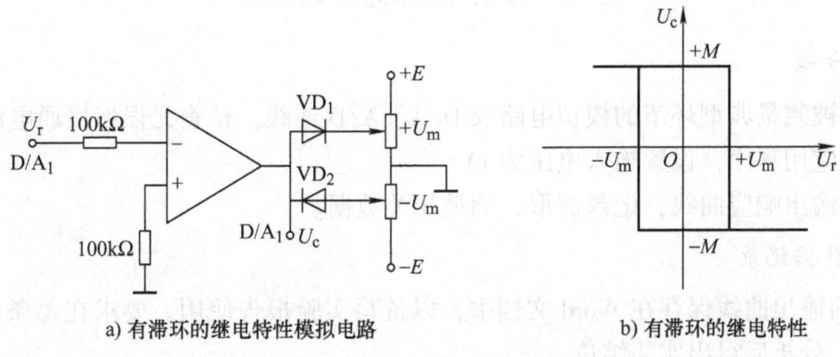

图 7-2 有滞环的继电特性模拟电路及其特性

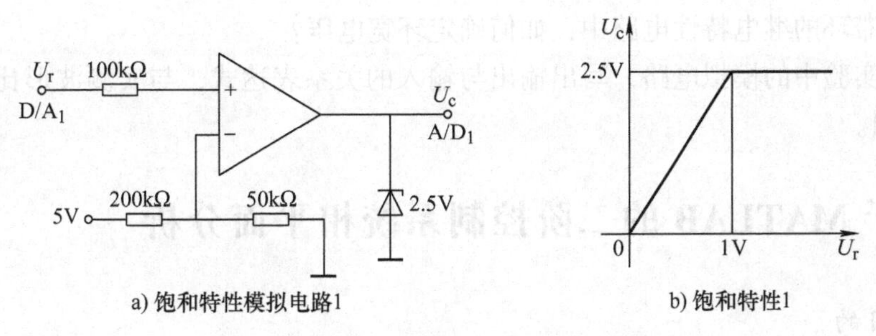

图 7-3 饱和特性模拟电路 1 及其特性

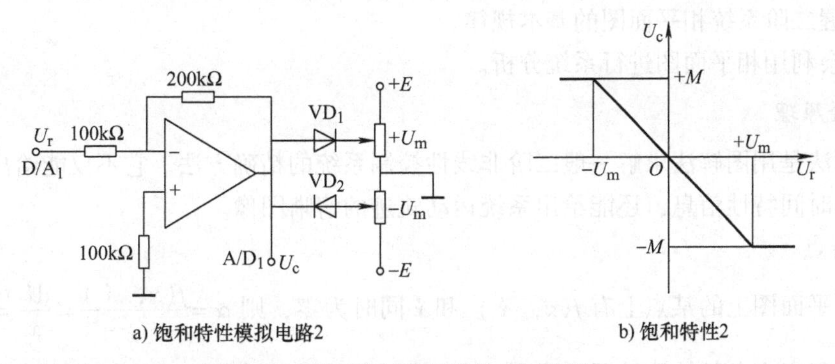

图 7-4 饱和特性模拟电路 2 及其特性

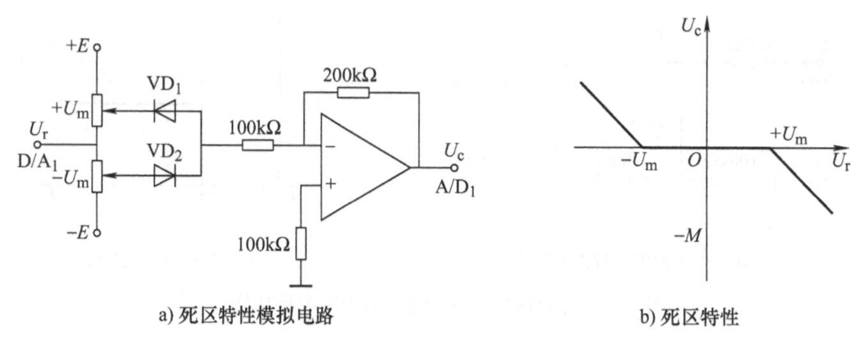

图 7-5 死区特性模拟电路及其特性

3. 实验步骤

1）连接被测量典型环节的模拟电路及 D/A、A/D 连线，检查无误后接通电源。

2）启动应用程序，设置输入电压为 1V。

3）观测输出响应曲线，记录波形，测量相关数据。

4. 实验数据记录

将实验的输出曲线保存在 Word 文档中，以备写实验报告使用。要求在每条曲线的拐点处注明数据，分析后得出实验结论。

5. 拓展与思考

1）在有滞环的继电特性电路中，如何确定环宽电压？

2）根据实验中的模拟电路，写出输出与输入的关系表达式，与实测波形比较，分析误差产生的原因。

7.2 基于 MATLAB 的二阶控制系统相平面分析

1. 实验目的

1）利用 MATLAB 完成控制系统的相平面作图。

2）掌握二阶系统相平面图的基本规律。

3）学会利用相平面图进行系统分析。

2. 实验原理

相平面法是用图解法求解一般二阶非线性控制系统的精确方法。它不仅能给出系统的稳定性信息和时间特性信息，还能给出系统运动轨迹的清晰图像。

（1）奇点

若在相平面图上的某点上有 $f(x, \dot{x})$ 和 $\dot{x}$ 同时为零，则 $\alpha = \frac{f(x, \dot{x})}{\dot{x}} = \frac{d\dot{x}}{x} = \frac{0}{0}$ 有不定值，说明有无穷多条相轨迹趋近或离开该点。相轨迹会在该点相交，这样的点称为奇点。奇点位于 x 轴上，线性二次系统只有一个平衡状态，所以相轨迹也只有一个奇点。非线性二阶系统可能存在多个平衡状态，因此可能有多个奇点。根据线性二阶系统的特征根在复平面上不同的分布，可以将奇点分为六类，即稳定焦点、不稳定焦点、稳定节点、不稳定节点、中心点和鞍点。对于非线性系统，当非线性组件的静态特性可以用分段直线表示时，系统可以用几个分段线性系统来表示，这时，可以将相平面图划分成若干个区域，每一个区域对应一个线性工作状态，都有一个奇点。因此，只要掌握了线性二次系统相平面图的特征，便可确定非线性系统在每个奇点附近的相轨迹形状。

(2) 奇线

奇线是特殊的相轨迹，它将相平面图划分为具有不同运动特点的各个区域。最常见的奇线是极限环，它在相平面图上可表示为一个孤立的封闭相轨迹，所有附近的相轨迹都渐近地趋向或离开它。极限环分为稳定的、不稳定的和半稳定的三种。非线性系统可能没有极限环，也可能有一个或几个极限环。

3. 实验内容

(1) 绘制给定系统的相平面图

MATLAB 中绘制相平面图的相关命令：

1) [y, x, t] = step(a, b, c, d)。该命令可求系统的单位阶跃响应，不作图，返回变量格式。返回的变量为输出向量 $\boldsymbol{Y}$、时间向量 $\boldsymbol{T}$ 和状态向量 $\boldsymbol{X}$（n 个状态，位置变量 $\boldsymbol{x}$ 及速度变量 $\dot{\boldsymbol{x}}$ 均为向量）。状态向量 $\boldsymbol{X}$ 的第一列 “x(:, 1)” 表示位置变量 $\boldsymbol{x}$，第二列 “x(:, 2)” 表示速度变量 $\dot{\boldsymbol{x}}$。

给定系统必须是状态空间模型，命令 [a, b, c, d] = tf2ss(num, den) 可以将多项式模型转化成状态空间模型。

2) plot(t, x)。给定函数向量 $\boldsymbol{x}$、时间向量 $\boldsymbol{t}$，可利用该命令在直角坐标系中绘图。

3) plot(x(:, 2), x(:, 1))。该命令用来绘制 x-$\dot{x}$ 相平面图。[y, x, t] = step(num, den) 命令返回的状态向量 $\boldsymbol{X}$ 的第一列 “x(:, 1)” 和第二列 “x(:, 2)” 分别表示 $\boldsymbol{x}$ 和 $\dot{\boldsymbol{x}}$。

4) subplot(n, m, N)。它为设置子图命令，把图形窗口分割成 n 行 m 列，第 N 个子图作为当前图形。

【例 7-1】 已知二阶系统 $G(s)=\dfrac{10}{s^2+2s+10}$，输入信号为 $r(t)=1(t)$，绘制系统的相平面图。

解： 由于 $e(t)=r(t)-c(t)$，故 $\dot{e}(t)=\dot{r}(t)-\dot{c}(t)=-\dot{c}(t)$。

MATLAB 程序如下：

```
num = 10; den = [1 2 10]; [ a,b,c,d ] = tf2ss(num,den);
[y,x,t] = step(a,b ,c,d);
subplot(2,2,1); plot(t,x(:,2)); grid; title('x(t)子图 1');
subplot(2,2,2); plot(t,x(:,1)); grid; title('ẋ(t)子图 2');
subplot(2,2,3); plot(x(:,2),x(:,1)); grid; title('x-ẋ(t)相平面图 3');
subplot(2,2,4); plot(0.1 - x(:,2), - x(:,1));grid; title('e-ė(t)相平面图 4');
```

运行结果如图 7-6 所示。

(2) 二阶系统相平面分析不同奇点的性质

1) 欠阻尼系统（$0<\zeta<1$）有稳定焦点。设系统的闭环传递函数为 $G(s)=\dfrac{4}{s^2+2s+4}$，

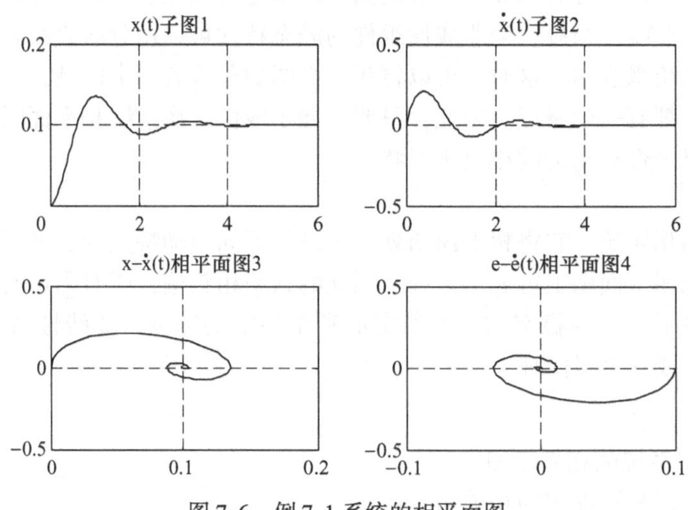

图 7-6 例 7-1 系统的相平面图

初始状态为0，则阻尼比$\zeta=0.5$，绘制其相平面图。

MATLAB 程序如下：

```
num =4; den =[1 2 4]; damp(den),
[ a,b,c,d ] = tf2ss(num,den);
[y,x,t ] = step(a,b,c,d);
subplot(2,1,1); plot(t,y); grid;
subplot(2,1,2); plot(x(:,2),x(:,1));
```

程序运行后，得到系统的阻尼比为0.5，有两个共轭复数极点$-1\pm j1.73$，系统的单位阶跃响应为衰减振荡曲线，系统稳定。相平面图上的相轨迹为对数螺旋线，并收敛于奇点（0，0），如图 7-7a 所示，这个奇点为稳定焦点。

2）负阻尼系统（$-1<\zeta<0$）有不稳定焦点。系统的闭环传递函数为$G(s)=\dfrac{4}{s^2-2s+4}$，初始状态为0，系统的阻尼比为-0.5，有两个共轭负极点$1\pm j1.73$位于s右半平面，系统的输出响应为发散振荡曲线，不稳定。绘制其相平面图如图 7-7b 所示，相轨迹为由原点出发的螺旋线，这个奇点为不稳定焦点。

3）过阻尼系统（$\zeta>1$）有稳定节点。系统的闭环传递函数为$G(s)=\dfrac{4}{s^2+5s+4}$，该系统有两个具有负实部的实根-1和-4，阻尼比为1.25，系统稳定输出的响应曲线为单调上升曲线。绘制其相平面图如图 7-7c 所示，相轨迹以抛物线收敛于奇点（0，0），这个奇点为稳定节点。

4）零阻尼系统（$\zeta=0$）。若系统的闭环传递函数为$G(s)=\dfrac{4}{s^2+4}$，该系统有一对共轭虚根$\pm j2$，实部为零，系统的输出响应为等幅振荡曲线。绘制其相平面图如图 7-7d 所示，相轨迹是包围奇点（0，0）的椭圆封闭曲线，这个奇点为中心点。

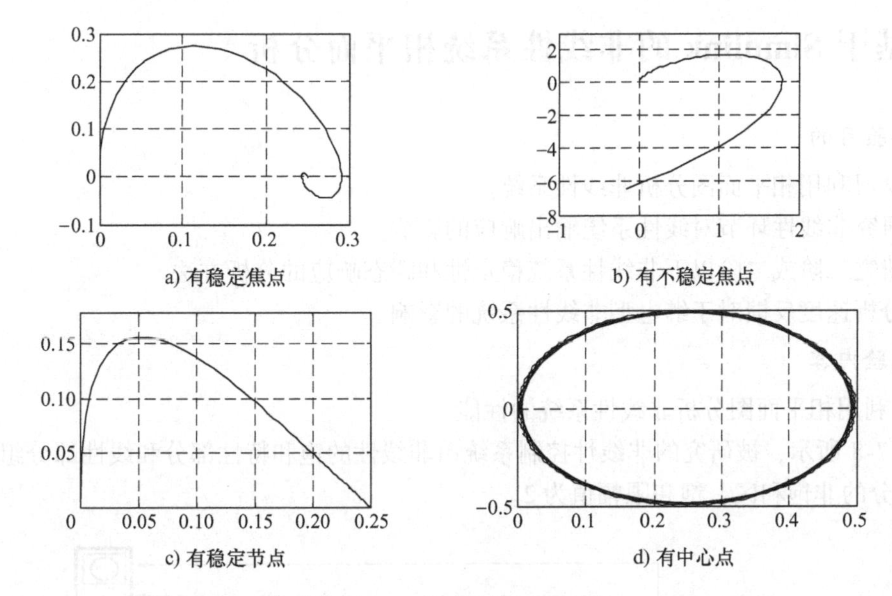

图 7-7　二阶系统的相平面图

若系统的闭环传递函数为 $G(s)=\dfrac{4}{s^2-4}$，该系统有一个正实部根和一个负实部根（±2），系统不稳定。绘制其相平面图，相轨迹呈现马鞍形，这种奇点称为鞍点。

综上，相平面图上的相轨迹表示了状态的运动方向，给出了系统的稳定性信息和系统运动的直观图像。比如在图 7-7a 所示的欠阻尼系统中，相轨迹与 x 轴坐标的交点是最大超调量和响应曲线的最大峰值位置。$\dot{x}$ 最低点对应于响应曲线中的拐点，当系统稳定时，相轨迹趋向于平衡点，响应曲线回复到平衡点。

对于过阻尼系统，系统响应曲线应没有超调地趋向于平衡点。对于有静态误差的系统，在相平面图上可以看到最终的相轨迹在 x 轴坐标上与平衡点有段距离，距离的大小是静态误差的大小，它的正负表示了静态误差的方向。

4. 实验能力要求

1）学会使用 MATLAB 编程绘制相平面图。

2）掌握二阶系统的奇点在不同平衡点的性质。

3）了解相平面图与系统运动状态的关系，能够与阶跃响应曲线相对应分析。

4）利用相平面图分析系统的稳定性。

5. 拓展与思考

1）若系统的初始状态不为 0，如何绘制相平面图？若二阶欠阻尼系统的 $\zeta=0.3$，$\omega_n=0.8\text{rad/s}$，绘制其相平面图，其中初始点为 $x(0)=0.5$，$\dot{x}(0)=0.5$。

2）实验中如何获得 e 和 $\dot{e}$ 的信号？

3）试说明 e-$\dot{e}$ 相轨迹与输出 c-$\dot{c}$ 相轨迹间的关系。

4）如何从相平面图上得到超调量 M_p 和稳态误差 e_{ss}？

7.3 基于 Simulink 的非线性系统相平面分析

1. 实验目的

1）学习利用相平面图分析非线性系统。

2）研究非线性环节对线性系统输出响应的影响。

3）研究二阶或二阶以下非线性系统稳定性和瞬态响应的分析方法。

4）分析速度反馈对于继电型非线性系统的影响。

2. 实验内容

（1）利用相平面图分析非线性系统的性能

如图 7-8 所示，被研究的非线性控制系统由非线性的饱和特性部分和线性部分组成。在非线性部分的非饱和区，饱和限幅值为 2。

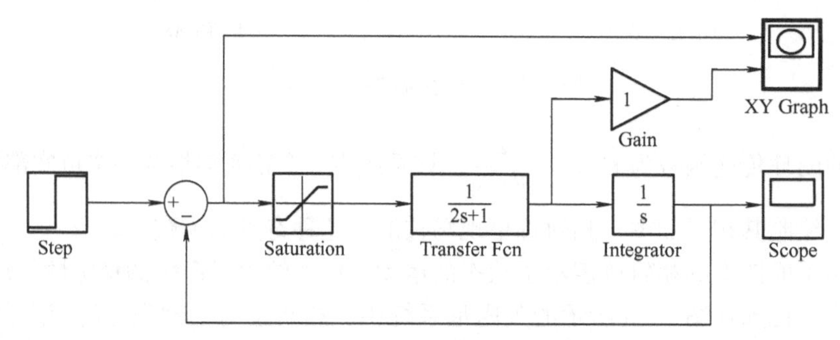

图 7-8　有饱和特性的非线性系统

在 Simulink 中使用“XY Graph”模块可以观察系统的相平面图。在“XY Graph”模块的 X、Y 两输入端口输入的数据分别为 $e(t)=2-c(t)$ 和 $\dot{e}(t)=-\dot{c}(t)$，故“XY Graph”模块显示出 e- $\dot{e}$ 相平面图。设置坐标范围：X 轴为（−1，2），Y 轴为（−1，1），采样时间为 0.01s。仿真输入信源模块“Step”的初始时间为 0，阶跃幅值为 2，仿真运行参数中设置“Stop time”为 30。

运行仿真程序，观察并记录系统的 e- $\dot{e}$ 相平面图和阶跃响应曲线，如图 7-9 所示。从“XY Graph”窗口的相平面图上可以看出 e- $\dot{e}$ 相轨迹的起点为（2，0），终点为（0，0），说明系统偏差开始时最大为 2，稳定后稳定误差为 0，输出能完全跟踪阶跃输入；相轨迹与 X 轴坐标第一次的交点为（−0.6，0），说明此刻系统响应的误差到达最大值，$e(t_p)=-0.6$，输出为最大超调量，由 $e(t)=2-c(t)$ 可得 $M_p=c(t_p)=2.6$。这些结果与系统阶跃响应曲线比较，正好吻合。在“Scope”窗口中的阶跃响应曲线，可以利用工具栏的“Cursor Measurements”按钮下的“Peak Finder”工具测量出超调量为 2.61，峰值时间为 4.75s，调整时间 15s。

（2）比较分析非线性环节对线性系统输出响应的影响

1）观察饱和特性。将实验内容（1）中的系统去除饱和环节后，再绘制系统的 $e-\dot{e}$ 相平面图和阶跃响应曲线，如图 7-10 所示，可以发现：不带饱和环节的系统超调量较大，但是上升时间短，系统响应快，调整时间短，系统能较快地到达稳定。因此，饱和特性非线性

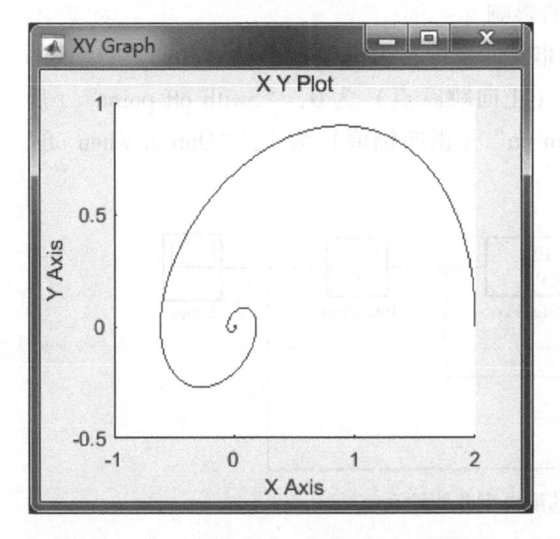

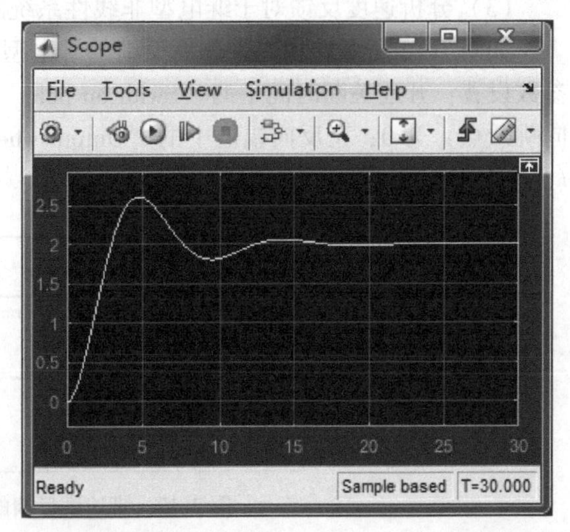

图 7-9　系统的 $e-\dot{e}$ 相平面图和阶跃响应曲线

环节将使系统超调量降低，上升时间滞后，峰值时间延长。

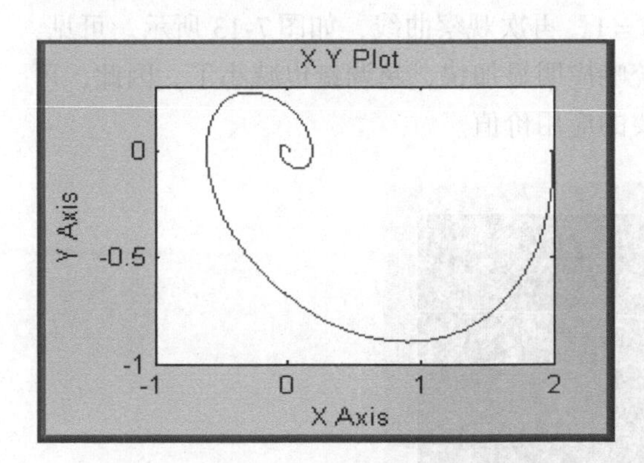

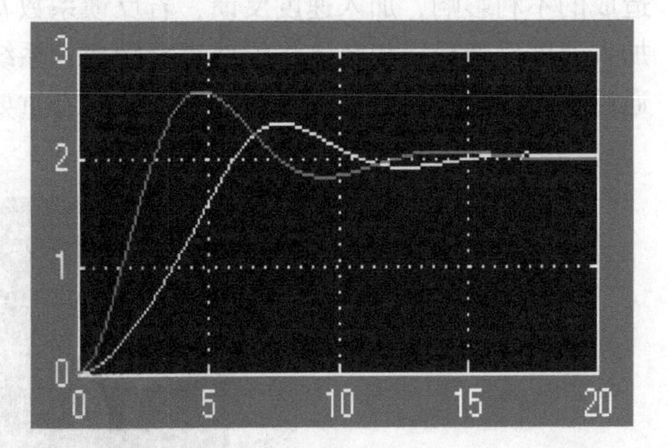

图 7-10　去除饱和特性后系统的相平面图和阶跃响应曲线

2）观察继电特性非线性环节对线性系统输出响应的影响。

【自我实践 7-1】　图 7-11 为二阶继电型控制系统，观察其相平面图和阶跃响应曲线并分析。

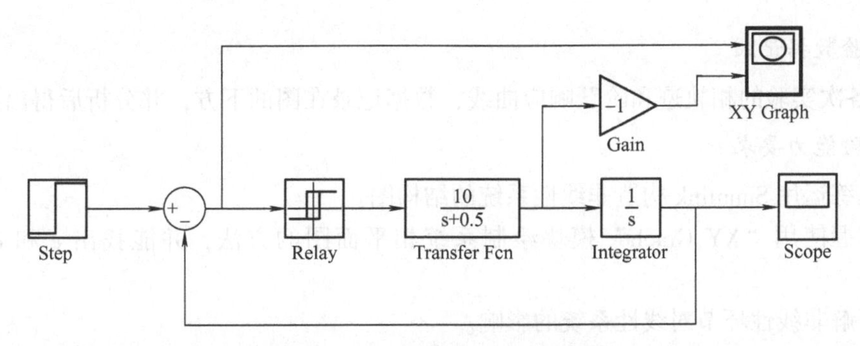

图 7-11　有继电特性的非线性系统

（3）分析速度反馈对于继电型非线性系统的影响

如图7-12所示，构造带速度反馈的继电型非线性系统，带继电特性的“Relay”模块的参数设置：开通关断时间中的“Swith on point”（正向跳跃点）为0，“Swith off point”（反向跳跃点）为0；正反向幅值中的“Output when on”（正向幅值）为1，“Output when off”（反向幅值）为-1。

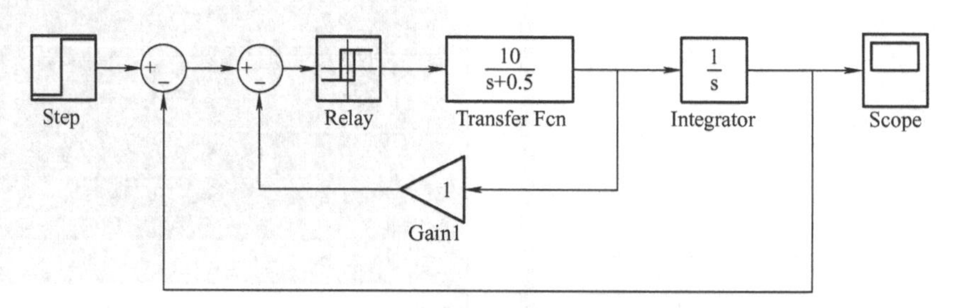

图7-12　带速度反馈的继电型非线性系统

观察无速度反馈的继电型非线性系统的单位阶跃响应曲线可见，选择不同的初始条件时系统可能产生自振，继电特性恶化了系统的品质，导致了控制的滞后。为了补偿非线性环节造成的不利影响，加入速度反馈，若反馈系数$k=1$，再次观察曲线，如图7-13所示。可见，加入速度反馈后，相轨迹将提前进行转换，系统响应明显加快，超调量也减小了。因此，可通过引入速度反馈减少自振荡幅值，这具有重要的应用价值。

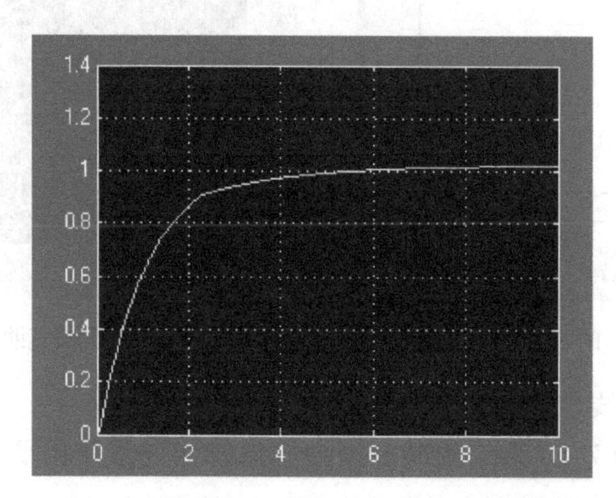

图7-13　带速度反馈的继电型非线性系统的单位阶跃响应曲线

3. 实验数据记录

记录各次实验的相轨迹和阶跃响应曲线，数据记录在图的下方，并分析后得出结论。

4. 实验能力要求

1）熟练运用Simulink构造非线性系统的结构图。

2）掌握使用“XY Graph”模块绘制系统相平面图的方法，并能找出e和$\dot{e}$的信号节点。

3）了解非线性环节对线性系统的影响。

4）理解速度反馈对非线性系统性能的改善作用。

5. 拓展与思考

1）观察死区特性、摩擦特性和间隙特性非线性环节对线性系统输出响应的影响。

2）如何有效利用非线性环节改善系统性能？如何避免非线性环节对系统的不利影响？

7.4 非线性系统描述函数法分析

1. 实验目的

1）学会利用 MATLAB 绘制负倒描述函数曲线，巩固绘制线性系统奈氏曲线的方法。

2）掌握并熟练运用非线性系统稳定性判据。

3）利用 MATLAB 实现非线性系统的负倒描述函数，分析系统的稳定性。

2. 实验原理

（1）描述函数

描述函数是分析非线性系统的一种近似方法，它是线性系统理论中的频率特性法在非线性系统中的应用。它主要用于对一类非线性系统的稳定性分析及输出响应分析，此方法不受系统的阶数限制。用描述函数法分析非线性系统有如下条件：

1）非线性组件的特性具有奇对称性（一般的死区、饱和、间隙、继电等非线性特性均具有奇对称性）。

2）系统可简化成只有一个非线性环节和一个线性环节串联的典型单位反馈结构。

3）非线性环节输出中的高次谐波幅值小于一次谐波幅值。

4）线性部分的低通滤波性能很好。

（2）用描述函数法分析非线性系统的稳定性和自振

在描述函数法中，可根据非线性控制系统中非线性部分的频率特性 $G(\mathrm{j}\omega)$ 曲线（奈氏曲线）和非线性部分的负倒描述函数 $-\dfrac{1}{N(X)}$ 的相对位置来判断非线性系统的稳定性。

1）当线性部分传递函数 $G(s)$ 在 s 右半平面有极点且个数为 P 时，若 $G(\mathrm{j}\omega)$ 曲线逆时针包围整个 $-\dfrac{1}{N(X)}$ 曲线 $P/2$ 周，则该非线性系统是稳定的，否则是不稳定的。

若 $G(\mathrm{j}\omega)$ 曲线与 $-\dfrac{1}{N(X)}$ 曲线没有交点，则系统不存在周期性的等幅振荡。若 $G(\mathrm{j}\omega)$ 曲线与 $-\dfrac{1}{N(X)}$ 曲线有交点，则非线性系统处于临界状态（此时相当于线性系统中 $G(\mathrm{j}\omega)$ 通过点（-1，$\mathrm{j}0$）），存在等幅振荡。如该等幅振荡是稳定的（即不会发散），则称之为自激振荡（也称自振），交点又称为自振点。

2）当线性部分传递函数 $G(s)$ 在 s 右半平面没有极点（即 $P=0$）时，若 $G(\mathrm{j}\omega)$ 曲线不包围 $-\dfrac{1}{N(X)}$ 曲线，则非线性系统稳定；若 $G(\mathrm{j}\omega)$ 曲线包围 $-\dfrac{1}{N(X)}$ 曲线，则非线性系统不稳定。

若 $G(\mathrm{j}\omega)$ 曲线与 $-\dfrac{1}{N(X)}$ 曲线相交，则系统存在周期运动（振荡），如果这个振荡是稳定的，则称之为自振点。

3）非线性系统是否存在自振点（自激振荡）的判别方法：

非线性部分的奈氏曲线把复平面分为两个区域，被 $G(\mathrm{j}\omega)$ 曲线包围的区域称为不稳定区，未被 $G(\mathrm{j}\omega)$ 曲线包围的区域称为稳定区，若 $-\dfrac{1}{N(X)}$ 曲线随振幅 A 增加的方向从不稳定区移动到稳定区，则对应的穿越点对应的是系统的一个稳定的周期运动（即自振点）。自振频率由 $G(\mathrm{j}\omega)$ 在该点处的 ω 值确定，自振幅值由 $-\dfrac{1}{N(X)}$ 在该点处的 X 值确定。具体计算的方法是将 $G(\mathrm{j}\omega)N(X)=-1$ 的等号两端分解为实部和虚部（或模和相角），令两端实部和实部相等，虚部和虚部相等，即可求出自振参数 X 和 ω。

3. 实验内容

已知带有死区继电特性的系统如图 7-14 所示，且死区继电特性的参数为 $M=1.7$，$h=0.7$，线性部分的传递函数为 $G_0(s)=\dfrac{460}{s(0.01s+1)(0.0025s+1)}$，试分析该系统的稳定性。

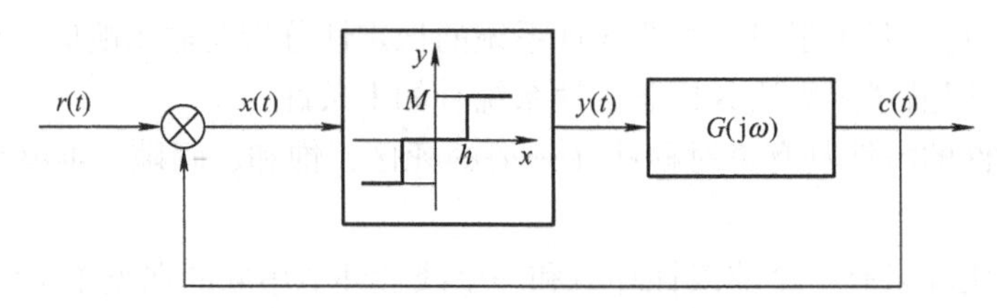

图 7-14 带有死区继电特性的系统

1）线性部分的频率特性为

$$G_0(\mathrm{j}\omega)=\frac{460}{\mathrm{j}\omega(0.01\mathrm{j}\omega+1)(0.0025\mathrm{j}\omega+1)}$$

死区继电特性的描述函数为

$$N(x)=\frac{4M}{\pi x}\sqrt{1-\left(\frac{h}{x}\right)^2}=\frac{M}{h}\cdot\frac{4h}{\pi x}\sqrt{1-\left(\frac{h}{x}\right)^2}=K_0N_0(x)$$

即死区继电特性的尺度系数为

$$K_0=\frac{M}{h}=\frac{1.7}{0.7}\approx 2.43$$

死区继电特性的相对描述函数为

$$N_0(x)=\frac{4h}{\pi x}\sqrt{1-\left(\frac{h}{x}\right)^2}$$

2）该系统的闭环特征方程为 $1+N(x)G_0(\mathrm{j}\omega)=0$，即

$$1+K_0N_0(x)G_0(\mathrm{j}\omega)=0$$

$$K_0G_0(\mathrm{j}\omega)=-\frac{1}{N_0(x)}$$

令

$$G(\mathrm{j}\omega)=K_0G_0(\mathrm{j}\omega)=2.43G_0(\mathrm{j}\omega)$$

则

$$G(\mathrm{j}\omega)=-\frac{1}{N_0(x)}$$

3）绘制线性部分的奈氏曲线。

MATLAB 程序为：

```
num = 460; den = conv(conv([1 0],[0.01 1]),[0.0025 1]);
Go = tf(num,den); G = 2.43 * Go;
nyquist(G), hold on
```

4）在同一复平面上绘制负倒描述函数曲线。

MATLAB 程序如下：

```
syms h x No; h = 0.7;
for x = 0.71:0.1:7
No = 4 * h/(pi * x) * sqrt(1 - (h/x)^2);
y = zeros(size(No));
plot( - 1/(No),y,'k *'),hold on,grid
end
```

5）运行程序后，在同一复平面上绘制出了非线性特性的相对负倒描述函数与线性部分的奈氏曲线，如图 7-15 所示。

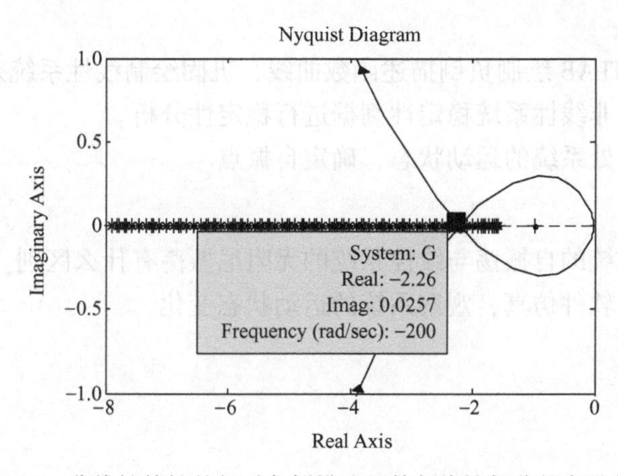

图 7-15　非线性特性的相对负倒描述函数与线性部分的奈氏曲线

6）对系统进行稳定性分析。由图 7-15 可见 $-\frac{1}{N_0(x)}$ 的轨迹和 $G(\mathrm{j}\omega)$ 有交点，此时该非线性系统处于临界稳定状态且在交点处出现持续自振。

7）求出自振的振幅 X 和角频率 ω。令 $\mathrm{Im}(K_0G(\mathrm{j}\omega))=0$，即交点虚部为零，求解得出交点处自振的角频率 $\omega=200\mathrm{rad/s}$，再求出 $|K_0G(\mathrm{j}200)|$ 的值。也可以在图中读出交点处角频率 $\omega=200\mathrm{rad/s}$，$|K_0G(\mathrm{j}200)|$ 应该为交点处的实部，近似为 2.26，因此可得交点处 $-\frac{1}{N_0(x)}=2.26$，则

$$N_0(X)=\frac{4h}{\pi x}\sqrt{1-\left(\frac{h}{x}\right)^2}=\frac{1}{2.26}=0.4425$$

令 $z=\frac{h}{x}$，则上式转换成$\frac{4}{\pi}\cdot z\sqrt{1-z^2}=0.4425$，然后利用 MATLAB 求解该方程：

```
syms z;
[z] = solve('4 * z/(pi) * sqrt(1 - z ^2) = 0.4425')
```

执行后得到 $z_1=0.3749$，$z_2=0.9271$，最后得出 $X_1=1.8672$，$X_2=0.755$。

8）判断自振交点。系统奈氏曲线 $G(j\omega)$ 与负倒描述函数 $-\frac{1}{N_0(x)}$有两交点，对应着系统两个周期运动状态，因此需要判定究竟哪个点是自振点。改变复平面纵轴的坐标范围，观察两交点附近振幅的变化方向，随着振幅增大的方向 $G(j\omega)$ 曲线不包围 $-\frac{1}{N_0(x)}$曲线，则为自振点。故 $X_1=1.8672$ 与 $\omega=200\text{rad/s}$ 是自振点，自振的振幅为 1.8672。

【自我实践 7-2】 用 Simulink 软件仿真，观察稳定系统受扰、产生自振的现象。在前向通道中加入渐变增益模块“Slider Gain”，通过改变增益，观察系统运动状态的变化。

4. 实验数据记录

记录 $-\frac{1}{N_0(x)}$ 和 $G(j\omega)$ 的奈氏曲线，读出交点频率和振幅。

5. 实验能力要求

1）学会利用 MATLAB 绘制负倒描述函数曲线，巩固绘制线性系统奈氏曲线的方法。

2）能够熟练运用非线性系统稳定性判据进行稳定性分析。

3）能够判断交点处系统的运动状态，确定自振点。

6. 拓展与思考

1）比较非线性系统的自振荡与线性系统的无阻尼振荡有什么区别。

2）利用 Simnlink 软件仿真，观察系统的运动状态变化。

第 8 章　控制系统的综合设计

本章导读

本章的主要内容是对控制系统的综合设计方法及调试步骤做基本介绍，以工业实际工程中较常用的控制系统，如直流电动机调速、温度控制、步进电动机控制系统等进行综合设计实验。

8.1 节介绍自动控制系统设计、分析、调试的方法及过程。

8.2 节的主要内容是为小功率直流电动机设计闭环的调速控制系统，包括对系统各部件进行特性测试，建立它们的数学模型；对系统进行计算机仿真设计，确定校正网络的电路结构及组件参数；对系统进行调速实验等。

8.3 节的主要内容是步进电动机控制系统的硬件设计，研究步进电动机的速度调节和方向控制技术及其 PID 控制器参数的整定方法。

8.4 节的主要内容是采用实验法测试电动机的数学模型，研究电动机调速系统 PID 控制器参数的整定方法。

8.5 节的主要内容是研究温度控制系统的特点，掌握大时间常数系统 PID 控制器参数的整定方法。

8.1　控制系统综合设计综述

控制系统设计的任务是：根据控制对象的特性、技术要求及工作环境，设计元器件及信号变换处理装置，组成控制系统，完成给定的控制任务[4]。简言之，控制系统设计的任务就是在已知被控对象的特性和系统性能指标的条件下，设计系统的控制部分，即设计控制器。通常，人们希望设计后的系统在稳定的基本前提下，对输入信号的响应呈现出尽可能小的误差、相当快的响应速度，同时响应过程应具有适当的阻尼。另外，系统的动态特性对于系统参数的微小变化，应当相当不敏感，经常性的干扰量应当得到有效的衰减。但是系统稳定性要求与稳态精确性要求常常是相互矛盾的，因此在设计控制系统时，需要根据实际情况选择一种最有效的折中方案。

自动控制系统的设计过程是从技术指标分析到系统调试，在调试过程中不断修正设计结果的实践过程，也是从理论到实践，再从实践到理论的多次反复的过程。对于千差万别的实际控制系统，其设计、分析、调试的方法也不尽相同，但大体上都要经过以下过程。

1. 建立控制对象的数学模型

通常使用机理分析法和实验测试法建模。一般情况下，实际系统都含有多种特性，要获得对象的精确模型是很困难的，只有在对象比较简单或接近理想状态时，才可能用机理分析法得到较准确可靠的数学模型（微分方程表达式）。利用实验测试法（即模型参数辨识方法）可以得到一个等效的模型，但其精度受干扰的影响较大。因此在建模时，应根据控制系统的要求、方案、组成方式等具体情况，通过折中考虑建立在一定程度上较为精确的数学模型就可以了。当然，模型精度越高，就越能真实地反映实际系统，但其阶数也随之增高，给系统的分析和设计带来困难，因此可以对复杂系统采用近似降价处理来获取数学模型。

2. 方案选择

方案选择应同时考虑成本与效益、性能与复杂度、可靠性及维护性等多种因素，综合考虑后折中确定方案。通常，方案选择的依据一般包括：

1）控制系统的种类及使用范围。

2）负载情况，包括负载的静阻力（矩）、惯性力（矩）、其他角速度及加速度、被控量的变化率等。

3）对系统的精度要求和动态特性的要求。

4）对所采用的控制组件的要求。

5）工作条件要求包括工作温度、湿度、抗冲击、振动、电磁兼容性的要求，以及防水、防潮、防爆、防尘的要求。

6）系统安装结构的要求。

3. 建立系统结构图

根据数学模型及确立的方案，按一定结构连接起来，构成系统的结构图，便于分析设计。

4. 静态参数计算

静态是指系统稳定状态时具有的特性，系统结构图中每个模块的静态特性参数可分别测试计算，如测量元件、执行元件及放大器等。静态参数计算好后，可代入系统结构图中完善系统结构图，然后进行系统稳定性及动态特性的分析与设计。

注意：静态特性参数要求尽量准确，这些数据将决定系统的动态特性。

5. 动态分析及校正装置设计

根据静态参数计算的结果，从理论上分析系统的动态特性，包括准确性、稳定性和快速性。若动态性能指标达不到设计要求，则应考虑加入校正装置并设计实现。

6. 软件仿真实验

使用计算机软件仿真分析系统的设计是否可行，若仿真实验不通过，可以返回到模型建立或静态特性参数计算重新修正设计，反复进行多次，直到仿真后得到满意的结果。另外，在仿真过程中要尽量考虑系统运行的实际情况，对于干扰要有补偿措施，对噪声要进行滤波等。

7. 系统调试

在现场进行系统调试，若不能满足设计要求，必须仔细分析原因，不断修正设计方案和参数等，直到符合条件为止。

（1）系统中各个模块开环调试

在进行系统实际调试之前，要先调整其中各个模块的工作状态，保证各模块静态稳定、信号通信正常、参数正确。还应判断反馈环节的极性，可在模块输入端加入阶跃信号来测试输出信号，观察反馈环节输出信号与输入信号是否极性相同，如果是，则为正反馈，否则为负反馈。

（2）局部反馈的调试

在对整个系统进行调试之前，如果有内回路，应调试内回路，按照先内后外的顺序调试。

进行内回路闭环调试时，应断开主反馈，闭合局部反馈。只有各个局部内回路调试稳定后，才能接上主反馈回路进行调试。

闭环调试时要避免产生自振荡，可以先将回路中的增益减到比较小的值，然后逐步增大，若增益增大到一定值后，产生振荡，要分析振荡产生的原因：若振荡的振幅很大且剧烈，此时的增益与设计值相差很多，这可能是校正装置参数不合适造成的，需重新调整参数；信号通道堵塞也会引起自振；频带过宽，高频干扰容易进入系统产生高频振荡。

8.2　直流电动机转速单闭环自动调速系统的设计

1. 设计任务与要求

直流调速具有调速范围广、静差率小、稳定性好以及具有良好的动态性能等优点，长期以来一直是调速系统的主要形式，在轧钢、采矿、纺织、造纸等需要高性能调速的工业生产中得到广泛应用。调速系统的主要任务是调速、稳定和加减速控制等三个方面，一般要求在很短的时间内进行宽范围调速，因此必须设计合理的校正网络，以满足生产工艺的要求。

设计任务及性能指标要求如下：

1）给定40W小功率直流力矩电动机、转速电压给定电位器、运算放大器、集成功率放大器、测速发电机及负载等器件，要求设计闭环的调速控制系统。

2）对系统各部件进行特性测试，建立它们的数学模型。

3）对系统进行计算机仿真设计，确定校正网络的电路结构及组件参数。

4）要求校正后的系统调节时间不超过0.1s，超调量不大于20%。

5）对系统进行调速实验，对比仿真结构，不断修正参数，直至满足设计要求。

2. 单闭环直流调速系统的方案设计

直流电动机的转速特性为

$$n=\frac{U-I_{a}R}{K_{e}\Phi}$$

式中，n为电动机转速；U为电枢供电电压；I_{a}为电枢电流；R为电枢回路总电阻；K_{e}为电动机结构决定的电动势常数；Φ为励磁磁通。

直流电动机常用的调速方法及特点如下：

1）调节电枢供电电压 U。改变电枢电压调速主要是从额定电压往下降低电枢电压，从电动机额定转速向下调速，属恒转矩调速方法，可以实现无级平滑调速，响应速度快，但需要大容量可调直流电源。工程上常采用该方法调速。

2）改变电动机主磁通 Φ。改变磁通可以实现无级平滑调速，但只能减弱磁通，从电动机额定转速向上调速，属恒功率调速方法，又称为弱磁调速。弱磁调速所需电源容量小，但响应速度较慢，调速范围不大。

3）改变电枢回路电阻 R。通过在电动机电枢回路外串联电阻进行调速，其调速特点是设备简单、操作方便、只能有级调速、机械特性软、调速平滑性差、调速电阻消耗能量大、空载时作用不明显等。因此目前很少采用这种调速方法，只在某些要求不高的场合（如起重机、卷扬机及电车等）中采用。

本系统采用调节电枢电压调速，选择晶闸管整流器改变电枢电压，实现电动机的平滑调速。由于开环调速系统的机械特性很软，一般满足不了工业生产对调速系统的要求，通常引入转速负反馈构成闭环调速系统，其原理如图 8-1 所示。

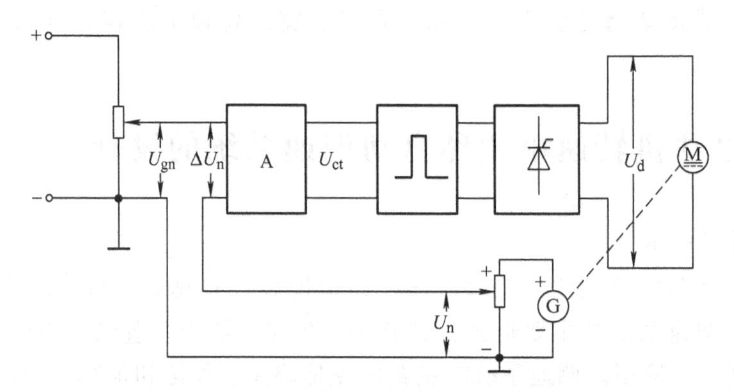

图 8-1　转速负反馈单闭环调速系统

该系统由电压比较环节、放大器 A、晶闸管整流器与触发装置、直流电动机 M 和测速发电机 G 等组成。发电机 G 与电位器构成转速检测环节，引出与转速成正比的负反馈电压 U_n，与转速给定电压 U_{gn} 进行比较，得到偏差电压 ΔU_n，经过放大器 A 放大后产生控制电压 U_{ct} 去控制触发装置的移相相位，控制晶闸管整流器的直流输出电压（即电动机的电枢电压），从而控制电动机的转速，组成带转速负反馈控制的闭环调速系统。

3. 建立各环节的数学模型

（1）运算放大器和集成功率放大器

用晶体管、晶闸管、集成功率放大器等将控制信号放大，用来驱动执行电动机。其输出信号与输入信号成正比，可以看作是一比例环节，其传递函数为 $G_A(s)=K_A$。

（2）晶闸管整流器与触发装置

该环节为直流电动机提供可调的直流电源，整流器的输出电压直接给直流电动机的电枢供电，因此通过调节触发装置的脉冲移相相位，就可调节晶闸管整流器的输出电压，从而实现调节电枢电压调速。

晶闸管整流器与触发装置可以看成一个小滞后环节，通常可以简化为惯性环节。其传递

函数为 $G_d(s)=\dfrac{U_d(s)}{U_{ct}(s)}=\dfrac{K_d}{T_d s+1}$，若 $T_d \ll 1$，则 $G_d(s)=K_d$。

(3) 直流电动机

对于恒转矩电动机，电磁时间常数 T_e 通常很小，可以忽略，其简化的传递函数为

$$\frac{\omega(s)}{U_d(s)}=\frac{K_m}{T_m s+1}$$

式中，ω 是电动机的转速，$\omega=2\pi n$；K_m 是电动机的增益常数；T_m 是电动机的时间常数。

K_m 的确定方法：用转速表测量转速，获得 n 与 U_d 的关系，则 $K_m=n/U_d$。为测量准确，应多选择几组不同 U_d 进行测量，取平均值。

T_m 的实验测定方法有阶跃响应法和频域法两种。

1) 阶跃响应法：利用示波器观测系统的阶跃响应曲线，测出曲线上对应稳态值的 63.2% 处的时间值即为 T_m。

2) 频域法：利用频率特性测试仪测得系统的幅频特性数据，进行直线拟合得出幅频特性曲线，其转折频率即为 $1/T_m$。

(4) 测速发电机

测速发电机作为测速元件工作在发电机状态，与电动机输出轴直接机械相连，它的时间常数很小，可以看作是一个比例环节。测速反馈比例常数 α 与测速发电机输出斜率有关，测定方法与直流电动机的参数测量方法相同，$\alpha=U_n/n$。

4. 转速反馈单闭环调速系统的静特性

转速反馈单闭环调速系统的静态结构图如图 8-2 所示。其中，K_A、K_d、α 分别为放大器、整流与触发装置、测速发电机的系数；C_e 为反电动势系数；U_{do} 为理想空载电压。

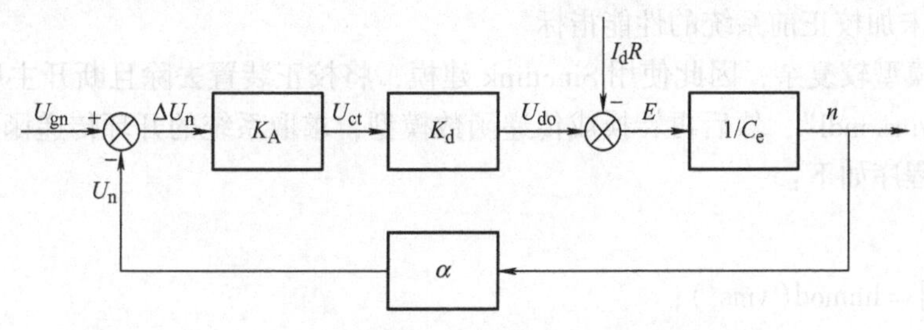

图 8-2　转速反馈单闭环调速系统的静态结构图

系统的开环机械特性为

$$n=\frac{K_A K_d U_{gn}}{C_e}-\frac{I_d R}{C_e}=n_{0o}-n_o$$

系统闭环时的静特性为

$$n=\frac{K_A K_d U_{gn}}{C_e(1+K)}-\frac{I_d R}{C(1+K)}=\frac{n_{0o}}{1+K}-\frac{\Delta n_o}{1+K}$$

式中，$K=K_A K_d \alpha/C_e$，为闭环系统的开环增益；n_{0o}、Δn_o 分别为开环时的理想空载转速和稳态速降。

可见，闭环静特性比开环机械特性的硬度大大提高，稳态速降下降到原来的 $1/(1+K)$，静差率也随之下降。当要求的静态率一定时，闭环系统的调速范围大大提高，为开环时的

$(1+K)$ 倍。

5. 转速负反馈单闭环调速系统的动态分析

由各环节的传递函数可以获得系统的动态结构图，如图 8-3 所示。

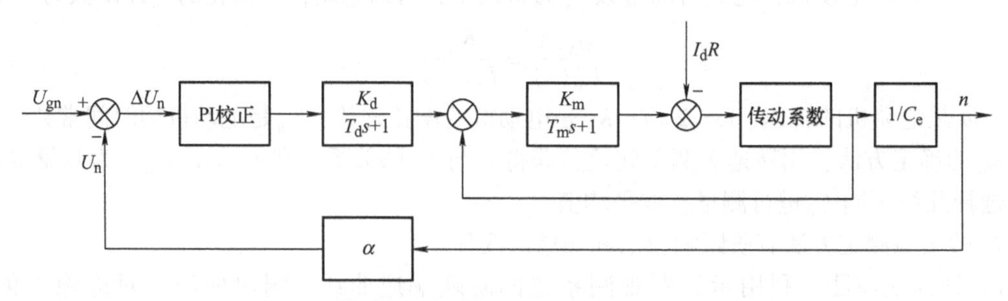

图 8-3　转速负反馈单闭环调速系统的动态结构图

将各环节中测定的系数代入动态结构图中，如图 8-4 所示，然后用 MATLAB/Simulink 仿真设计校正装置。

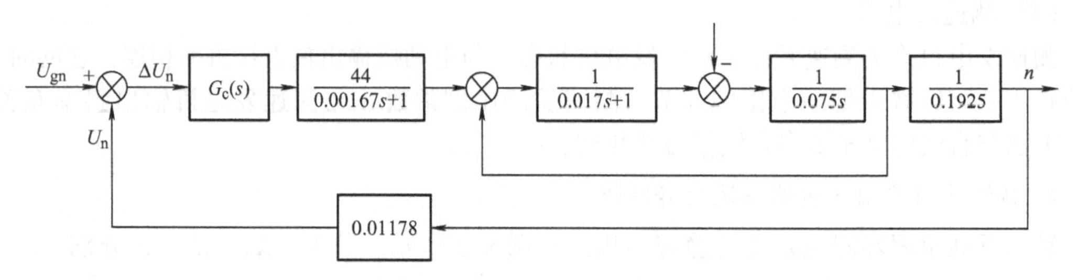

图 8-4　实测系统的动态结构图

（1）分析未加校正前系统的性能指标

由于系统模型较复杂，因此使用 Simulink 建模，将校正装置去除且断开主反馈，构造开环系统模型“vms. mdl”，然后再转换成传递函数模型，求取系统的开环传递函数。

MATLAB 程序如下：

```
Clear
[a,b,c,d] = linmod('vms');
[num,den] = ss2tf(a,b,c,d); G = tf(num,den);
sys = feedback(G,1);
margin(num,den)
figure(2); step(sys)
```

运行结果显示，系统性能指标不满足设计要求，需要对系统进行校正。

（2）加入校正装置并确定校正装置的传递函数（滞后校正）

设计过程可参考 6.3 节，最后得到滞后校正装置的传递函数为 $G_c(s)=\dfrac{0.25s+1}{0.2115s+1}$。

（3）校验校正后系统的性能指标

将校正网络 $G_c(s)$ 串入系统前向通道，对系统绘制阶跃响应曲线和伯德图，可得出校正后系统的超调量 $M_p=20\%$，调节时间 $t_s=0.0953\text{s}<0.1\text{s}$，指标完全合格。

6. 系统调试

系统调试的注意事项如下：

1）注意系统的反馈极性，当系统出现振荡时，首先检查是否接成了正反馈。

2）运算放大器必须工作在其电源电压范围内的线性区，防止出现饱和。

3）弹性连接问题要注意。由于电动机与负载是刚性连接，传递机构总存在一定的弹性变形，在某些特殊情况下，弹性变形可能引起系统振荡。

4）由于机械轴的偏心可能引起低频振荡，可采用有源带通滤波器。

8.3　步进电动机的速度调节和方向控制

1. 实验目的

1）了解步进电动机的工作原理和控制原理。

2）掌握步进电动机控制系统的硬件设计。

3）掌握步进电动机的速度调节和方向控制技术。

4）研究步进电动机 PID 控制器参数的整定方法。

2. 步进电动机的工作原理及控制原理

步进电动机又称为脉冲电动机，是计算机控制系统中常用的执行部件，具有快速起停、精确步进的特点，其功能是将电脉冲转化为响应的角位移或直线位移。步进电动机直接采用数字脉冲信号控制，而不需要进行 D/A 转换，因此给控制系统的设计带来极大方便。步进电动机的位移量与脉冲数成正比，每给一个脉冲，步进电动机就转动一个角度（前进或倒退一步）。因此，步进电动机的速度调节实质上只要控制输入步进电动机的脉冲数就可以实现。

当某相绕组通电时，对应的磁极产生磁场，并与转子形成磁路，这时如果定子和转子的小齿没有对齐，在磁场的作用下，由于磁通具有总是走磁阻最小路径的特点，转子将转动一定的角度，使转子与定子的齿相互对齐。由此可见，错齿是促使电动机旋转的原因。

步进电动机的步进速率是有上限的，如果突然大幅度提高或降低输入脉冲的频率，就会出现步进电动机来不及响应而丢失脉冲，导致所谓的“失步”现象。因此，步进电动机调试时应该逐渐加速或减速，可以采用 PID 控制器来实现步进电动机的平滑调速。计算机控制步进电动机的原理框图如图 8-5 所示。

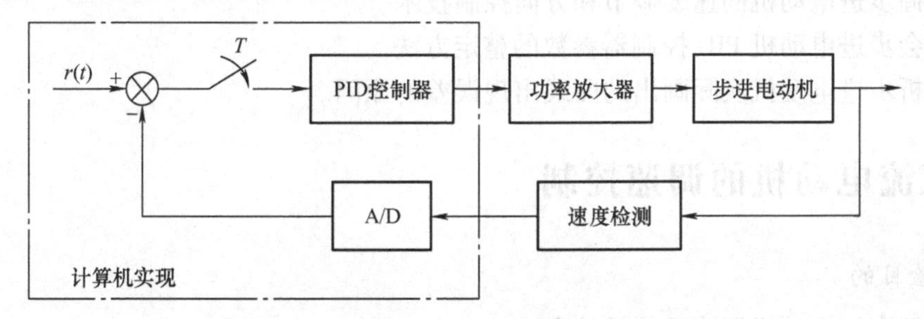

图 8-5　计算机控制步进电动机的原理框图

3. 实验内容

（1）运行速度的控制

改变脉冲输入频率，就可以改变电动机的速度。打开实验软件，设定一个给定速度，设定 PID 控制器的参数 K_p、T_i和 T_d，观察电动机转速响应曲线，测量调节时间、超调量及稳态误差。

（2）运转方向的控制

步进电动机多为永磁感应式，有两相、四相、六相等多种，实验所用电动机为两相四拍式。可以通过改变通电的相序来改变定子磁场的旋转方向，使电动机步进式旋转，控制步进电动机的正反转。步进电动机以两相四拍方式工作时，按 AB→BC→CD→DA→AB 次序通电时为正转，按 AD→DC→CB→BA→AD 次序通电时为反转，通电顺序见表 8-1。

表 8-1　两相四拍方式的脉冲分配表

顺　　序	相			
	A	B	C	D
N	1	1	0	0
$N+1$	0	1	1	0
$N+2$	0	0	1	1
$N+3$	1	0	0	1

1）设定 X、Y 轴的起点和终点坐标，让步进电动机在平面画出一条直线。

2）设定圆心坐标和半径，让步进电动机在平面画出一个圆。

注意：X 轴方向的范围为 0 ~ 199，Y 轴方向的范围为 0 ~ 199。

4. 实验步骤

1）启动计算机，运行实验软件。

2）测试计算机与实验箱的通信是否正常，通信正常则继续。如通信不正常，查找原因，使通信正常后才可以继续进行实验。

3）用扁平电缆连接实验箱和步进电动机控制对象，检查无误后，接通实验箱电源。

4）打开实验参数设置窗口，在参数设置窗口中设置起点坐标、终点坐标值，单击确认后，在观测窗口中观测指针的旋转方向和旋转格数是否和设置值一致。

5）观测步进电动机控制对象的指针旋转是否和软件的旋转一致。

5. 实验能力要求

1）了解步进电动机的工作原理。

2）掌握步进电动机的速度调节和方向控制技术。

3）学会步进电动机 PID 控制器参数的整定方法。

4）分析步进电动机实际画出的曲线出现误差的原因。

8.4　直流电动机的调速控制

1. 实验目的

1）了解直流电动机调速系统的特点。

2）进一步掌握实验法测试电动机的数学模型。

3）研究电动机调速系统 PID 控制器参数的整定方法。

2. 实验原理

整个电动机调速系统由两大部分组成，第一部分由计算机和 A/D&D/A 卡组成，主要完成速度采集、PID 运算、产生控制电枢电压的控制电压；第二部分由传感器信号整形、控制电压功率放大等组成。电动机速度控制的基本原理是通过 D/A 输出 $-2.5\sim2.5$V 的电压控制直流电动机的电枢电压。速度采集由一对红外发射、接收管完成，接收管输出脉冲的间隔反映了电动机的转速。其系统结构图如图 8-6 所示。

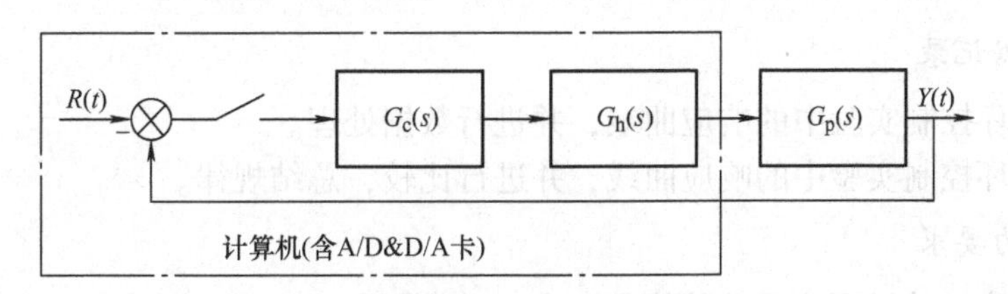

图 8-6 电动机调速系统结构图

图中，$G_c(s)$ 为校正装置的 PID 控制器，$G_c(s)=K_p(1+K_i/s+K_ds)$；$G_h(s)$ 为采样保持器，$G_h(s)=(1-e^{-Ts})/s$；$G_p(s)$ 为被控对象电动机，$G_p(s)=K/(1+T_ds)$。

3. 实验内容

1）开环控制，测定电动机的动态特性。

2）将电动机近似为一大惯性对象，根据动态特性确定电动机的数学模型。

3）参照6.2 节获取 PID 控制器的参数，设定电动机速度在一恒定值，观察闭环控制后电动机的响应曲线。

4）分别调整 P、I、D 各参数，观察对电动机调速有何影响。

4. 实验步骤

1）启动计算机，运行实验软件。

2）测试计算机与实验箱的通信是否正常，通信正常则继续。如通信不正常，查找原因，使通信正常后才可以继续进行实验。

3）用20 芯的扁平电缆连接实验箱和电动机控制对象，检查无误后，接通实验箱电源。

4）开环控制实验：

① 打开“开环控制”实验参数设置窗口，设置给定电压、电动机控制对象的给定转速，单击确认，在观察窗口观测开环系统的响应曲线并记录。

② 将电动机近似为一大惯性对象，根据动态特性确定电动机的特性参数（增益 K 和惯性时间常数 T_d），建立电动机的数学模型，根据频率法串联超前校正进行设计，确定 PID 控制器的参数。

5）闭环控制实验：

① 打开“闭环控制”实验参数设置窗口，设置电动机控制对象的给定速度以及 K_p、K_i、K_d的值，单击确认，在观察窗口观测闭环系统的响应曲线，测量系统响应时间 t_s和超调量 M_p。

② 重复步骤①，改变 P、I、D 参数，观测波形的变化，记录相关数据填入表 8-2 中。

表 8-2 电动机调速系统闭环控制实验数据记录表

参数			阶跃响应曲线	$M_p(\%)$	t_s/s
K_p	K_i	K_d			

5. 实验数据记录

1）记录开环控制实验中的响应曲线，并进行数据处理。

2）记录闭环控制实验中的响应曲线，并进行比较，总结规律。

6. 实验能力要求

1）了解直流电动机调速系统的特点，进一步掌握实验法测试电动机的数学模型。

2）进一步掌握频率法串联超前校正的设计方法，确定 PID 控制器的参数。

3）记录闭环控制过程中动态性能最满意时的 K_p、K_i、K_d值，并画出其响应曲线，分析此情况下的超调量、响应时间及稳态误差。

4）总结一种对电动机控制系统有效的选择 K_p、K_i、K_d的方法，以最快的速度获得满意的参数。

8.5 温控炉的恒温控制

1. 实验目的

1）巩固闭环控制系统的基本概念，了解温度控制系统的特点。

2）掌握温度的一种采集方法，研究采样周期 T 对系统特性的影响。

3）研究大时间常数系统 PID 控制器参数的整定方法。

2. 炉温控制的实验原理

炉温控制系统由两大部分组成，第一部分由计算机和 A/D&D/A 卡组成，主要完成温度采集、PID 运算、产生控制晶闸管的触发脉冲；第二部分由传感器信号放大、同步脉冲形成以及触发脉冲放大等组成。

炉温控制的基本原理是：改变晶闸管的导通角即改变电热炉加热丝两端的有效电压，有效电压的可在 0～140V 内变化，晶闸管的导通角为 0°～90°。温度传感是通过一只热敏电阻及其放大电路完成的，温度越高其输出电压越低。

外部 LED 灯的亮灭表示晶闸管的导通与关断的占空比时间，如果炉温温度低于设定值，则晶闸管导通，系统加热，否则系统停止加热，炉温自然冷却到设定值。其系统结构图如图 8-7 所示。

图中，$G_c(s)$ 为校正装置的 PID 控制器，$G_c(s)=K_p(1+K_i/s+K_ds)$；$G_h(s)$ 为采样保持器，$G_h(s)=(1-e^{-Ts})/s$；$G_p(s)$ 为被控对象温控炉，$G_p(s)=Ke^{-Ls}/(1+T_ds)$。

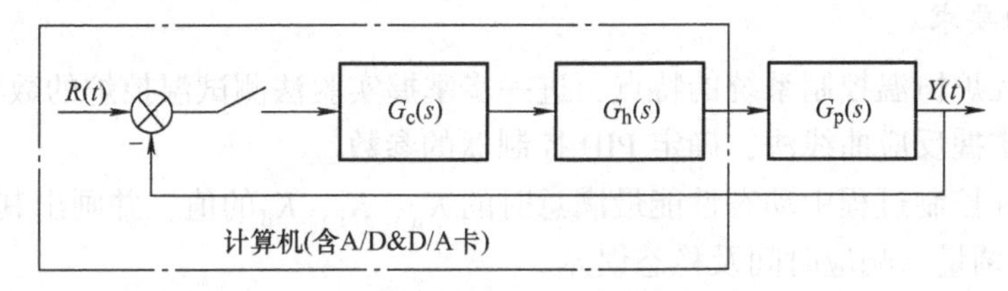

图 8-7 炉温控制系统结构图

3. 实验内容

1）开环控制，测定温控炉的动态特性。

2）根据反应曲线法确定温控炉的特性参数（增益 K、滞后时间 L 和等效时间常数 T_d），建立温控炉的数学模型。根据经验值确定 PID 控制器的参数。

3）给定温控炉的温度在一恒定值，观察闭环控制后炉温的响应曲线。

4）分别调整 P、I、D 各参数，观察对温控炉的恒温控制有何影响。

4. 实验步骤

1）启动计算机，运行实验软件。

2）测试计算机与实验箱的通信是否正常，通信正常则继续。如通信不正常，查找原因，使通信正常后才可以继续进行实验。

3）用 20 芯的扁平电缆连接实验箱和温控炉控制对象，检查无误后，接通实验箱电源。

4）开环控制实验：

① 打开“开环控制”实验参数设置窗口，设置控制量占空比、炉温控制对象的给定温度，单击确认，在观察窗口观测开环系统的响应曲线并记录。

② 根据反应曲线法确定温控炉的特性参数（增益 K、滞后时间 L 和等效时间常数 T_d），建立温控炉的数学模型。

③ 根据经验值确定 PID 控制器的参数。

5）闭环控制实验：

① 打开“闭环控制”实验参数设置窗口，设置炉温控制对象的给定温度以及 K_p、K_i、K_d 的值，单击确认，在观察窗口观测闭环系统的响应曲线，测量系统的响应时间 t_s 和超调量 M_p。

② 重复步骤①，改变 P、I、D 的参数，观测波形的变化，记录相关数据填入表 8-3 中。

表 8-3 温控炉恒温控制系统闭环控制实验数据记录表

参数			阶跃响应曲线	M_p(%)	t_s/s
K_p	K_i	K_d			

5. 实验数据记录

1）记录开环控制实验中的响应曲线，并进行数据处理。

2）记录闭环控制实验中的响应曲线，并进行比较，总结规律。

6. 实验能力要求

1）了解温控炉恒温控制系统的特点，进一步掌握实验法测试温控炉的数学模型。

2）进一步掌握反应曲线法，确定 PID 控制器的参数。

3）记录闭环控制过程中动态性能最满意时的 K_p、K_i、K_d的值，并画出其响应曲线，分析此情况下的超调量、响应时间及稳态误差。

4）总结一种对温控炉恒温控制系统有效的选择 K_p、K_i、K_d的方法，以最快的速度获得满意的参数。

附　　录

附录 A　MATLAB 常用命令与函数

1. 通用函数与命令

1）管理用命令：help，what，type，lookfor，which，demo，path。

2）变量与工作空间的管理：who，whos，load，save，clear，pack，size( )，length( )，disp( )。

3）文件和操作系统的处理：cd，dir，delete，getenv，!，unix，diary。

4）命令行窗口控制：cedit，clc，home，format，echo，more。

5）启动与退出 MATLAB：quit，startup，matlabrc。

6）一般信息：inf，subscribe，hostid，whatsnew，ver。

2. 语言结构与跟踪调试

1）编程语言用 MATLAB 结构：script，function，eval( )，feval( )，global，nargchk( )，lasterr( )。

2）控制流程：if，else，elseif，end，for，while，break，return，error。

3）交互输入函数及命令：input( )，keyboard，menu( )，pause，uimenu( )，uicontrol( )。

4）跟踪调试命令：dbstop，dbclear，dbcont，dbdown，dbstack，dbstatus，dbstep，dbtype，dbup，dbquit。

3. 基本矩阵与矩阵处理

1）基本矩阵：zeros( )，ones( )，eye( )，rand( )。

2）特殊变量与常量：ans，eps，realmax，realmin，pi，i，j，inf，NaN，flops( )，nargin，nargout，computer，isie-ee( )，why，version。

3）时间与日期：clock，cputime( )，date( )，etime( )，tic( )，toc( )。

4. 矩阵函数及数值线性代数

特征值与奇异值：eig( )，poly( )。

5. 基本数学函数

1）三角函数：sin( )，cos( )，tan( )，sec( )，csc( )，cot( )。

2）指数函数：exp( )，log( )，log10( )，sqrt( )。

3）复数函数：abs( )，angle( )，conj( )，imag( )，real( )。

4）数值处理；ceil( )，round( )，rem( )，sign( )。

6. 数据分析与傅里叶变换函数

1）基本运算：max( )，min( )，mean( )，sort( )，sum( )。

2）微分运算：diff( )。
3）方差处理：corrcoef( )，subspace( )。
4）滤波和卷积：conv( )，conv2( )。

7. 多项式处理函数

多项式处理：root( )，poly( )，polyval( )，residue( )，polyfit( )，conv( )。

8. 二维图形绘制

1）基本二维图形：plot( )，loglog( )，semilogx( )。
2）图形修饰：title( )，xlabal( )，ylabal( )，text( )，gtext( )，grid。

9. 三维图形绘制

1）表面与网络图形：surf( )。
2）图形外观处理：axis( )。

10. 图形处理

1）图形窗口操作和控制：figure( )。
2）坐标轴建立与控制：subplot( )。
3）处理图形对象：text( )。

11. 字符串处理

字符串与数值转换：num2str( )，int2str( )，str2num( )。

12. 低级输入输出函数

1）文件打开与关闭：fopen( )，fclose( )。
2）无格式输入输出：fread( )，fwrite( )。

13. 演示程序

入门程序：demp，inro，bench。

附录B　MATLAB函数意义速查表（按英文字母顺序排列）

函数名	函数意义	函数名	函数意义
abs( )	绝对值函数	axes( )	坐标轴任意形式的设定
all( )	测试向量中所有元素是否为真	ans	返回最新结果
any( )	测试向量中是否有为真的元素	axis( )	坐标轴标度设定
blanks( )	设置一个由空格组成的字符串	break( )	中断循环执行的语句
ceil( )	对 +∞ 方向取整数	cd	改变当前的工作目录
clear	删除内存中的变量与函数	cla	清除当前坐标轴
clock( )	时钟	clc	清除命令窗口显示
conv2( )	二维卷积	clf	清除当前图形窗口
cos( )	余弦函数	close( )	关闭图形窗口

（续）

函 数 名	函数意义	函 数 名	函数意义
cot()	余切函数	conv()	求多项式乘法的卷积
deblank()	消除字符串中的空格	dir	列出当前目录的内容
deconv()	因式分解与多项式除法	date()	日期
delete	删除文件	det()	求矩阵的行列式
demo	运行 MATLAB 演示程序	diary	将 MATLAB 运行的命令存盘
diag()	建立对角矩阵或获取对角向量	disp()	显示矩阵或文本
diff()	差分函数与近似微分		
eig()	求矩阵的特征值与特征向量	echo	显示文件中的 MATLAB 命令
else	与 if 一起使用的转移语句	eigmovie	对称矩阵特征值求解过程演示
end	结束控制语句块的命令	elseif	与 if 一起使用的转移语句
error()	显示错误信息并中断函数	eps	浮点相对误差限（2.2204×10^{-16}）
eye()	产生单位阵	exp()	指数函数
fgetl()	从文件读入一行数据（忽略换行）	fill()	绘制充填的二维多边形
figure()	生成绘图窗口	filter()	一维数字滤波
filter2()	二维数字滤波	find()	查找非零元素的下标
findstr()	由一个字符串中查找	finite()	若参数为有限元素则为真
fitdemo	非线性最优化拟合演示	fix()	对零方向取整数
flipud()	按上下方向翻转矩阵元素	fliplr()	按左右方向翻转矩阵元素
for	循环语句	floor()	对 $-\infty$ 方向取整数
fplotdemo	函数图形绘制演示	fopen()	打开文件
fread()	从文件读入二进制数据	format	设置输出格式
fscanf()	从文件有格式地读入数据	fplot()	给定函数绘图
ftell()	获得文件位置指针	fprintf()	有格式地向文件写入数据
function	MATLAB 函数表达式的引导符	frewind()	将文件指针设至文件开头
fwrite()	将二进制数据写入文件	fseek()	设置文件位置指针
fclose()	关闭文件	fzero()	单变量函数求根
fgets()	从文件读入一行数据（保留换行）		
gcf()	获得当前图形的窗口句柄	global()	定义全局变量
ginput()	由鼠标器作图输入	grid	给图形加网格线
gca()	获得当前坐标轴的句柄	gtext()	在鼠标指定的位置加文字说明
get()	获得对象属性		
hold()	当前图形保护模式	home	将光标移动到左上角位置
help	启动联机帮助文件显示		

（续）

函 数 名	函 数 意 义	函 数 名	函 数 意 义
if	条件转移语句	isstr()	若参数为字符串，则结果为真
image()	创建图像	imag()	求取虚部函数
inf	无穷大（保留变量）	imageddemo	MATLAB4.0 版图形处理功能演示
input()	带有提示的键盘输入函数	info	显示 MATLAB 与 Math Works 信息
interp1()	一维插值（一维查表）	int2str()	整数转换为字符串
inv()	矩阵求逆	interp2()	二维插值（二维查表）
isinf()	若参数为 inf，则结果为真	intro	MATLAB 引言信息
isnan()	若参数为 NaN，则结果为真	isletter()	若字符串为字母组成则为真
keyboard	启动键盘管理程序		
length()	查询向量的维数	load	从文件中读入变量
linspace()	构造线性分布的向量	log10()	常用对数函数
log()	自然对数函数	logm()	矩阵的对数
logspace()	构造等对数分布的向量	lookfor	对 HELP 信息中的关键词查找
lasterr()	查询上一条错误信息	lower()	将一个字符串内容转换为小写
line()	低级折线段绘制函数		
max()	求向量中最大元素	matlabrc	启动主程序
median()	求向量各元素中间值	mean()	求向量各元素均值
menu()	产生用户输入的菜单	membrane	产生 MathWorks 公司标志
meshc()	带有等高线的网格图形	min()	求向量中最小元素
more	控制命令窗口的输出页面		
NaN()	不定式	nargchk()	函数输入输出参数个数检验
nargin	函数中实际输入变量个数	nargout	函数中实际输出变量个数
nnls()	非零最小二乘	nextpow2()	找出下一个 2 的指数
nonzeros()	非零元素	nnz()	非零元素个数
num2str()	将数值转换为字符		
ode23()	微分方程低阶数值解法	ode23p()	微分方程低阶数值解法并画图
ode45()	微分方程高阶数值解法	odedemo	常微分方程演示
ones()	产生元素全部为 1 的矩阵	orient()	设置打印纸方向
pause()	暂停函数	pack	整理工作空间内存
peaks	两变量的峰值函数演示	path	设置或查询 MATLAB 的路径
pi	圆周率 π	plot()	线性坐标图形绘制
poly()	求矩阵的特征多项式	polar()	极坐标图形绘制
polyfit()	数据的多项式拟合	polyder()	多项式求导

（续）

函 数 名	函 数 意 义	函 数 名	函 数 意 义
polyvalm( )	多项式矩阵求值	polyval( )	多项式求值
printopt( )	建立打印机默认值	print( )	打印图形或将图形存盘
prod( )	对向量中各元素求积	punct	各种标点符号的查询信息
quit	退出 MATLAB 环境		
rand( )	产生随机矩阵	realmax	最大浮点数值
real( )	求取实部函数	relop	各种关系符号的查询信息
realmin	最小浮点数值	reset( )	恢复对象特性
rem( )	除法的余数	residue( )	部分分式展开
reshape( )	改变矩阵的行列数目	roots( )	求多项式的根
return	返回到主调函数的命令	round( )	截取到最近的整数
rot90( )	将矩阵元素旋转 90°	rrefmovie	消元法解方程过程演示
rank( )	求矩阵的秩		
semilogx( )	x 轴半对数坐标图形绘制	script	MATLAB 语句及文件信息
setstr( )	将数值转换为字符串	semilogy( )	y 轴半对数坐标图形绘制
sign( )	符号函数	set( )	设置对象属性
sort( )	对向量中各元素排序	sin( )	正弦函数
spline2d( )	二维样条函数演示	size( )	查询矩阵的维数
str2mat( )	字符串转换成矩阵	sqrt( )	二次方根函数
strcmp( )	字符串比较		
subplot( )	将图形窗口分成若干个区域	startup	MATLAB 自启动文件
subspace( )	子空间	str2num( )	字符串转换为实型数据
symbfact( )	符号因式分解	strings	关于 MATLAB 字符串的帮助信息
save	将工作空间中变量存盘	sum( )	对向量中各元素求和
text( )	在图形上加文字说明	type	列出 M 文件
title( )	给图形加标题		
uicontrol( )	建立用户界面控制的函数	uigetfile( )	标准读盘文件名处理对话框
uimenu( )	建立界面的菜单	uiputfile( )	标准存盘文件名处理对话框
upper( )	将一个字符串内容转换为大写		
version	显示 MATLAB 版本号		
what	列出当前目录下的有关文件	while	循环语句
which	找出函数与文件所在的目录名	who	简要列出工作空间变量名
whos	详细列出工作空间变量名	why	给出简要的回答
xor( )	逻辑异或	xlabel( )	给图形加 X 坐标说明
zerodemo	求根演示	ylabel( )	给图形加 Y 坐标说明
zlabel( )	给图形加 Z 坐标说明	zeros( )	产生零矩阵

附录 C　MATLAB 工具箱（Toolbox）函数功能描述

表 C-1　控制系统工具箱（Control System Toolbox）

函数名称	功能描述
1. 建立模型	
cloop	闭环系统
connect	由框图构造状态空间模型
conv	卷积
feedback	构造反馈系统
ord2	生成二阶系统的 A、B、C、D
pade	Pade 的时延近似
parallel	构造并行连接系统
series	构造串行连接系统
2. 模型变换	
poly	变根值表示为多项式表示
residue	部分分式展开
ss2tf	变状态空间表示为传递函数表示
ss2zp	变状态空间表示为零极点表示
tf2ss	变传递函数表示为状态空间表示
tf2zp	变传递函数表示为零极点表示
zp2tf	变零极点表示为传递函数表示
zp2ss	变零极点表示为状态空间表示
3. 模型简化与实现	
mineral	最小实现和零极点相消
4. 模型特性	
damp	连续阻尼系数和固有频率
dcgain	连续稳态增益
eig	特征值和特征向量
roots	多项式的根
tzero	LTI 系统的传递零点
tzero2	传递零点
5. 时域响应	
impulse	冲击响应
initial	零输入连续响应
lsim	任意输入的连续仿真
step	阶跃响应
stepfun	阶跃函数

（续）

函数名称	功能描述
6. 频域响应	
bode	伯德图
fbode	连续系统伯德图
margin	增益和相位裕度
nichols	尼科尔斯图
ngrid	画尼科尔斯图的网格线
nyquist	奈氏图
sigma	奇异值频域图
7. 增益选择与根轨迹	
pzmap	零极点图
rlocfind	确定给定根的轨迹
rlocus	绘制根轨迹
sgrid	生成根轨迹的 s 平面网络
8. 方程求解及实用工具	
ctrldemo	控制工具箱介绍
poly2str	变多项式为字符串

表 C-2　非线性控制设计工具箱（Nonlinear Control Toolbox）

演示与帮助函数	
函数名	功能描述
hotkey	热键帮助
ncddemo1	PID 控制器演示示例
ncddemo2	带前馈控制器的 LQR 演示示例
ncdtut1	控制设计示例
ncdtut2	系统辨识示例
stepdlg	阶跃响应帮助对话框

表 C-3　信号处理工具箱（Signal Processing Toolbox）

系统变换函数	
函数名	功能描述
residuez	Z 变换部分分式展开或留数计算
tf2ss	变系统传递函数形式为状态空间形式
tf2zp	变系统传递函数形式为零极点形式
zp2ss	变系统零极点形式为状态空间形式
zp2tf	变系统零极点形式为传递函数形式

参 考 文 献

[1] 薛定宇. 控制系统仿真与计算机辅助设计 [M]. 北京：机械工业出版社，2005.

[2] 胡寿松. 自动控制原理 [M]. 5 版. 北京：科学出版社，2007.

[3] 夏德钤，翁贻方. 自动控制理论 [M]. 2 版. 北京：机械工业出版社，2006.

[4] 彭学锋，刘建成，鲁兴举. 自动控制原理实践教程 [M]. 北京：中国水利水电出版社，2006.

[5] 李有善. 自动控制原理 [M]. 北京：国防工业出版社，1980.

[6] 黄忠霖，周向明. 控制系统 MATLAB 计算及仿真实训 [M]. 北京：国防工业出版社，2006.

[7] 王晓燕，冯江. 自动控制理论实验与仿真 [M]. 广州：华南理工大学出版社，2006.

[8] 黄忠霖. 控制系统 MATLAB 计算与仿真 [M]. 2 版. 北京：国防工业出版社，2006.

[9] 彭秀艳，孙宏放. 自动控制原理实验技术 [M]. 哈尔滨：哈尔滨工程大学出版社，2006.

[10] 孙亮. MATLAB 语言与控制系统仿真 [M]. 北京：北京工业大学出版社，2001.

[11] 薛定宇. 控制系统计算机辅助设计：MATLAB 语言与应用 [M]. 3 版. 北京：清华大学出版社，2012.

[12] 薛定宇. 反馈控制系统设计与分析：MATLAB 语言应用 [M]. 北京：清华大学出版社，2000.

[13] 薛定宇，陈阳泉. 基于 MATLAB/Simulink 的系统仿真技术与应用 [M]. 北京：清华大学出版社，2002.

[14] MathWorks. MATLAB compiler user's manual [Z]. 2002.

[15] MathWorks. Simulink user's manual [Z]. 2002.

[16] 楼顺天，姚若玉，冶继民. 基于 MATLAB 7. x 的系统分析与设计：控制系统 [M]. 西安：西安电子科技大学出版社，2005.

[17] 蔡启仲. 控制系统计算机辅助设计 [M]. 重庆：重庆大学出版社，2003.

[18] 何衍庆，姜捷，江艳君，等. 控制系统分析、设计和应用：MATLAB 语言的应用 [M]. 北京：化学工业出版社，2003.

[19] KUO B C. Automatic Control Systems [M]. 8th ed. New Jersey：Prentice-Hall Inc，2002.

[20] 魏克新. MATLAB 语言与自动控制系统设计 [M]. 北京：机械工业出版社，1997.

[21] 周渊深. 交直流调速系统与 MATLAB 仿真 [M]. 北京：中国电力出版社，2004.

[22] 飞思科技研发中心. MATLAB 辅助控制系统设计与仿真 [M]. 北京：电子工业出版社，2005.

[23] D'AZZO J J，HOUPIS C H. Linear Control System Analysis and Design [M]. 2nd ed. New York：McGraw-Hill International Book Company，1981.

[24] GENE F F，POWELL J D，ABBAS E N. Feedback Control of Dynamic Systems [M]. California：Adddison-Wesley Publishing Company，1986.

[25] OGATA K. Designing linear control engineering problems with MATLAB [M]. Englewood Cliffs，NJ：Prentice Hall，1994.

[26] OGATA K. Solving control engineering problems with MATLAB [M]. Engle wood Cliffs，NJ：Prentice Hall，1994.

[27] Math works. Control System Toolbox User's Guide（Version 7. 1）[Z]. 2005.

[28] MOSCINSKI J，et al. Advanced Control with MATLAB and Simulink [M]. Singapore：Eills Horwood Limited，1995.